机电一体化技术与系统

林忠来　王梅颖　张力凡　著

吉林科学技术出版社

图书在版编目（CIP）数据

机电一体化技术与系统 / 林忠来，王梅颖，张力凡著. -- 长春 : 吉林科学技术出版社，2024.3
ISBN 978-7-5744-1207-1

Ⅰ. ①机… Ⅱ. ①林… ②王… ③张… Ⅲ. ①机电一体化 Ⅳ. ① TH-39

中国国家版本馆 CIP 数据核字（2024）第 066249 号

机电一体化技术与系统

著　　林忠来　王梅颖　张力凡
出 版 人　宛 霞
责任编辑　吕东伦
封面设计　树人教育
制　　版　树人教育
幅面尺寸　185mm × 260mm
开　　本　16
字　　数　300 千字
印　　张　13.625
印　　数　1~1500 册
版　　次　2024 年 3 月第 1 版
印　　次　2024 年12月第 1 次印刷

出　　版　吉林科学技术出版社
发　　行　吉林科学技术出版社
地　　址　长春市福祉大路5788 号出版大厦A 座
邮　　编　130118
发行部电话/传真　0431-81629529 81629530 81629531
81629532 81629533 81629534
储运部电话　0431-86059116
编辑部电话　0431-81629510
印　　刷　廊坊市印艺阁数字科技有限公司

书　　号　ISBN 978-7-5744-1207-1
定　　价　85.00元

前　言

机电一体化控制技术是采用电子技术控制机械运动的一门技术，是在微型计算机为代表的微电子技术、信息技术迅速发展，向机械工业领域迅猛渗透，机械、电子技术深度结合的现代工业的基础上，综合应用机械技术、微电子技术、信息技术、自动控制技术、传感测试技术、电力电子技术、接口技术及软件编程技术等群体技术，从系统的观点出发，根据系统功能目标和优化组织结构目标，以智能、动力、结构、运动和感知组成要素为基础，对各组成要素及其间的信息处理、接口耦合、运动传递、物质运动、能量变换机理进行研究，使得整个系统有机结合与综合集成，并在系统程序和微电子电路的有序信息流控制下，形成物质和能量的有规则运动，在高功能、高质量、高精度、高可靠性、低能耗意义上实现多种技术功能组合的最佳功能价值系统工程技术。

机电一体化的优势在于从系统、整体的角度出发，将各相关技术协调综合运用而取得整体优化效果，因此在机电一体化系统设计开发过程中，特别强调技术融合和学科交叉的作用。随着机械工业向机电一体化方向快速发展，作为培养这方面高级技术人才的高等院校就不应仅限于向学生分离地介绍机械技术、微电子技术、计算机技术等机电一体化共性基础知识，还应在此基础上系统设计的角度出发，通过《机电一体化系统设计》专业课教学及相应实践教学环节，使学生真正了解和掌握机电一体化的实质及其系统设计的理论和方法。只有这样，才能使学生能真正灵活地运用相关技术进行机电一体化产品的分析、设计与开发，达到知识能力结构的统一。

鉴于笔者的业务水平有限，而且由于机电一体化控制技术与系统的研究工作发展很快，不 断有新的理论和方法产生，因此，本书中的错误和不妥之处在所难免，希望同行专家和读者不吝指教，以期将本书进一步完善。

目录

第一章　绪论

第一节　机电一体化概述

迄今为止，世界各国都在大力推广机电一体化技术。在人们生活的各个领域已得到广泛的应用，并蓬勃地向前发展，不仅深刻地影响着全球的科技、经济、社会和军事的发展，而且深刻影响着机电一体化的发展趋势。现代科学技术的发展极大地推动了不同学科的交叉与渗透，引起了工程领域的技术改造与革命。在机械工程领域，由于微电子技术和计算机技术的迅速发展及其向机械工业的渗透形成的机电一体化，使机械工业的技术结构、产品机构、功能与构成、生产方式及管理体系发生了巨大变化，使工业生产由“机械电气化”迈入了“机电一体化”为特征的发展阶段。

一、工业 4.0 与机电一体化技术

工业 4.0 是从嵌入式系统向信息物理融合系统（CPS）发展的技术化。工业 4.0 不断向实现物体、数据以及服务等无缝链接的互联网（物联网、数据网和服务互联网）的方向发展。而机电一体化技术是由微电子技术、计算机技术、信息技术、机械技术及其他技术相融合构成的一门独立的交叉学科。随着科学技术的发展，机电一体化将朝着智能化、网络化、微型化、模块化、绿色化方向发展，各种技术相互融合的趋势也将越来越明显。以机械技术、微电子技术的有机结合为主体的机电一体化技术是工业 4.0 发展的必然趋势，机电一体化技术在工业 4.0 环境下的发展前景将越来越广阔。

（一）工业 4.0 的概念

“工业 4.0”一词早在 2011 年德国汉诺威工业博览会上就已经被提出，初衷是通过应用物联网等新技术提高德国制造业水平。在德国工程院、弗劳恩霍夫协会、西门子公司等学术界和产业界的大力推动下，德国联邦教研部与联邦经济技术部于 2013 年将“工业 4.0”项目纳入了德国政府 2010 年 7 月公布的《高技术战略 2020》确定的十大未来项目之一，计划投入 2 亿欧元资金，旨在支持工业领域新一代革命性技术的研

发与创新，保持德国的国际竞争力，确保德国制造的未来。工业 4.0 是由德国联盟教研部与联邦经济技术部联手推动的战略性项目，现已成了德国的国家战略，被看作是提振德国制造业的有力催化剂，也被认为是全球制造业未来发展的方向，即工业 4.0 时代。工业 4.0 在德国被认为是继蒸汽机的发明、大规模生产和自动化之后的“第四次工业革命”。

德国学术界和产业界认为，未来 10 年，基于信息物理系统（Cyber-Physical System，CPS）的智能化，将是人类步入以智能制造为主导的第四次工业革命。第四次工业革命将步入“分散化”生产的新时代，将是（移动）互联网、大数据、云计算、物联网等新技术的交织，从而推动生产方式发生巨大变革。工业 4.0 通过决定生产制造过程等的网络技术，实现实时管理。产品全生命周期和全制造流程的数字化及基于信息通信技术的模块集成，将形成一个高度灵活、个性化、数字化的产品与服务的生产模式。工业 4.0 是利用信息化技术促进产业变革的时代，也就是“智能化时代”。

工业 4.0 的概念描述了由集中式控制向分散式增强型控制的基本模式转变，目标是建立一个高度灵活的个性化和数字化的产品与服务的生产模式。在这种模式中，传统的行业界限将消失，并会产生各种新的活动领域和合作形式。创造新价值的过程正在发生改变，产业链分工将被重组。

工业 4.0 的内容可以简单概括为“1 个核心”“2 重战略”“3 大集成”和“8 项举措”。“1 个核心”是“智能＋网络化”，即通过虚拟—实体系统（Cyber-Physical System，CPS），构建智能工厂，实现智能制造的目的。“2 重战略”是领先的供应商战略和领先的市场战略。“3 大集成”的支撑：第一，关注产品的生产过程，力求在智能工厂内通过联网建成生产的纵向集成；第二，关注产品整个生命周期的不同阶段，包括设计与开发、安排生产计划、管控生产过程以及产品的售后维护等，实现各个不同阶段之间的信息共享，从而达成工程数字化集成；第三，关注全社会价值网络的实现，从产品的研究、开发与应用拓展至建立标准化策略、提高社会分工合作的有效性、探索新的商业模式以及考虑社会的可持续发展等，从而达成德国制造业的横向集成。“8 项举措”分别是实现技术标准化和开放标准的参考体系、建立模型来管理复杂的系统、提供一套综合的工业宽带基础设施、建立安全保障机制、创新工作组织和设计方式、注重培训和持续的职业发展、健全规章制度和提升资源效率。

（二）机电一体化技术的内容

机电一体化思想体现了“系统设计原理”和“综合集成技巧”，系统工程、控制论和信息论是机电一体化技术的方法论。

机电一体化技术是从系统工程观点出发，应用机械、电子等有关技术，使机械、电子有机结合，实现系统或产品整体最优的综合性技术。机电一体化技术，主要包括技术原理和使用机电一体化产品（或系统）得以实现、使用和发展的技术。机电一体化技术是一个技术群（族）的总称。综合运用机械技术、微电子技术、自动控制技术、计算机技术、信息技术、传感测控技术、电力电子技术、接口技术、信息变换技术及软件编程技术等群体技术，根据系统功能目标和优化组织目标，合理配置与布局各功能单元，在多功能、高质量、高可靠性、低能耗的意义上实现特定功能价值，并使整个系统最优化的系统工程技术。只是，机电一体化技术是基于上述群体技术有机融合的一种综合技术，而不是机械技术、微电子技术及其他新技术的简单组合、拼凑。

（三）工业 4.0 与机电一体化技术

工业 4.0 通过将嵌入式系统生产技术与智能生产过程相结合，将给工业领域、生产价值链、业务模式带来根本性变革（如智能工厂），从而开创一条通往新技术时代的道路。工业 4.0 体现了生产模式从集中型到分散型的范式转变，正是因为有了让传统生产过程理论发生颠覆的技术进步，这一切才成为可能。未来，工业生产机械不再只是“加工”产品，取而代之的是产品通过通信向机械传达如何采取正确操作。

工业 4.0 将从两个方向展开：一是“智能工厂”，智能工业发展新方向。智能工厂是在数字化工厂的基础上，利用物联网的技术和设备监控技术加强信息管理和服务；未来，将通过大数据与分析平台，将云计算中由大型工业机器产生的数据转化为实时信息（云端智能工厂），并运用绿色智能的手段和智能系统等新兴技术于一体，构建一个高效节能的、绿色环保的、环境舒适的人性化工厂。其基本特征主要有制程管控可视化、系统监管全方位及制造绿色化三个层面。二是“智能生产”，即制造业的未来。智能生产（Intelligent Manufacturing，IM），也称智能制造，是一种由智能机器和人类专家共同组成的人机一体化智能系统，它在制造过程中能进行智能活动，诸如分析、推理、判断、构思和决策等。通过人与智能机器的合作共事，去扩大、延伸和部分地取代人类专家在制造过程中的脑力劳动。它把制造自动化的概念更新，扩展到柔性化、智能化和高度集成化。与传统的制造相比，智能生产具有自组织和超柔性、自律能力、学习能力和自维护能力、人机一体化、虚拟实现等特征。主要涉及整个企业的生产物流管理、人机互动以及 3D 技术在工业生产过程中的应用等。

由上可以看出，工业 4.0 的内容和两个发展方向，不论是智能工厂还是智能生产的实现都必须要有智能化、高度集成化的人机一体化系统；不论是工厂还是生产都必须有机械设备、计算机技术、控制技术和相应的电子技术综合应用；不论是智能工业发展的新方向还是制造业的未来都离不开机械技术、自动控制技术、检测传感技术、执行元件和动力源。而机电一体化技术就是集机械、电子、光学、控制、计算机、信息等多学科的交叉综合技术，它的发展和进步依赖并促进相关技术的发展和进步。因此，工业 4.0 与机电一体化技术有着密不可分的关系。工业 4.0 的实现依赖于机电一体化技术的发展和支持，机电一体化技术是实现工业 4.0 过程中不可缺少的关键技术，同时工业 4.0 的不断迈进也促进着机电一体化技术的不断成熟与更新。

工业 4.0 概念以智能制造为主导，将虚拟数字系统与实际工业生产进行有效融合，全面打造新工业世界。工业 4.0 强调一致的数字化，强调各生产系统中所有成分通过网络实现互联，形成更智能的生产网络。机电一体化技术是整合机械技术、光电学技术、数字计算机技术等发展起来的新型技术。随着科技的发展，机电一体化技术一直在不断地发展，各项技术也在不断地完善。机电一体化技术在机械行业乃至整个国家的民生行业中有着举足轻重的作用，是当前机械行业发展的重点。通向工业 4.0 的路将会是一段革命性的进展。在迈进工业 4.0 时代的进程中，机电一体化技术必将是一个不可缺少的工具，机电一体化技术会渗透工业 4.0 时代的每一个行业。现有的机电一体化技术将不得不为了适应制造工业中的特殊设备而进行改变和革新，而且面对新地域和新市场，其创新解决方案将不得不重新探索。因此，机电一体化技术的发展将会引领智能工厂的发展和制造业的未来，将会加速工业 4.0 的到来。同时，工业 4.0 的到来也会促进机电一体化技术的快速发展和更新。以机械技术、微电子技术的有机结合为主体的机电一体化技术是工业 4.0 发展的必然趋势，机电一体化技术在工业 4.0 环境下的发展前景也必将越来越广阔。

二、机电一体化的内涵

（一）机电一体化的含义

机电一体化（Mechatronics）最早是在 1971 年日本《机械设计》杂志副刊中提出的，它取英语 Mechanics（机械学）的前半部分和 Electronics（电子学）后半部分拼合而成。

1996 年版的 WEBSTER 大词典收录了该词，目前已在世界范围内得到普遍承认和接受，成为正式的英文单词。机电一体化的概念和内容随着科学技术的进步而不断地演化和修正，因此，至今尚没有准确定义，一般是从机电一体化的基本技术、功能及构成要素来对其加以说明。较为人们所接受的定义是日本“机械振兴协会经济研究所”于 1981 年 3 月提出的解释：机电一体化是在机械的主功能、动力功能、信息功能和控制功能上引进微电子技术，并将机械装置与电子装置用相关软件有机结合而成的系统的总称。机电一体化是机电一体化技术及产品的统称。机电一体化技术主要指其技术原理和使机电一体化系统（或产品）得以实现、使用和发展的技术；机电一体化系统主要指机械系统和微电子系统有机结合，从而赋予新的功能和性能的新一代产品。另外，柔性制造系统（FMS）和计算机集成制造系统（CIMS）等先进制造技术的生产线和制造过程也包括在内，发展了机电一体化的含义。

（二）机电一体化的界定

（1）机电一体化与机械电气化的区别

机电一体化并不是机械技术、微电子技术及其他新技术的简单组合、拼凑，而是基于上述群体技术有机融合的一种综合性技术。这是机电一体化与机械加电气所形成的机械电气化在概念上的根本区别。除此以外，其他主要区别如下：

① 电气机械在设计过程中不考虑或很少考虑电器与机械的内在联系，基本上是根据机械的要求，选用相应的驱动电动机或电气传动装置。

② 机械和电气装置之间界限分明，它们之间的联结以机械联结为主，整个装置是刚性的。

③ 装置所需的控制以基于电磁学原理的各种电器，如接触器、继电器等来实现，属于强电范畴，其主要支撑技术是电工技术。机械工程技术由纯机械发展到机械电气化，仍属传统机械，主要功能依然是代替和放大人的体力。但是发展到机电一体化后，其中的微电子装置除可取代某些机械部件的原有功能外，还赋予产品许多新的功能，如自动检测、自动处理信息、自动显示记录、自动调节与控制、自动诊断与保护等，即机电一体化产品不仅是人的手与肢体的延伸，还是人的感官与头脑的延伸，具有“智能化”的特征是机电一体化与机械电气化在功能上的本质区别。

传统意义上的机电一体化（机械电气化），主要指机械与电工电子及电气控制这两方面的一体化，并且明显偏重于机械方面。当前科技发展的态势特别注重学科间的交叉、融合及电子计算机的应用，机电一体化技术就是利用电子技术、信息技术（主要包括传感器技术、控制技术、计算机技术等）使机械实现柔性化和智能化的技术。机械技术可以承受较大载荷，但不易实现微小和复杂运动的控制；而电子技术则相反，不能承受较大载荷，却容易实现微小运动和复杂运动的控制，使机械实现柔性化和智能化。机电一体化的目标是将机械技术与电子技术实现完美结合，充分发挥各自长处，实现互补。与其相关的学科应包括机械工程学科、检测与控制学科、电子信息学科三大块内容。

（2）机电一体化的本质

机电一体技术的本质是将电子技术引入机械控制中，也就是利用传感器检测机械运动，将检测信息输入计算机，计算得到能够实现预期运动的控制信号，由此来控制执行装置。开发计算机软件的任务，就是通过输入计算机的检测信息，计算得到能够实现预期运动的控制信号。另外，若是一件真正意义上的机电一体化产品，则其应具备两个明显特征：一是产品中要有运动机械；二是采用了电子技术，使运动机械实现柔性化和智能化。

（3）机电一体化系统的组成与作用

采用机电一体化技术的最大作用是扩展新功能，增强柔性。首先，它是众多自动化技术中最重要的一种，如实现过程自动化（PA，即连续体自动化）、机械自动化（FA，即固体自动化）、办公自动化（OA，即信息自动化）等。其次，机电一体化技术又是按照用户个人的特殊需求来制造、提供产品这一当今最高级供贷方式的关键技术。一个机电一体化的系统主要是由机械装置、执行装置、动力源、传感器、计算机五个要素构成，这五个部分在工作时相互协调，共同完成规定的目的功能。在机构上，各组成部分通过各种接口及相应的软件有机地结合在一起，构成一个内部匹配合理、外部效能最佳的完整产品，如机器人就是一个十分典型的机电一体化系统。实际上，机电一体化系统是比较复杂的，有时某些构成要素是复合在一起的。构成机电一体化系统的几个部分并不是并列的。其中机械部分是主体，这不仅是由于机械本体是系统重要的组成部分，而且系统的主要功能必须由机械装置来完成，否则就不能称其为机电一体化产品。如电子计算机、非指针式电子表等，其主要功能已由电子器件和电路等完成，机械已退居次要地位，这类产品应归属于电子产品，而不是机电一体化产品。其次，机电一体化的核心是电子技术，电子技术包括微电子技术和电力电子技术，但重点是微电子技术，特别是微型计算机或微处理器。机电一体化需要多种新技术的结合，但首要的是微电子技术，不和微电子结合的机电产品不能称为机电一体化产品。如非数控机床，一般均由电动机驱动，但它不是机电一体化产品。除了微电子技术以外，在机电一体化产品中，其他技术则根据需要进行结合，可以是一种，也可以是多种。

三、机电一体化是机械技术发展的必然趋势

机械技术的发展，可概括为如下三个阶段，在这三个阶段中分别赋予机械不同的功能。进入机电一体化阶段，使得机械技术智能化，更好地代替人进行各项工作。

（一）原始机械——减轻人的体力劳动

在远古时期，人类就创造并使用了杠杆、滑轮、斜面、螺旋等原始简单机械。原始机械仅用人力、畜力和水力来驱动，其功能是减轻人的体力劳动，是动力制约了机械的发展。

（二）传统机械——替代人的体力劳动

18 世纪瓦特发明了蒸汽机，揭开了工业革命的序幕；19 世纪内燃机和电动机的发明是又一次技术革命。与原始机械相比，传统机械具有了自己的“心脏”——动力驱动，其功能不只是减轻人的体力劳动，而且可以替代人的体力劳动。

（三）现代机械——替代人的脑力劳动

随着 20 世纪计算机的问世，机器人作为现代机械的典型代表被越来越广泛地应用于工业生产中，承担着许多人无法完成的工作。电子技术以及计算机与机械的结合使得机械变得越来越自动化、越来越智能化，机器甚至可以在无人操作下正常运行。现代机械正向着主动控制、信息化和智能化的方向发展。与传统机械相比，现代机械具有了自己的“大脑”——控制系统，其功能不只是替代人的体力劳动，而且可以替代人的脑力劳动。1984 年美国机械工程师学会（ASME）提出现代机械的定义为“由计算机信息网络协调与控制的，用于完成包括机械力、运动和能量流等动力学任务的机械和（或）机电部件一体化的机械系统”。可见，现代机械应是机电一体化的机械系统。

四、机电一体化技术的发展历程

机电一体化技术的发展有一个从自发状况向自为方向发展的过程，大体可以分为三个阶段。

（一）初级阶段

20 世纪 60 年代以前为第一阶段，称为初级阶段。在这一时期，人们自觉不自觉地利用电子技术的初步成果来完善机械产品的性能。如雷达伺服系统、数控机床（1952）、工业机器人（1954）等。由于当时电子技术的发展尚未达到一定水平，机械技术与电子技术的结合还不可能广泛和深入发展，已经开发的产品也无法大量推广。

（二）蓬勃发展阶段

20 世纪 70—80 年代为第二阶段，可称为蓬勃发展阶段。这一时期，计算机技术、控制技术、通信技术的发展，为机电一体化的发展奠定了技术基础。大规模集成电路和微型计算机的迅猛发展，为机电一体化的发展提供了充分的物质基础。机电一体化技术和产品得到了极大发展，各国均开始对机电一体化技术和产品给予很大的关注和支持。

（三）深入发展阶段

20 世纪 90 年代后期，开始了机电一体化技术向智能化方向迈进的新阶段，机电一体化进入深入发展时期。一方面，光学、通信技术等进入了机电一体化，微细加工技术也在机电一体化中崭露头角，出现了光机电一体化和微机电一体化等新分支；另一方面对机电一体化系统的建模设计、分析和集成方法，机电一体化的学科体系和发展趋势都进行了深入研究。同时，人工智能技术、神经网络技术及光纤技术等领域取得的巨大进步，为机电一体化技术开辟了发展的广阔天地。这些研究将促使机电一体化进一步建立完整的基础和逐渐形成完整的科学体系。

五、机电一体化产品

（一）机电一体化产品按功能分类

（1）数控机械类

数控机械类产品的特点是执行机构为机械装置，主要有数控机床、工业机器人、发动机控制系统及自动洗衣机等产品。

（2）电子设备类

电子设备类产品的特点是执行机构为电子装置，主要有电火花加工机床、线切割加工机床、超声波缝纫机及激光测量仪等产品。

（3）机电结合类

机电结合类产品的特点是执行机构为机械和电子装置的有机结合，主要有 CT 扫描仪、自动售货机、自动探伤机等产品。

（4）电液伺服类

电液伺服类产品的特点是执行机构为液压驱动的机械装置，控制机构为接收电信号的液压伺服阀，主要产品是机电一体化的伺服装置。

（5）信息控制类

信息控制类产品的特点是执行机构的动作完全由所接收的信息控制，主要有磁盘存储器、复印机、传真机及录音机等产品。

（二）按机电结合程度和形式分类

机电一体化产品还可根据机电技术的结合程度分为功能附加型、功能替代型和机电融合型三类。

（1）功能附加型

在原有机械产品的基础上，采用微电子技术，使产品功能增加和增强，性能得到适当的提高，如经济型数控机床、数显量具、全自动洗衣机等。

（2）功能替代型

采用微电子技术及装置取代原产品中的机械控制功能、信息处理功能或主功能，使产品结构简化、性能提高、柔性增加，如自动照相机、电子石英表、线切割加工机床等。

（3）机电融合型

根据产品的功能和性能要求及技术规范，采用专门设计的或具有特定用途的集成电路来实现产品中的控制和信息处理等功能，因而使产品结构更加紧凑、设计更加灵活、成本进一步降低。复印机、摄像机、CNC 数控机床等都是这一类机电一体化产品。

（三）按产品用途分类

当然，如果按用途分类，机电一体化产品又可分为机械制造业机电一体化设备、电子器件及产品生产用自动化设备、军事武器及航空航天设备、家庭智能机电一体化产品、医学诊断及治疗机电一体化产品，以及环境、考古、探险、玩具等领域的机电一体化产品等。

（四）典型的机电一体化产品

典型的机电一体化系统有数控机床、机器人、汽车电子化产品、智能化仪器仪表、电子排版印刷系统、CAD / CAM 系统等。典型的机电一体化基础元、部件有电力电子器件及装置、可编程序控制器、模糊控制器、微型电机、传感器、专用集成电路、伺服机构等。

（1）数控机床

目前我国是全世界机床拥有量最多的国家（近 320 万台），但数控机床只占约 5% 且大多数是普通数控（发达国家数控机床占 10%）。近些年来数控机床为适应加工技术的发展，在以下几个技术领域都有巨大进步：

① 高速化

由于高速加工技术的普及，机床普遍提高了各方面的速度。车床主轴转速由 3000 ~ 4000r/min 提高到 8000 ~ 10000r/min；铣床和加工中心主轴转速由 4000 ~ 8000r/min 提高到 12000 ~ 40000r/min；快速移动速度由过去的 10 ~ 20m/min 提高到 48m/min、60m/mni、80m/min、120m/min；在提高速度的同时要求提高运动部件起动的加速度，由过去一般机床的 0.5G(重力加速度）提高到 1.5 ~ 2G，最高可达 15G；直线电机在机床上开始使用，主轴上大量采用内装式主轴电机。

② 高精度化

数控机床的定位精度已由一般的 0.01 ~ 0.02mm 提高到 0.008mm 左右；亚微米级机床达到 0.0005mm 左右；纳米级机床达到 0.005 ~ 0.01um；最小分辨率为 1nm（0.000001mm）的数控系统和机床已问世。数控中两轴以上插补技术大大提高，纳米级插补使两轴联动出的圆弧都可以达到 1u 的圆度，插补前多程序预读，大大提高了插补质量，并可进行自动拐角处理等。

③ 复合加工，新结构机床大量出现

如 5 轴 5 面体复合加工机床，5 轴 5 联动加工各类异形零件。同时派生出各种新颖的机床结构，包括 6 轴虚拟轴机床、串并联铰链机床等，采用特殊机械结构，数控的特殊运算方式，特殊编程要求。

④ 使用各种高效特殊功能的刀具使数控机床“如虎添翼”

如内冷转头由于使高压冷却液直接冷却转头切削刃和排除切屑，在转深孔时大大提高效率，加工钢件切削速度能达1000m/min、加工铝件能达5000m/min。

⑤ 数控机床的开放性和联网管理

数控机床的开放性和联网管理是使用数控机床的基本要求，它不仅是提高数控机床开动率、生产率的必要手段，而且是企业合理化、最佳化利用这些制造手段的方法。因此，计算机集成制造、网络制造、异地诊断、虚拟制造、并行工程等各种新技术都是在数控机床基础上发展起来的，这必然成为21世纪制造业发展的一个主要潮流。

（2）自动机与自动生产线

在国民经济生产和生活中广泛使用的各种自动机械、自动生产线及各种自动化设备，是当前机电一体化技术应用的又一具体体现。例如，2000 ~ 80000瓶/h的啤酒自动生产线，18000 ~ 120000瓶/h的易拉罐灌装生产线，各种高速香烟生产线，各种印刷包装生产线，邮政信函自动分拣处理生产线，易拉罐自动生产线，FEBOPP型三层共挤双向拉伸聚丙烯薄膜生产线等，这些自动机或生产线中广泛应用了现代电子技术与传感技术，如可编程序控制器、变频调速器、人机界面控制装置与光电控制系统等。我国的自动机与生产线产品的水平，比10多年前跃升了一大步，其技术水平已达到或超过发达国家20世纪80年代后期的水平。使用这些自动机和生产线的企业越来越多，对维护和管理这些设备的相关人员的需求也越来越多。

（3）机器人

机器人是20世纪人类最伟大的发明之一。从某种意义上讲，一个国家机器人技术水平的高低反映了这个国家综合技术实力的高低。机器人已在工业领域得到了广泛的应用，而且正以惊人的速度不断向军事、医疗、服务、娱乐等非工业领域扩展。毋庸置疑，21世纪机器人技术必将得到更大的发展，成为各国必争之知识经济制高点。

在计算机技术和人工智能科学发展的基础上，产生了智能机器人的概念。智能机器人是具有感知、思维和行动功能的机器，是机构学、自动控制、计算机、人工智能、微电子学、光学、通信技术、传感技术、仿生学等多种学科和技术的综合成果。智能机器人可获取、处理和识别多种信息，自主地完成较为复杂的操作任务，比一般的工业机器人具有更大的灵活性、机动性和更广泛的应用领域。智能机器人作为新一代生产和服务工具，在制造领域和非制造领域具有更广泛、更重要的位置，如核工业、水下、空间、农业、工程机械（地上和地下）、建筑、医用、救灾、排险、军事、服务、娱乐等方面，可代替人类完成各种工作。同时，智能机器人作为自动化、信息化的装置与设备，完全可以进入网络世界，发挥更多、更大的作用，这对人类开辟新的产业，提高生产水平与生活水平具有十分现实的意义。

第二节 机电一体化系统的基本组成要素

一、机电一体化系统的功能构成

传统的机械产品主要是解决物质流和能量流的问题，而机电一体化产品除了解决物质流和能量流以外，还要解决信息流的问题。机电一体化系统的主要功能就是对输入的物质、能量与信息（所谓工业三大要素）按照要求进行处理，输出具有所需特性的物质、能量与信息。

任何一个产品都是为满足人们的某种需求而开发和生产的，因而都具有相应的目的功能。机电一体化系统的主功能包括变换（加工、处理）、传递（移动、输送）、储存（保持、积蓄、记录）三个目的功能。主功能也称为执行功能，是系统的主要特征部分，完成对物质、能量、信息的交换、传递和储存。机电一体化系统除了具备主功能外，还应具备动力功能、检测功能、控制功能、构造功能等其他功能。

加工机是以物料搬运、加工为主，输入物质（原料、毛坯等）、能量（电能、液能、气能等）和信息（操作及控制指令等），经过加工处理，主要输出改变了位置和形态的物质的系统（或产品），如各种机床、交通运输机械、食品加工机械、起重机械、纺织机械、印刷机械、轻工机械等。

动力机，其中输出机械能的为原动机，是以能量转换为主，输入能量（或物质）和信息，输出不同能量（或物质）的系统（或产品），如电动机、水轮机、内燃机等。

信息机是以信息处理为主，输入信息和能量，主要输出某种信息（如数据、图像、文字、声音等）的系统（或产品），如各种仪器、仪表、计算机、传真机及各种办公机械等。

图 1-1 以典型机电一体化产品数控机床（CNC）为例，说明其内部功能构成。其中切削加工是 CNC 机床的主功能，是实现其目的所必需的功能。电源通过电动机驱动机床，向机床提供动力，实现动力功能。位置检测装置和 CNC 装置分别实现计测功能和控制功能，其作用是实时检测机床内部和外部信息，据此对机床实施相应控制。机械结构所实现的是构造功能，使机床各功能部件保持规定的相互位置关系，构成一台完整的 CNC 机床。

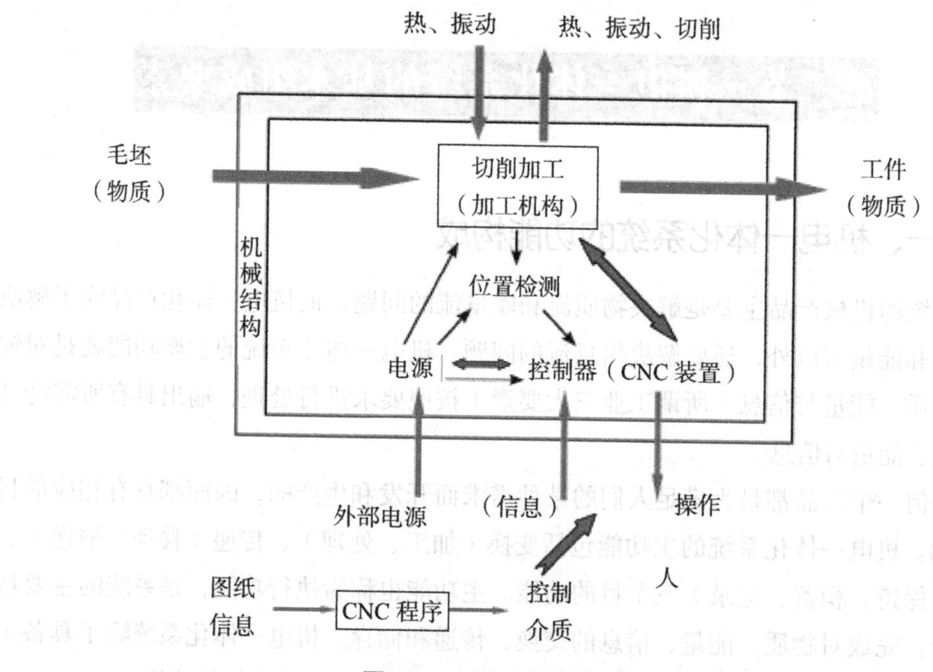

图 1–1 机床内部功能构成

二、机电一体化系统的组成要素

一个典型的机电一体化系统应包含以下几个基本要素：机械本体、动力与驱动部分、执行机构、传感测试部分、控制及信息处理部分。我们将这些部分归纳为结构组成要素、动力组成要素、运动组成要素、感知组成要素、智能组成要素；这些组成要素及其内部之间，形成通过接口耦合来实现运动传递、信息控制、能量转换等有机融合的一个完整系统。

（一）机械本体

机电一体化系统的机械本体包括机身、框架、连接等。由于机电一体化产品技术性能、水平和功能的提高，机械本体要在机械结构、材料、加工工艺性以及几何尺寸等方面适应产品高效率、多功能、高可靠性和节能、小型、轻量、美观等要求。

（二）动力与驱动

动力部分是按照系统控制要求，为系统提供能量和动力使系统正常运行。用尽可能小的动力输入获得尽可能大的功能输出，是机电一体化产品的显著特征之一。驱动部分是在控制信息作用下提供动力，驱动各执行机构完成各种动作和功能。机电一体化系统一方面要求驱动的高效率和快速响应特性，同时要求对水、油、温度、尘埃等外部环境的适应性和可靠性。由于电力电子技术的高度发展，高性能的步进驱动、直流伺服和交流伺服驱动方式大量应用于机电一体系统。

（三）传感测试部分

对系统运行中所需要的本身和外界环境的各种参数及状态进行检测，变成可识别信号，传输到信息处理单元，经过分析、处理后产生相应的控制信息。其功能一般由专门的传感器及转换电路完成。

（四）执行机构

根据控制信息和指令，完成要求的动作。执行机构是运动部件，一般采用机械、电磁、电液等机构。根据机电一体化系统的匹配性要求，需要考虑改善系统的动、静态性能，如提高刚性、减小重量和适当的阻尼，应尽量考虑组件化、标准化和系列化，提高系统的整体可靠性等。

（五）控制及信息单元

将来自各传感器的检测信息和外部输入命令进行集中、储存、分析、加工，根据信息处理结果，按照一定的程序和节奏发出相应的指令，控制整个系统有目的地运行。一般由计算机、可编程控制器（plc）、数控装置及逻辑电路、A/D 与 D/A 转换、I/O（输入输出）接口和计算机外部设备等组成。机电一体化系统对控制和信息处理单元的基本要求是提高信息处理速度、提高可靠性、增强抗干扰能力以及完善系统自诊断功能、实现信息处理智能化。以上这五部分我们通常称为机电一体化的五大组成要素。在机电一体化系统中的这些单元和它们各自内部各环节之间都遵循接口耦合、运动传递、信息控制、能量转换的原则，我们称它们为四大原则。

（六）接口耦合、能量转换

（1）变换

两个需要进行信息交换和传输的环节之间，由于信息的模式不同（数字量与模拟量、串行码与并行码、连续脉冲与序列脉冲等），无法直接实现信息或能量的交流，需要通过接口完成信息或能量的统一。

（2）放大

在两个信号强度悬殊的环节间，经接口放大，达到能量的匹配。

（3）耦合

变换和放大后的信号在环节间能可靠、快速、准确地交换，必须遵循一致的时序、信号格式和逻辑规范。接口具有保证信息的逻辑控制功能，使信息按规定模式进行传递。

（4）能量转换

能量转换包含了执行器、驱动器，涉及不同类型能量间的最优转换方法与原理。

（七）信息控制

在系统中，所谓智能组成要素的系统控制单元在软、硬件的保证下，完成数据采集、分析、判断、决策，以达到信息控制的目的。对于智能化程度高的系统，还包含了知识获取、推理及知识自学习等以知识驱动为主的信息控制。

（八）运动传递

运动传递是指运动各组成环节之间的不同类型运动的变换与传输，如位移变换、速度变换、加速度变换及直线运动和旋转运动变换等。运动传递还包括以运动控制为目的的运动优化设计，目的是提高系统的伺服性能。例如，我们日常使用的全自动照相机就是典型的机电一体化产品，其内部装有测光测距传感器，测得的信号由微处理器进行处理，根据信息处理结果控制微型电动机，由微型电动机驱动快门、变焦及卷片倒片机构，从测光、测距、调光、调焦、曝光到卷片、倒片、闪光及其他附件的控制都实现了自动化。又如，汽车上广泛应用的发动机燃油喷射控制系统也是典型的机电一体化系统。分布在发动机上的空气流量计、水温传感器、节气门位置传感器、曲轴位置传感器、进气歧管绝对压力传感器、爆燃传感器、氧传感器等连续不断地检测发动机的工作状况和燃油在燃烧室的燃烧情况，并将信号传给电子控制装置 ECU。ECU 首先根据进气歧管绝对压力传感器或空气流量计的进气量信号及发动机转速信号，计算基本喷油时间，然后再根据发动机的水温、节气门开度等工作参数信号对其进行修正，确定当前工况下的最佳喷油持续时间，从而控制发动机的空燃比。此外，根据发动机的要求，ECU 还具有控制发动机的点火时间、怠速转速、废气再循环率、故障自诊断等功能。

第三节　机电一体化关键技术

系统论、信息论、控制论的建立，微电子技术，尤其是计算机技术的迅猛发展引起了科学技术的又一次革命，导致了机械工程的机电一体化。如果说系统论、信息论、控制论是机电一体化技术的理论基础，那么微电子技术、精密机械技术等就是它的技术基础。微电子技术，尤其是微型计算机技术的迅猛发展，为机电一体化技术的进步与发展提供了前提条件。

一、理论基础

系统论、信息论、控制论是机电一体化技术的理论基础，也是机电一体化技术的方法论。开展机电一体化技术研究时，无论在工程的构思、规划、设计方面，还是在它的实施或实现方面，都不能只着眼于机械或电子，不能只看到传感器或计算机，而是要用系统的观点，合理解决信息流与控制机制问题，有效地综合各有关技术，才能形成所需要的系统或产品。给定机电一体化系统目标与规格后，机电一体化技术人员利用机电一体化技术进行设计、制造的整个过程称为机电一体化工程。实施机电一体化工程的结果，是新型的机电一体化产品。图 1-2 给出了机电一体化工程的构成因素。

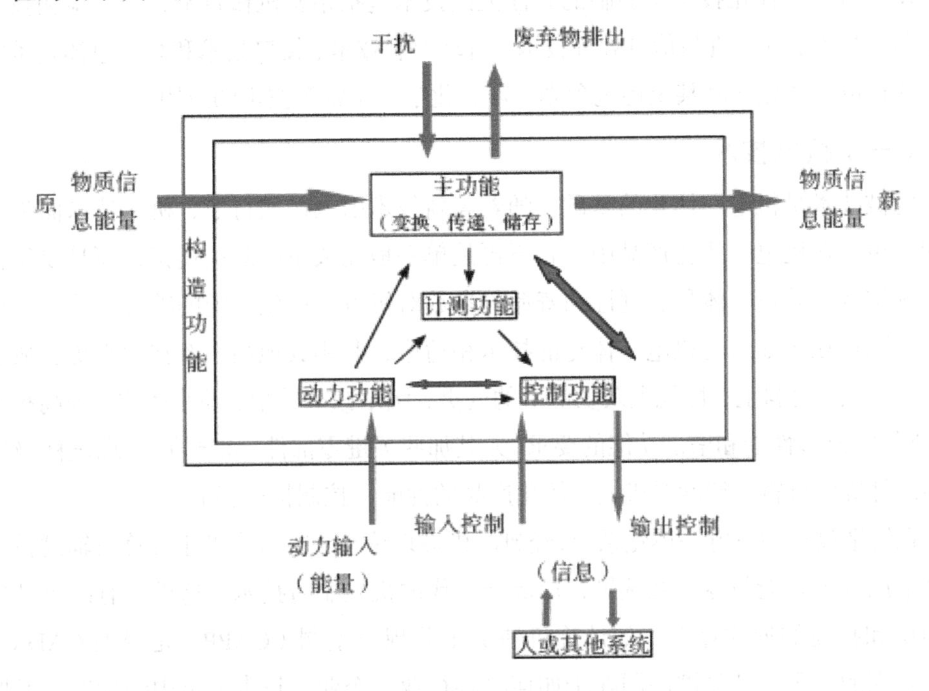

图 1-2 机电一体化工程构成因素

系统工程是系统科学的一个工作领域，而系统科学本身是一门关于“针对目的要求而进行合理的方法学处理”的边缘学科。系统工程的概念不仅包括“系统”，即具有特定功能的、相互之间具有有机联系的众多要素构成的一个整体，也包括“工程”，即产生一定效能的方法。机电一体化技术是系统工程科学在机械电子工程中的具体应用。具体地讲，就是以机械电子系统或产品为对象，以数学方法和计算机等为工具，对系统的构成要素、组织结构、信息交换和反馈控制等功能进行分析、设计、制造和服务，从而达到最优设计、最优控制和最优管理的目标，以便充分发挥人力、物力和财力，通过各种组织管理技术，使局部与整体之间协调配合，实现系统的综合最优化。

机电一体化系统是一个包括物质流、能量流和信息流的系统，而有效地利用各种信号所携带的丰富信息资源且有赖于信号处理和信号识别技术。考察所有机电一体化产品，就会看到准确的信息获取、处理、利用在系统中所起的实质性作用。

将工程控制论应用于机械工程技术而派生的机械控制工程，为机械技术引入了崭新的理论、思想和语言，把机械设计技术由原来静态的、孤立的传统设计思想引向动态的、系统的设计环境，使科学的辩证法在机械技术中得以体现，为机械设计技术提供了丰富的现代设计方法。

二、关键技术

发展机电一体化技术所面临的共性关键技术包括精密机械技术、传感检测技术、伺服驱动技术、计算机与信息处理技术、自动控制技术、接口技术和系统总体技术等。现代的机电一体化产品甚至还包含光、声、化学、生物等技术的应用。

（一）机械技术

机械技术是机电一体化的基础。随着高新技术引入机械行业，机械技术面临着挑战和变革。在机电一体化产品中，它不再是单一地完成系统间的连接，而是要优化设计系统结构、质量、体积、刚性和寿命等参数对机电一体化系统的综合影响。机械技术的着眼点在于如何与机电一体化的技术相适应，利用其他高、新技术来更新概念，实现结构上、材料上、性能上及功能上的变更，满足减少质量、缩小体积、提高精度、提高刚度、改善性能和增加功能的要求。尤其那些关键零部件，如导轨、滚珠丝杠、轴承、传动部件等的材料、精度对机电一体化产品的性能、控制精度影响很大。

在制造过程的机电一体化系统，经典的机械理论与工艺应借助于计算机辅助技术，同时采用人工智能与专家系统等，形成新一代的机械制造技术。这里原有的机械技术以知识和技能的形式存在。如计算机辅助工艺规程编制（CAPP）是目前CAD/CAM系统研究的瓶颈，其关键问题在于如何将各行业、企业、技术人员中的标准、习惯和经验进行表述和陈述，从而实现计算机的自动工艺设计与管理。

（二）传感与检测技术

传感与检测装置是系统的感受器官，它与信息系统的输入端相连并将检测到的信息输送到信息处理部分。传感与检测是实现自动控制、自动调节的关键环节，它的功能越强，系统自动化程度就越高。传感与检测的关键元件是传感器。

机电一体化系统或产品的柔性化、功能化和智能化都与传感器的品种多少、性能好坏密切相关。传感器的发展正进入集成化、智能化阶段。传感器技术本身是一门多学科、知识密集的应用技术。传感原理、传感材料及加工制造装配技术是传感器开发的三个重要方面。

传感器是将被测量（包括各种物理量、化学量和生物量等）变换成系统可识别的、与被测量有确定对应关系的有用电信号的一种装置。现代工程技术要求传感器能快速、精确地获取信息，并能经受各种严酷环境的考验。与计算机技术相比，传感器的发展显得缓慢，难以满足技术发展的要求。不少机电一体化装置不能达到满意的效果或无法实现设计的关键原因在于没有合适的传感器。因此，大力开展传感器的研究，于机电一体化技术的发展具有十分重要的意义。

（三）伺服驱动技术

伺服系统是实现电信号到机械动作的转换装置或部件，对系统的动态性能、控制质量和功能具有决定性的影响。伺服驱动技术主要是指机电一体化产品中的执行元件和驱动装置设计中的技术问题，它涉及设备执行操作的技术，对所加工产品的质量有直接的影响。机电一体化产品中的伺服驱动执行元件包括电动、气动、液压等各种类型，其中电动式执行元件居多。驱动装置主要是各种电动机的驱动电源电路，目前多由电力电子器件及集成化的功能电路构成。在机电一体化系统中，通常微型计算机通过接口电路与驱动装置相连接，控制执行元件的运动，执行元件通过机械接口与机械传动和执行机构相连，带动工作机械做回转、直线及其他各种复杂的运动。常见的伺服驱动有电液马达、脉冲油缸、步进电机、直流伺服电机和交流伺服电机等。由于变频技术的发展，交流伺服驱动技术取得突破性进展，为机电一体化系统提供了高质量的伺服驱动单元，极大地促进了机电一体化技术的发展。

（四）信息处理技术

信息处理技术包括信息的交换、存取、运算、判断和决策，实现信息处理的工具大都采用计算机，因此计算机技术与信息处理技术是密切相关的。计算机技术包括计算机的软件技术和硬件技术、网络与通信技术、数据技术等。机电一体化系统中主要采用工业控制计算机（包括单片机、可编程序控制器等）进行信息处理。人工智能技术、专家系统技术、神经网络技术等都属于计算机信息处理技术。

在机电一体化系统中，计算机信息处理部分指挥整个系统的运行。信息处理是否正确、及时，直接影响着系统工作的质量和效率。因此，计算机应用及信息处理技术已成为促进机电一体化技术发展和变革的最活跃因素。

（五）自动控制技术

自动控制技术范围很广，机电一体化的系统设计是在基本控制理论的指导下，对具体控制装置或控制系统进行设计；对设计后的系统进行仿真，现场调试；最后使研制的系统可靠地投入运行。由于控制对象种类繁多，所以控制技术的内容极其丰富，如高精度定位控制、速度控制、自适应控制、自诊断、校正、补偿、再现、检索等。

随着微型机的广泛应用，自动控制技术越来越多地与计算机控制技术联系在一起，成为机电一体化中十分重要的关键技术。

（六）接口技术

机电一体化系统是机械、电子、信息等性能各异的技术融为一体的综合系统，其构成要素和子系统之间的接口极其重要，主要有电气接口、机械接口、人机接口等。电气接口实现系统间信号联系，机械接口则完成机械与机械部件、机械与电气装置的连接，人机接口提供人与系统间的交互界面。接口技术是机电一体化系统设计的关键环节。

（七）系统总体技术

系统总体技术是一种从整体目标出发，用系统的观点从全局角度出发，将总体分解成相互有机联系的若干单元，找出能完成各个功能的技术方案，再把功能和技术方案组成方案组进行分析、评价和优选的综合应用技术。系统总体技术解决的是系统的性能优化问题和组成要素之间的有机联系问题，即使各个组成要素的性能和可靠性很好，如果整个系统不能很好地协调，系统也很难正常运行。

在机电一体化产品中，机械、电气和电子是性能、规律截然不同的物理模型，因而存在匹配上的困难；电气、电子又有强电与弱电及模拟与数字之分，必然遇到相互干扰和耦合的问题；系统的复杂性带来的可靠性问题；产品的小型化增加的状态监测与维修困难；多功能化造成诊断技术的多样性等，要求考虑产品整个寿命周期的总体综合技术。

为了开发出具有较强竞争力的机电一体化产品，系统总体设计，除考虑优化设计外，还包括可靠性设计、标准化设计、系列化设计及造型设计等。

机电一体化技术有着自身的显著特点和技术范畴，为了正确理解和恰当运用机电一体化技术，还必须认识机电一体化技术与其他技术的区别。

（1）机电一体化技术与传统机电技术的区别。传统机电技术的操作控制主要以电磁学原理为基础的各种电器来实现，如继电器、接触器等，在设计中不考虑或很少考虑彼此间的内在联系。机械本体和电气驱动界限分明，整个装置是刚性的，不涉及软件和计算机控制。机电一体化技术以计算机为控制中心，在设计过程中强调机械部件和电器部件间的相互作用和影响，整个装置在计算机控制下具有一定的智能性。

（2）机电一体化技术与并行技术的区别。机电一体化技术将机械技术、微电子技术、计算机技术、控制技术和检测技术在设计和制造阶段就有机结合在一起，十分注意机械和其他部件之间的相互作用。并行技术是将上述各种技术尽量在各自范围内齐头并进，只在不同技术内部进行设计制造，最后通过简单叠加完成整体装置。

（3）机电一体化技术与自动控制技术的区别。自动控制技术的侧重点是讨论控制原理、控制规律、分析方法和自动系统的构造等。机电一体化技术是将自动控制原理及方法作为重要支撑技术，将自控部件作为重要控制部件。它应用自控原理和方法，对机电一体化装置进行系统分析和性能测算。

（4）机电一体化技术与计算机应用技术的区别。机电一体化技术只是将计算机作为核心部件应用，目的是提高和改善系统性能。计算机在机电一体化系统中的应用仅仅是计算机应用技术中的一部分，它还可以作为办公、管理及图像处理等广泛应用。机电一体化技术研究的是机电一体化系统，而不是计算机应用本身。

第四节　机电一体化技术的主要特征与发展趋势

一、机电一体化的技术特点

（一）机电一体化的优越性

（1）显著提高设备的使用安全性

在工作过程中，遇到过载、过压、过流、短路等电力故障时，使用安全性和可靠性提高，机电一体化产品一般都具有自动监视、报警、自动诊断、自动保护等功能。避免和减少人身和设备事故，能自动采取保护措施。

（2）保证最佳的工作质量和产品合格率

通过自动控制系统可精确地保证机械的执行机构按照设计要求完成预定的动作，使之不受机械操作者主观因素的影响。生产能力和工作质量提高，由于机电一体化产品实现了工作的自动化，数控机床对工件的加工稳定性大大提高，使得生产能力大大提高。机电一体化产品大都具有信息自动处理和自动控制功能，其控制和检测的灵敏度、精度及范围都有很大程度的提高。同时，生产效率比普通机床提高 5 ~ 6 倍。

（3）机电一体化产品普遍采用程序控制和数字显示

机电一体化使得操作大大简化并且方便、简单，操作按钮和手柄数量显著减少。机电一体化产品的工作过程根据预设的程序逐步由电子控制系统指挥实现，使用性能改善。系统可重复实现全部动作，高级的机电一体化产品可通过被控对象的数学模型及外界参数的变化随机自寻最佳工作程序，实现自动最优化操作。

（4）机电一体化产品一般具有自动化控制、自动补偿、自动校验、自动调节、自动保护和智能化等多种功能

机电一体化使其应用范围大为扩大，具有复合技术和复合功能。例如，满足用户需求的应变能力较强，能应用于不同的场合和不同领域。机电一体化产品跳出了机电产品的单技术和单功能限制，电子式空气断路器具有保护特性可调、选择性脱扣、正常通过电流与脱扣时电流的测量、显示和故障自动诊断等功能，使产品的功能水平和自动化程度大大提高，具有复合功能并且适用面广。

（5）机电一体化产品的自动化检验和自动监视功能可对工作过程中出现的故障自动采取措施

这些控制程序可通过多种手段输入机电一体化产品的控制系统中，而不需要改变产品中的任何部件或零件。即可按指定的预定程序进行自动工作，使工作恢复正常，对于具有存储功能的机电一体化产品，可通过改变控制程序来实现工作方式的改变，然后根据不同的工作对象进行调整和维护。机电一体化产品在安装调试时，只需给定一个代码信号输入，可以事先存入若干套不同的执行程序，以满足不同用户对象的需要及现场参数变化的需要。

（二）机电一体化的技术特点

（1）综合性

机电一体化技术是由机械技术、电子技术、微电子技术和计算机技术等有机结合形成的一门跨学科的边缘科学。各种相关技术被综合成一个完整的系统，在这一系统中，它们相互苛刻要求，彼此又取长补短，从而不断地向着理想化的技术发展。因此，机电一体化技术是具有综合性的高水平技术。

（2）应用性

机电一体化技术是以机械为母体，以实践机电产品开发和机电过程控制为基础的技术，是可以渗透到机械系统和产品的普遍应用性技术，几乎不受行业限制。机电一体化技术应用计算机技术，以信息化为内涵、智能化为核心，开发和生产了性能更好的、功能更强的机电一体化系统和产品。

（3）系统性

机电一体化是将工业产品和过程利用各种技术综合成一个完整的系统，强调各种技术的协同和集成，强调层次化和系统化。无论从单参数、单击控制到多参数、多级控制，还是从单件单品生产工艺到柔性及自动化生产线，直到整个系统工程设计，机电一体化技术都体现在系统各个层次的开发和应用中。

（4）可靠性

机电一体化系统几乎没有机械磨损，因此系统的寿命提高，故障率降低，可靠性和稳定性增强。有些机电一体化系统甚至可以做到不需要维修，具有自动诊断、自动修复的功能。

二、机电一体化的发展趋势

（一）智能化

随着科学技术的发展，机电一体化技术“全息”的特征越来越明显，智能化水平越来越高。这主要得益于模糊技术与信息技术的发展。智能化是机电一体化与传统机械自动化的主要区别之一，也是未来机电一体化的发展方向。机电产品应具有一定的智能，使它具有类似人的逻辑思考、判断处理、自主决策能力。近几年，处理器速度的提高和微机的高性能化、传感器系统的集成化与智能化为嵌入智能控制算法创造了条件，有力地推动着机电一体化产品向智能化方向发展。

（二）模块化

模块化是一项重要而艰巨的工程。由于机电一体化产品种类繁多，研制和开发具有标准机械接口、电气接口等接口的机电一体化产品单元变得至关重要，如研制集减速、智能调速、电机于一体的动力单元，具有视觉、图像处理、识别和测距等功能的控制单元，以及各种能完成典型操作的机械装置。这样，可利用标准单元迅速开发出新产品。为了达到以上目的，还需要制定各种标准，以便各部件、单元的匹配和接口。

（三）绿色化

科学技术的发展给人们的生活带来了巨大变化，在物质丰富的同时也带来了资源减少、生态环境恶化的后果。所以开发和研制出绿色环保的产品变得至关重要。绿色产品是指低能耗、低耗材、低污染、可再生利用的产品。在研制、使用过程中符合环保的要求，销毁处理时对环境污染小，机电一体化产品绿色化主要也是要满足环境保护要求，在整个使用周期内不污染环境，可持续利用。

（四）微型化

微型化是精细加工技术发展的必然，也是提高效率的需要。微机电系统可批量制作，机械部分和电子完全可以“融合”，机体、执行机构、传感器等器件可以集成在一起，减小体积，这种微型的机电一体化产品也是重要的发展方向。自 1986 年美国斯坦福大学研制出第一个医用微探针、1988 年美国加州大学研制出第一个微电机以来，国内外在 MEMS 工艺、材料及微观机理研究方面取得了很大进展，开发出各种 MEMS 器件和系统，如各种微型传感器和微构件等。

（五）集成化

集成化既包含各种技术的相互渗透、相互融合和各种产品不同结构的优化与复合，又包含在生产过程中同时处理加工、装配、检测、管理等多种工序。为了实现多品种、小批量生产的自动化与高效率，应使系统具有更广泛的柔性。首先可将系统分解为若干层次，使系统功能分散，并使各部分协调、安全运转；然后再通过执行部分将各个层次有机地联系起来，使其性能最优、功能最强。

（六）数字化

微控制器及其发展奠定了机电产品数字化的基础，如不断发展的数控机床和机器人；同时计算机网络的发展为数字化设计与制造奠定了基础，如虚拟设计、计算机集成制造等。数字化要求机电一体化产品的软件具有高可靠性、易操作性、可维护性、自诊断能力以及人机交互界面。数字化的实现将便于远程操作、诊断和修复。

机电一体化技术是一个多种学科技术相互融合影响的技术，是科技发展的见证和结晶，随着科学技术水平的不断提升，机电一体化技术的发展前景也变得更加广阔。

第五节 机电一体化系统设计开发过程

机电一体化系统设计是多个学科的交叉和综合，涉及的学科和技术非常广泛，其技术发展迅速，水平越来越高。由于机电一体化产品覆盖面很广，在系统构成上有着不同的层次，但在系统设计方面却有着相同的规律。机电一体化系统设计是根据系统论的观点，运用现代设计的方法构造产品结构、赋予产品性能并进行产品设计的过程。

一、设计筹划阶段

1. 在筹划阶段要对设计目标进行机理分析，对客户的要求进行理论性抽象，以确定产品的性能、规格、参数。在这个阶段，因为用户需求往往是面向产品的使用目的，并不全是设计的技术参数，所以需要对用户的需求进行抽象，要在分析对象工作原理的基础上，澄清用户需求的目的、原因和具体内容，经过理论分析和逻辑推理，提炼出问题的本质和解决问题的途径，并用工程语言描述设计要求，最终形成产品的规格和参数。对加工机械而言，它包括如下几个方面：

（1）运动参数：表征机器工作部件的运动轨迹和行程、速度和加速度。

（2）动力参数：表征机器为完成加工动作应输出的力（或力矩）和功率。

（3）品质参数：表征机器工作的运动精度、动力精度、稳定性、灵敏度和可靠性。

（4）环境参数：表征机器工作的环境，如温度、湿度、输入电源。

（5）结构参数：表征机器空间几何尺寸、结构、外观造型。

（6）界面参数：表征机器的人机对话方式和功能。

2. 在这个阶段要根据设计参数的需求，开展技术性分析，制订系统整体设计方案，划分出构成系统的各功能要素和功能模块，然后对各类方案进行可行性研究对比，核定最佳总体设计方案、各个模块设计的目标与相关人员的配备。系统设计方案文件的内容如下：

（1）系统的主要功能、技术指标、原理图及文字说明。

（2）控制策略及方案。

（3）各功能模块的性能要求，模块实现的初步方案及输出输入逻辑关系的参数指标。

（4）方案比较和选择的初步确定。

（5）为保证系统性能指标所采取的技术措施。

（6）抗干扰及可靠性设计策略。

（7）外观造型方案及机械主体方案。

（8）经费和进度计划的安排。

二、理论设计阶段

1. 根据系统的主功能要求和构成系统的功能要素进行主功能分解，划分出功能模块，画出机器工作时序图和机器传动原理简图；对于有过程控制要求的系统应建立各要素的数学模型，确定控制算法；计算出各功能模块之间接口的输入、输出参数，确定接口设计的任务分配。应当说明的是，系统设计过程中的接口设计是对接口输入输出参数或机械结构参数的设计，而功能模块设计中的接口设计则是遵照系统设计制定的接口参数进行细部设计，实现接口的技术物理效应，两者在设计内容和设计分工上是不同的。不同类型的接口，其设计要求有所不同。传感器是机电一体化系统的感觉器官，它从待测对象那里获得反映待测对象特征与状态的信息，监视监测整个设备的工作过程，传感器接口要求传感器与被测对象机械量信号源应有直接关系，保证标度转换及数学建模快速、准确、可靠，传感器与机械本体之间连接简洁、牢固，灵敏度高、动态性能好，抗机械谐波干扰性强，正确反映待测对象的被测参数。变送接口要满足传感器模块的输出信号与微机前向通道电气参数的匹配及远距离信号传输的要求，接口信号的传输要精确、可靠性强、抗干扰能力强、噪声容限较低；传感器的输出阻抗要与接口的输入阻抗相配合；接口输出的电平要与微机的电平一致；为方便微机进行信号处理，接口输入信号和输出信号之间的关系必须是线性关系。驱动接口要能满足接口的输入端与微机系统的后向通道在电平上保持一致，接口的输出端与功率驱动模块的输入端之间电平匹配的同时，阻抗也要匹配。其次，为防止功率设备的强电回路反窜入微机系统，接口必须采取有效的抵抗干扰措施。传动接口是一个机械接口，它的连接结构紧凑、轻巧，具有较高的传动精度和定位精度，安装、维修、调整简单方便，传动效率高。

2. 以功能模块为单元，依据以上接口设计参数的要求对信号检测与转换、机械传动与工作机构、控制微机、功率驱动及执行元件等进行各个功能模块的选型、组配、设计。此阶段的设计工作量较大，既包括机械、电气、电子、控制与计算机软件等系统的设计，又包括总装图、零件图的具体模块选型、组配。一方面不仅要求在机械系统设计时选择的机械系统参数要与控制系统的电气参数相匹配，同时也要求在进行控制系统设计时，要根据机械系统的固有结构参数来选择及确定相关电气参数，综合应用微电子技术与机械技术，让两项技术互相结合、互相协调、互相补充，把机电一体化的优越性充分体现出来。为提高工效，应该尽量应用各种 CAD、PRO/E 等辅助工具；整个设计应尽量采用通用的模块和接口，以利于整体匹配及后期进行产品的更新换代。

3. 以技术文件的方式对完整的系统设计采取整体技术经济指标分析，设计目标考核与系统优化，择优选择综合性能指标最优的方案。其中，系统功能分解应综合运用机械技术和电子技术各自的优势，努力使系统构成简单化、模块化。经常用到的设计策略有如下几种：

（1）用电子装置替代机械传动，缩减机械传动装置，简化机械结构，减小尺寸，减轻重量，增强系统运动精度和控制灵活性。

（2）在选择功能模块时要选用标准模块、通用模块，防止重复设计低水平的功能模块，采用可靠的高水平模块，以利于减少设计与开发的周期。

（3）加强柔性应用功能，改变产品的工作方式，让硬件的组成软件化、系统的构成智能化。

（4）设计策略选择要以微机系统作为整个设计的核心。

三、机电一体化系统典型实例

（一）机器人

（1）概述

机器人是能够自动识别对象或其动作，根据识别，自动决定应采取动作的自动化装置。它能模拟人的手、臂的部分动作，实现抓取、搬运工件或操纵工具等。它综合了精密机械技术、微电子技术、检测传感技术和自动控制技术等领域的最新成果，是具有发展前途的机电一体化典型产品。机器人技术的应用会越来越广，将对人类的生产和生活产生巨大的影响。可以说，任何一个国家如不拥有一定数量和质量的机器人，就不具备进行国际竞争所必需的工业基础。机器人的发展大致经过了三个阶段。

第一代机器人为示教再现型机器人，为了让机器人完成某项作业，首先由操作者将完成该作业所需的各种知识（如运动轨迹、作业条件、作业顺序、作业时间等）通过直接或间接的手段，对机器人进行示教，机器人将这些知识记忆下来，然后根据再现指令，在一定的精度范围内，忠实地重复再现各种被示教的动作。第二代机器人通常是指具有某种智能（如触觉、力觉、视觉等）的机器人，即由传感器得到的触觉、听觉、视觉等信息经计算机处理后，控制机器人完成相应的操作。第三代机器人通常是指具有高级智能的机器人，其特点是具有自学习和逻辑判断能力，可以通过各类传感器获取信息，经过思考做出决策，以完成更复杂的操作。

一般认为机器人具备以下要素：思维系统（相当于脑）、工作系统（相当于手）、移动系统（相当于脚）、非接触传感器（相当于耳、鼻、目）、接触传感器（相当于皮肤）（图 1-3）。如果对机器人的能力评价标准与对生物能力的评价标准一样，即从智能、机能和物理能三个方面进行评价，机器人能力与生物能力具有一定的相似性。图 1-4 是以智能度、机能度和物理能度三坐标表示的“生物空间”，这里，机能度是指变通性或通用性及空间占有性等；物理能度包括力、速度、连续运行能力、均一性、可靠性等；智能度则指感觉、知觉、记忆、运算逻辑、学习、鉴定、综合判断等。把这些概括起来可以说，机器人是具有生物空间三坐标的三元机械。某些工程机械有移动性，占有空间不固定性，因而是二元机械。计算机等信息处理机，除物理能之外，还有若干智能，因而也属于二元机械。而一般机械都只有物理能，所以都是一元机械。

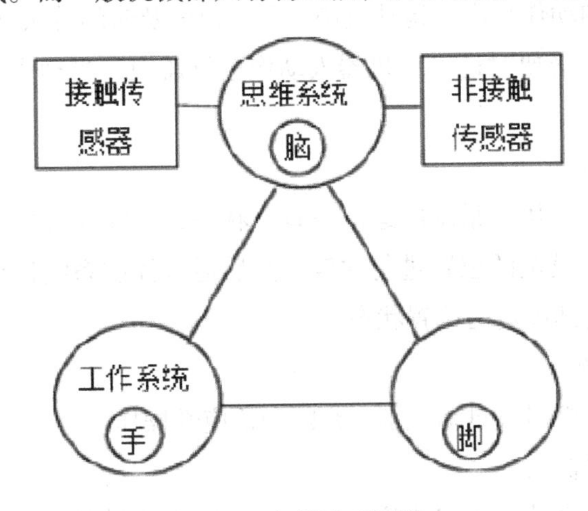

图 1-3　机器人三要素

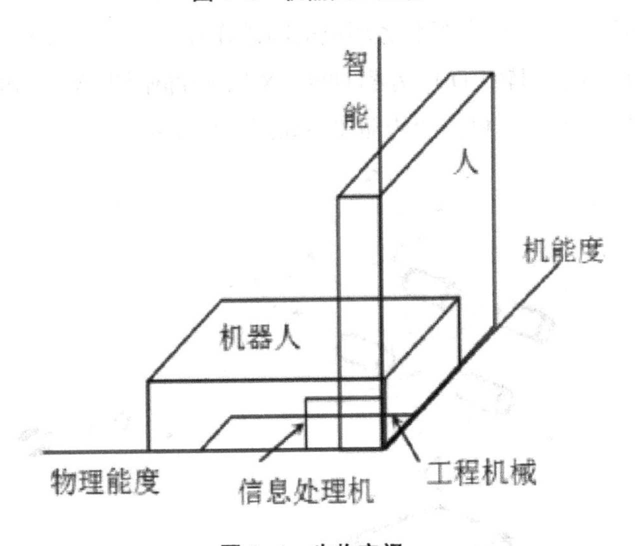

图 1-4　生物空间

（2）机器人的组成及基本机能

机器人一般由执行系统、驱动系统、控制系统、检测传感系统和人工智能系统等组成，各系统功能如下所述：

① 执行系统

执行系统是完成抓取工件（或工具）实现所需运动的机械部件，包括手部、腕部、臂部、机身及行走机构。

② 驱动系统

驱动系统的作用是向执行机构提供动力。随驱动目标的不同，驱动系统的传动方式有液动、气动、电动和机械式四种。

③ 控制系统

控制系统是机器人的指挥中心，它控制机器人按规定的程序运动。控制系统可记忆各种指令信息（如动作顺序、运动轨迹、运动速度及时间等），同时按指令信息向各执行元件发出指令。必要时还可对机器人动作进行监视，当动作有误或发生故障时即发出警报信号。

④ 监测传感系统

它主要检测机器人执行系统的运动位置、状态，并随时将执行系统的实际位置反馈给控制系统，并与设定的位置进行比较，然后通过控制系统进行调整，从而使执行系统以一定的精度达到设定的位置状态。

⑤ 人工智能系统

该系统主要赋予机器人自动识别、判断和适应性操作。

（3）BJDP-1 型机器人

该机器人是全电动式、五自由度、具有连续轨迹控制等功能的多关节型示教再现机器人，用于高噪声、高粉尘等恶劣环境的喷砂作业。该机器人的五个自由度，分别是立柱回转（L）、大臂回转（D）、小臂回转（X）、腕部俯仰（W1）和腕部转动（W2），其机构原理如图 1-5 所示，机构的传动关系如图 1-6 所示。

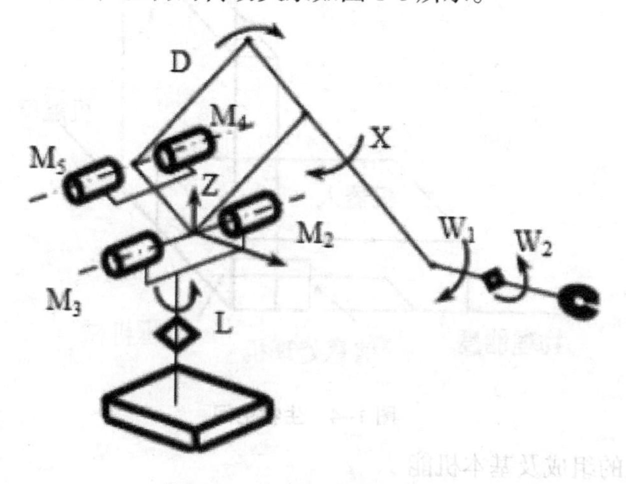

图 1–5　机器人的结构原理

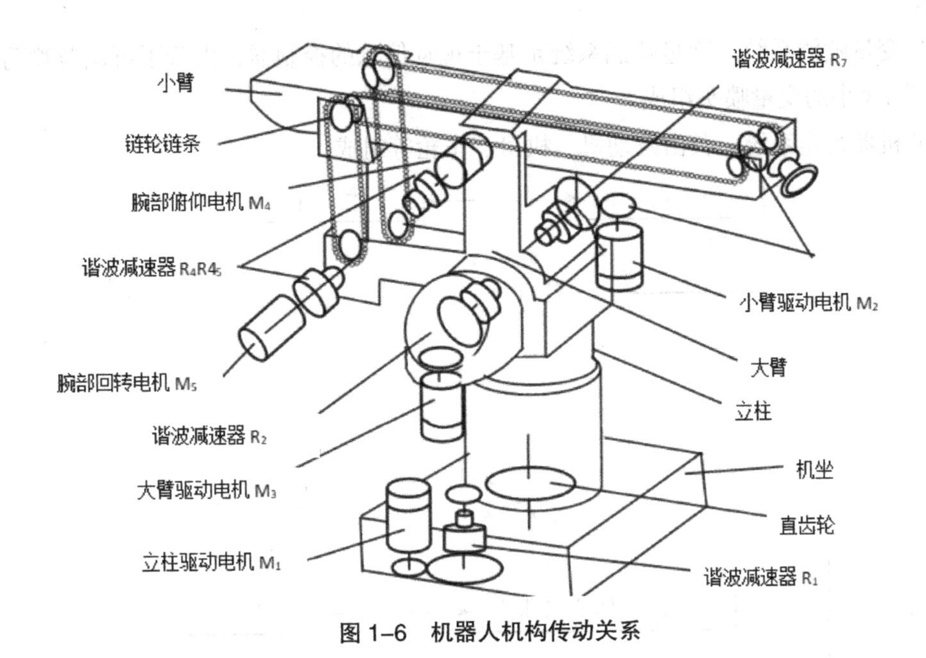

图 1-6 机器人机构传动关系

（二）视觉传感式变量喷药系统简介

在农业方面，近年来发达国家（如美国、英国）都投入大量资金进行现代农业技术的开发。先后开发出了精确变量播种机、精确变量施肥机以及精确变量喷药机等。它们都是与机器人极为相似的自动化系统，是高新技术在农业中的应用。

视觉传感变量喷药系统是以较少药剂有效控制杂草、提高产量、减少成本的一种自动化药物喷洒机械。近年来，随着杂草识别的视觉感知技术与变量喷药控制等技术的成熟，这种视觉传感式变量喷药机械也趋于成熟。下面就以这种系统为例，对它的组成及工作原理做一简要介绍。

（1）系统的组成

一般地说，这种机器由图像信息获取系统、图像信息处理系统、决策支持系统、变量喷洒系统等组成（图 1-7）。各子系统的主要功能如下所述：

① 图像信息获取系统，其主要由彩色数码相机（如 PULNIX、TMC-7ZX 等）和高速图像数据采集卡（如 CX100、IMAGENATION、INC 等）组成。采集卡一般置于机载计算机中。

② 图像信息处理系统。图像信息处理系统是一种基于影像信息的提取算法，由计算机高级语言（如 C++ 等）开发出的一种软件系统。它能够快速准确地提取出影像数据中包含的人们所需的信息（如杂草密度、草叶数量、无作物间距区域面积等）。

③ 决策支持系统。决策支持系统也是由高级语言开发出的一种软件系统。它能够基于信息处理系统，把得到的有用信息与人们的决策要求做综合判断，最后做出所需

的决策。

④ 变量喷洒系统。变量喷洒系统是基于视觉信息的控制器，由若干可调节喷药流量与雾滴大小的变量喷头组成。

⑤ 机器行走系统。其由发动机、机身、车轮等组成。

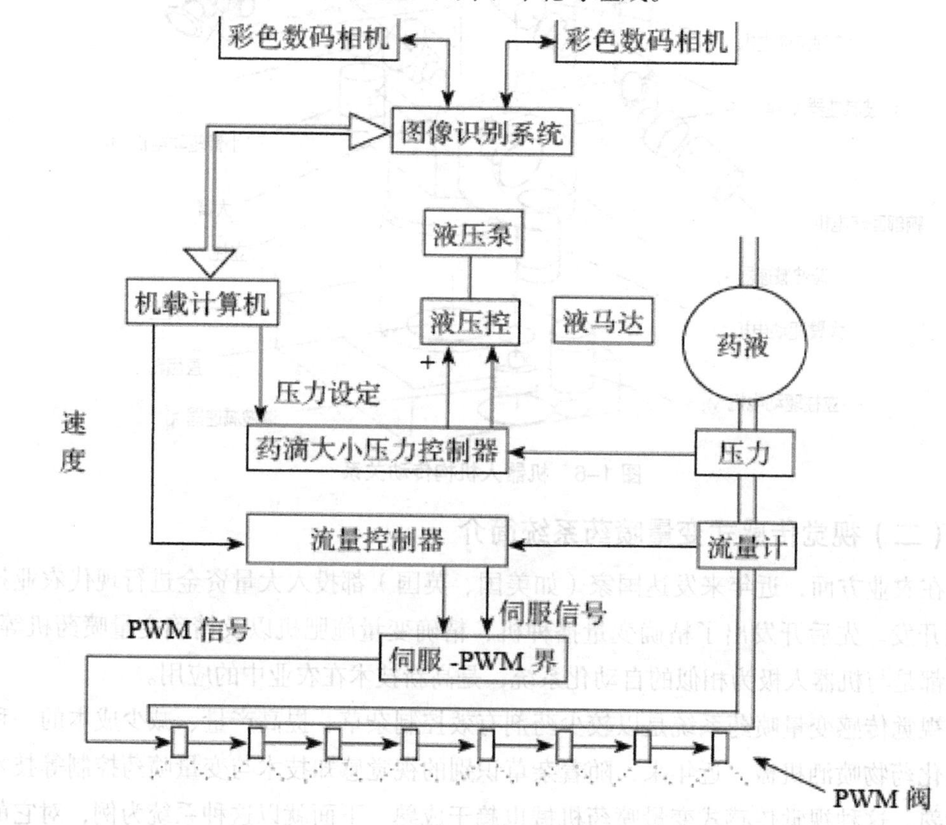

图 1–7　精确变量喷药系统

（2）工作原理

当机器在田间行走时，置于机器上离地面具有一定高度的彩色数码相机就会扫描一定大小的地面。一般彩色数码相机可覆盖 2.44 ～ 3.05m 范围，分辨率可达到 0.005m × 0.005m。与此同时，高速图像数据采集卡将彩色数码相机获取的信息存入计算机中。然后，由图像信息处理系统快速地将地面杂草的密度、草叶数量、作物密度及无植被区域面积等信息提取出来，并由决策支持系统调用这些信息，经过数据处理得到所需的行走速度、药液流量和雾滴大小等的决策。这些决策被传输给药滴大小控制器以及流量控制器，随之它们就控制管路中的压力和 PWM 脉宽调制变量喷头，从而实现了精确变量喷药。这样一方面减少了药量，降低了成本；另一方面保护了作物，减少了对环境的污染。据报道，与传统的喷洒方法比较，变量喷药系统在杂草高密区可节约药液 18%，在杂草低密区可节约药液 17%。

（三）数控机床

数控机床是由计算机控制的高效率自动化机床。它综合应用了电子计算机、自动控制、伺服驱动、精密测量和新型机械结构等多方面的技术成果，是今后机床控制的发展方向。随着数控技术的迅速发展，数控机床在机械加工中的地位将越来越重要。

① 数控机床的工作原理

数控机床加工零件时，是将被加工零件的工艺过程、工艺参数等用数控语言编制成加工程序，这些程序是数控机床的工作指令。将加工程序输入数控装置，再由数控装置控制机床主运动的变速、起停，运动的方向、速度和位移量，以及其他辅助装置严格地按照加工程序规定的顺序、轨迹和参数进行工作，从而加工出符合要求的零件。为了提高加工精度，一般还装有位置检测反馈回路，这样就构成了闭环控制系统，其加工过程原理如图 1-8 所示。

② 数控机床的组成

从工作原理中可以看出，数控机床主要由控制介质、数控装置、伺服检测系统和机床本体等四部分组成，其组成框图如图 1-9 所示。

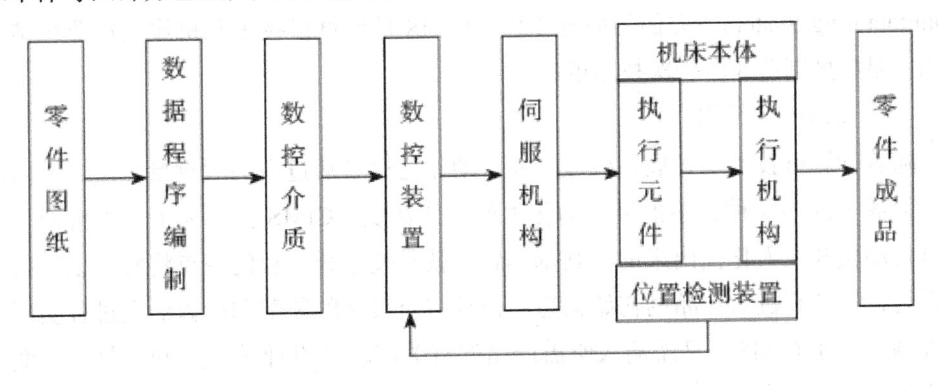

图 1-8　数控机床工作过程原理

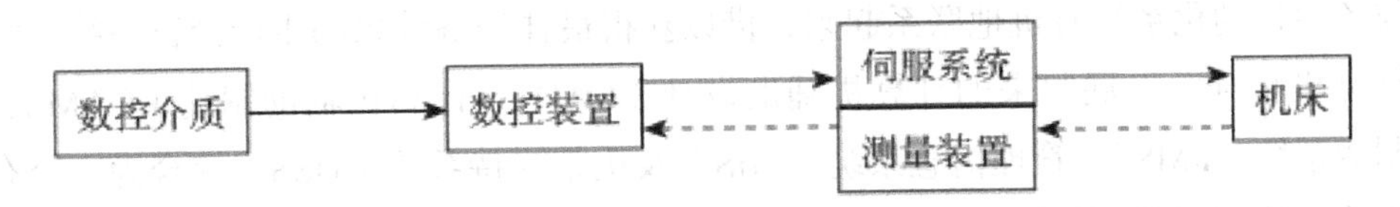

图 1-9　数控机床的组成

控制介质。用于记载各种加工信息（如零件加工的工艺过程、工艺参数和位移数据等），以控制机床的运动，实现零件的机械加工。常用的控制介质有磁带、磁盘和光盘等。控制介质上记载的加工信息经输入装置输送给数控装置。常用的输入装置有磁盘驱动器和光盘驱动器等，对于用微处理机控制的数控机床，也用操作面板上的按钮和键盘将加工程序直接用键盘输入，并在 CRT 显示器上显示。

数控装置。数控装置是数控机床的核心，它的功能是接收输入装置输送给的加工信息，经过数控装置的系统软件或电路进行译码、运算和逻辑处理后，发出相应的脉冲指令送给伺服系统，通过伺服系统控制机床的各个运动部件按规定要求动作。

伺服系统及位置检测装置。伺服系统由伺服驱动电机和伺服驱动装置组成，它是数控系统的执行部分。由机床的执行部件和机械传动部件组成数控机床的进给系统，它根据数控装置发来的速度和位移指令控制执行部件的进给速度、方向和位移量。每个进给运动的执行部件都配有一套伺服系统。伺服系统有开环、闭环和半闭环之分，在闭环和半闭环伺服系统中，还需配有位置测量装置，直接或间接测量执行部件的实际位移量。

机床本体及机械部件。数控机床的本体及机械部件包括主动运动部件、进给运动执行部件（如工作台、刀架）、传动部件和床身立柱等支承部件，此外还有冷却、润滑、转位和夹紧等辅助装置，对于加工中心类的数控机床，还有存放刀具的刀库和交换刀具的机械手等部件。

（四）计算机集成制造系统

近年来世界各国都在大力开展计算机集成制造系统 CIMS（Computer Inter grated Manufacturing System）方面的研究工作。CIMS 是计算机技术和机械制造业相结合的产物，是机械制造业的一次技术革命。

（1）CIMS 的结构

随着计算机技术的发展，机械工业自动化已逐步从过去的大批量生产方式向高效率、低成本的多品种、小批量自动化生产方式转变。CIMS 就是为了实现机械工厂的全盘自动化和无人化提出来的。其基本思想就是按系统工程的观点将整个工厂组成一个系统，用计算机对产品的初始构思和设计直至最终的装配和检验的全过程实现管理和控制。对于 CIMS，只需输入所需产品的有关市场及设计的信息和原材料，就可以输出经过检验的合格产品。它是一种以计算机为基础，将企业全部生产活动的各个环节与各种自动化系统有机地联系起来，借以获得最佳经济效果的生产经营系统。它利用计算机将独立发展起来的计算机辅助设计（CAD）、计算机辅助制造（CAM）、柔性制造系统（FMS）、管理信息系统（MIS）及决策支持系统（DSS）综合为一个有机的整体，从而实现产品订货、设计、制造、管理和销售过程的自动化。它是一种把工程设计、生产制造、市场分析以及其他支持功能合理地组织起来的计算机集成系统。CIMS 是在柔性制造技术、计算机技术、信息技术和系统科学的基础上，将制造工厂经营活动所需的各种自动化系统有机地集成起来，使其能适应市场变化和多品种、小批量生产要求的高效益、高柔性的智能生产系统。

由此可见，计算机集成制造系统是在新的生产组织原理和概念指导下形成的生产实体，它不仅是现有生产模式的计算机化和自动化，而且是在更高水平上创造的一种新的生产模式。

从机械加工自动化及自动化技术本身的发展看，智能化和综合化是未来的主要特征，也是 CIMS 最主要的技术特征。智能化体现了自动化深度，即不仅涉及物质流控制的传统体力劳动自动化，还包括信息流控制的脑力劳动自动化；而综合化则反映了自动化的广度，它把系统空间扩展到市场、设计、制造、检验、销售及用户服务等全部过程。

CIMS 系统构成的原则，是按照在制造工厂形成最终产品所必需的功能划分系统，如设计管理、制造管理等子系统，它们分别处理设计信息与管理信息，各子系统相互协调，并且具有相对的独立性。

因此，从大的结构来讲，CIMS 系统可看成是由经营决策管理系统、计算机辅助设计与制造系统、柔性制造系统等组成的（图 1-10）。

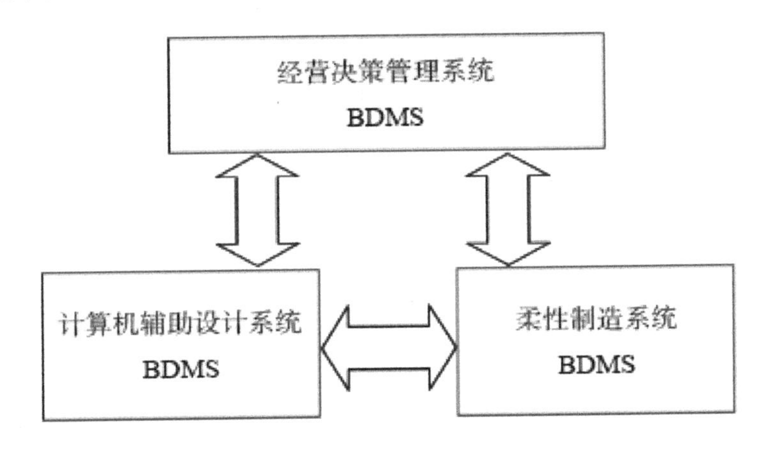

图 1–10　CIMS 主要结构框图

经营决策管理系统完成企业经营管理，如市场分析预测、风险决策、长期发展规划、生产计划与调度、企业内部信息流的协调与控制等；计算机辅助设计系统完成产品及零部件的设计、自动编程、机器人程序设计、工程分析、输出图纸和材料清单等；计算机辅助制造系统则完成工艺过程设计、自动编程、机器人程序设计等；柔性制造系统完成物料加工制造的全过程，实现信息流和物料流的统一管理。

（2）支持集成制造系统的分布式数据库技术及系统应用支撑软件

分布式数据库技术包括支持 CAD / CAPP/CAM 集成的数据库系统、支持分布式多级生产管理调度的数据库系统、分布式数据系统与实时在线递阶控制系统的综合与集成。

（3）工业局部网络与系统

CIMS 系统中各子系统的互联是通过工业局部网络实现的，因此必然要涉及网络结构优化、网络通信协议、网络互联与通信、网络的可靠性与安全性等问题的研究，甚至还需要对支持数据、语言、图像信息传输的宽带通信网络进行探讨。

（4）自动化制造技术与设备是实现 CIMS 的物质技术基础，其中包括自动化制造设备 FMS、自动化物料输送系统、移动机器人及装配机器人、自动化仓库及在线检测及质量保障等技术。

（5）软件开发环境

良好的软件开发环境是系统开发和研究的保证。这里涉及面向用户的图形软件系统、适用于 CIMS 分析设计的仿真软件系统、CAD 直接检查软件系统及面向制造控制与规划开发的专家系统。

涉及 CIMS 的技术关键很多，制定和开发计算机集成制造系统是一项重要而艰巨的任务。而对计算机集成制造系统的投资则更是一项长远的战略决策。一旦取得突破，CIMS 技术必将深刻地影响企业的组织结构，使机械制造工业产生一次巨大飞跃。

第二章 机电一体化控制相关知识

第一节 机电一体化控制概述

机电一体化控制就是利用电子、信息（包括传感器、控制、计算机等）技术使机械柔性化和智能化的技术。

一、机电一体化控制技术的基本概念

机电一体化控制技术是机械、电子、计算机和自动控制等技术有机结合的一门复合技术，它是在大规模集成电路和微型计算机为代表的微电子技术高度发展，并向传统机械工业领域迅速渗透、与机械电子技术深度融合的现代化工业基础上，综合运用机械、微电子、自动控制、信息、传感测试、电力电子、接口、信号变换以及软件编程等技术构成的群体技术。

机电一体化控制技术不是机械与电子的简单组合，而是在信息论、控制论和系统论的基础上把两者有机组合起来的应用技术。由于引进了微电子技术，工业生产从机械自动化跨入了机电一体化阶段，使机械产品的技术结构、产品结构、产品功能和构成、生产方式和管理机制均发生了巨大变化。

机电一体化控制技术还赋予了机械产品一些新的功能，如自动检测、自动显示、自动记录、自动处理信息、自动调节控制、自动诊断、自动保护等，从而使机械具有智能化的特征。如果说传统机械可替代和增强人的体力，那机电一体化控制技术则将取代并延伸人的部分智力，当然，也给机电设备维修与管理人员提出了更高要求，需要具备更高的机电综合技术。

二、机电一体化控制技术的发展历程

20 世纪 70 年代，机电一体化（mechatronics）一词起源于日本，是由机械和电子的两个英语单词 mechanism 和 electronics 合成的一个新的专用名词。到了 1976 年，机

电一体化已在日本得到普遍展开，这一时期通常被称为是机电一体化控制技术的萌芽发展时期。

进入 20 世纪 80 年代，欧美等国也把机电一体化控制技术作为先进技术，机电一体化控制技术和产品如雨后春笋般涌现，现代化的机械将电子技术、自动化技术、计算机技术融为一体，使机电一体化控制技术进入大发展阶段，现在已作为极普通的术语，在各种传播媒体中广泛使用，是机械意义上的机械技术与电子电气技术和电子意义上的电子学技术的有机结合。

我国机电一体化控制技术虽然发展较迟，但近十几年普遍引起重视，得以飞速发展。

如图 2-1 所示的机械手是机电一体化的典型实例，其机械部分由螺钉、齿轮、弹簧等极为常见的机械零件和连杆机构组成，而作为信息处理的电子装置部分，为了得到更好的控制性能，由集成电路、电阻、电感与电容等电子电路元器件构成。

综上所述，机电一体化控制技术的产生并不是孤立的，而是各种技术相互渗透的结果，它代表着正在形成中的新一代生产技术，虽产生的时间不长，但已显示出强大的威力。在世界范围内，机电一体化热潮正在兴起，并已渗透到国民经济、社会生活的各个领域，用更新的技术进行设计、制造与开发，创造出高度机电一体化的机器设备。新兴产业的发展促使世界各国在发展机电一体化控制技术上的竞争加剧，更进一步推动机电一体化控制技术在机电设备系统的迅速发展。

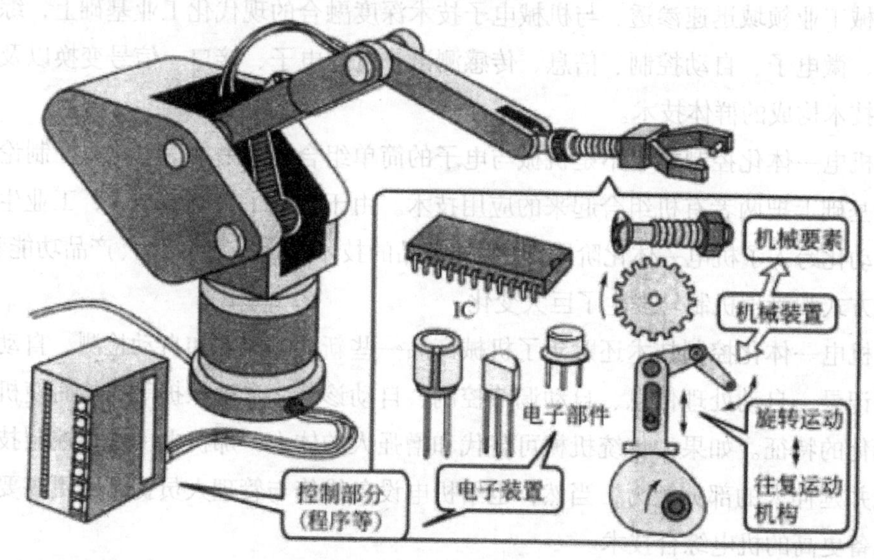

图 2-1　机电一体化示例

三、机电一体化控制技术的作用

当生产采用机电一体化控制技术后即可产生以下作用：

① 使产品具有原来所不具备的新功能；

② 增强产品的柔性；

③ 改善操作性能；

④ 容易满足多样性的需求；

⑤ 扩大设计的灵活性；

⑥ 改善生产的工艺性操作性能；

⑦ 使产品的体积小、重量轻；

⑧ 减少产品的零部件数量；

⑨ 提高可控性；

⑩ 提高品质；

⑪ 节能省力；

⑫ 降低成本。

机电一体化控制技术的本质是将电子技术引入机械控制中，利用传感器检测机械运动，将检测信息输入计算机，经计算得到能够实现预期运动的控制信号，由此来控制执行装置。这项工作就是开发计算机软件，即编制计算机程序的内容，使之具有一定的功能，并通过键盘将程序输入计算机。不需要用螺丝和螺母来重新组装机械，也不需要电烙铁焊接电子线路，只需修改程序就可灵活地改变机械的运动。在计算机上，通过适当的软件进行控制，无论如何复杂的运动都可实现。

第二节　机电一体化控制系统的基本结构

一个较为完善的机电一体化系统，主要是由机械本体、动力部分、测试传感部分、执行机构、驱动部分、控制及信息处理单元和接口等基本结构组成，最后通过接口将各结构部分及环节联系起来。

一、机械本体

机械本体是系统所有功能元素的机械支持结构，包括机身、机架、机械连接等。根据机电一体化产品的技术性能、水平和功能，要在结构、材料、加工工艺性及几何尺寸等方面适应产品的高效、多功能、可靠性和节能、小型、轻量、美观等要求。

二、动力部分

动力部分是按照系统控制要求，为系统提供能量和动力，使系统能够正常运行。用尽可能小的动力输入，获得尽可能大的功能输出，是机电一体化产品的显著特征之一。

三、测试传感器部分

测试传感器部分是对系统运行中所需要的本身和外界环境的各种参数及状态进行检测，变成可识别信号，传输到信息处理单元，经过分析、处理后产生相应的控制信息。其功能一般由专门的传感器和仪表完成。

四、执行机构

执行机构是根据控制信息和指令，完成要求的动作。运动部件一般采用机械、电磁、电液等机构。根据机电一体化系统的匹配性要求，需要考虑改善性能，如提高刚性减轻重量，实现组件化、标准化和系统化，提高系统整体可靠性等。

五、驱动部分

驱动部分是在控制信息作用下提供动力，驱动各种执行机构完成各种动作和功能。一体化系统一方面要求驱动的高效率和快速响应特征，另一方面要求有较高的可靠性和对水、油、温度、尘埃等外部环境有较强的适应性。由于几何尺寸上的限制，要求动作范围狭窄，所以还需考虑维修和标准化的要求。随着电力电子技术的高速发展，高性能步进驱动、直流和交流伺服驱动被大量应用于机电一体化系统。

六、控制及信息处理单元

控制及信息处理单元是将来自各传感器的检测信息和外部输入命令进行集中存储、分析、加工，根据信息处理结果，按照一定的程序和步骤发出相应的指令，控制整个系统有目的地运行。该单元一般由计算机、可编程控制器（PLC）、变频器、数控装置以及逻辑电路、A/D 与 D/A 转换、I/O 接口和计算机外部设备等组成。机电一体化系统对控制和信息处理单元的基本要求是：提高信息处理速度、可靠性，增强抗干扰能力，完善系统自诊断功能，实现信息处理的智能化和小型化、轻量化、标准化等。

七、接口

接口是系统中各单元和环节之间进行物质、能量和信息交换的连接界面，具有对信号进行交换、放大及传递的功能。由于接口的作用，使各组成部分连接成为一个有机整体，由控制和信息处理单元的预期信息导引，使各功能环节有目的地协调一致运动，从而形成机电一体化系统工程。

第三节 机电一体化控制技术系统

一、机电一体化控制的相关学科

机电一体化控制技术是一门新兴学科，支撑它的学科主要有：

① 机械工程学科包括机械设计、机械制造、机械动力学等；

② 电子学包括数字电路、模拟电路等；

③ 电工学包括电机、电器等；

④ 微电子学包括微处理机及接口技术、计算机科学、CAD/CAM技术及软件技术等；

⑤ 检测与控制学科包括传感器、执行装置、控制器（PLC、变频器）；

⑥ 控制论包括经典控制和现代控制理论。

二、机电一体化控制的相关技术

机电一体化控制技术是一门正在发展的交叉技术，是在传统技术的基础上，与一些新兴技术相结合而发展起来的。与此相关的技术很多，涉及机械技术、电子技术、控制技术以及信息技术等。机电一体化的共性相关技术可归纳为以下6个方面。

（一）检测传感技术

为提高产品的性能、扩展功能，通常需对机械进行实时控制、监视、安全检查等，以提高其自动化和智能化的程度，这些都需要通过检测传感手段来实现，因此检测传感技术是机电一体化系统安全运行与提高产品质量的有力保障。

传感器是检测部分的核心，相当于人的感官，将被测量变换成系统可识别的、与被测量有确定对应关系的电信号的一种装置。传感器按测试原理和被检测的物理量可分为多种，机械运动主要有位移、速度、加速度、力、角度、角速度、角加速度和距离等。这些物理量可转换成两极板间的电容量、应变引起的电阻变化、磁场强度与磁场频率的变化、光与光的传播、声音的传播等其他物理量，最终都转换成电压或频率等电量信号输入信息处理系统，并作为相应的控制信号。检测精度的高低将直接影响力学性能的好坏，现代工程技术要求传感器能快速、精确地获取信息，并能经受各种严酷环境的考验。传感器还应具有宽的功能范围、准确的工作精度、好的动态响应、高的灵敏度和分辨率、强的抗干扰能力和可靠性。其主要指标是分辨率和精度。

例如，利用半导体传感器对液面进行控制，以改变原浮子进行的沉浮控制实现的阀门开关操作，如图 2-2 所示。只要把随时间变化的液面高度及变化幅度等物理量信息，变换为电信号提取出来，就能按要求进行控制。

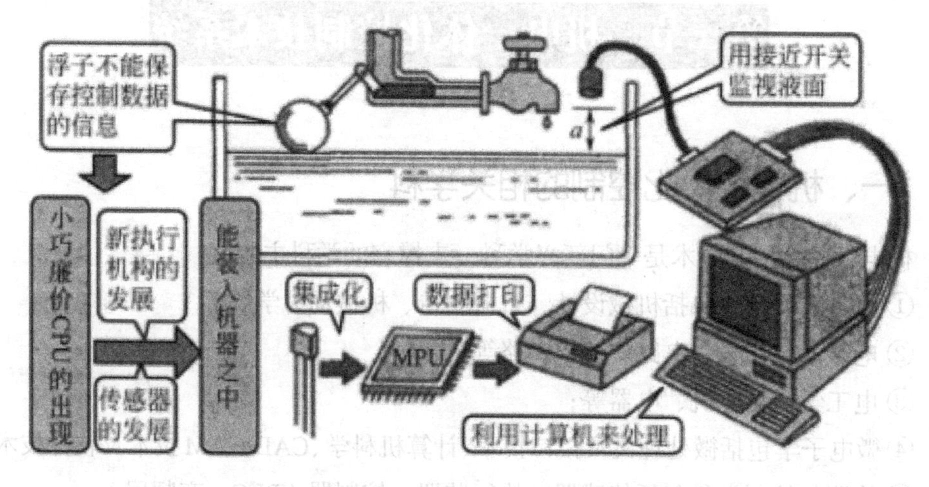

图 2-2　检测传感的液面控制

（二）信息处理技术

信息处理技术通常是指信息的输入、交换、运算、存储和输出等技术，它包括计算机及外围设备、微处理机及可编程控制器（PLC）、变频器、接口技术。在机电一体化系统中，信息处理部分相当于人的大脑，指挥整个系统的运行。由传感器检测的机械运动信号一般都要转换成与机械运动成比例的连续电压信号，这种连续信号是模拟信号，而模拟信号是无法直接输入计算机的，经过 A/D 转换器转换成数字信号后再输入计算机。另外，若要将计算机内的信号输出时，必须采用 D/A 转换器转换成模拟信号。如图 2-3 所示的是计算机与传感器和执行机构的连接框图。

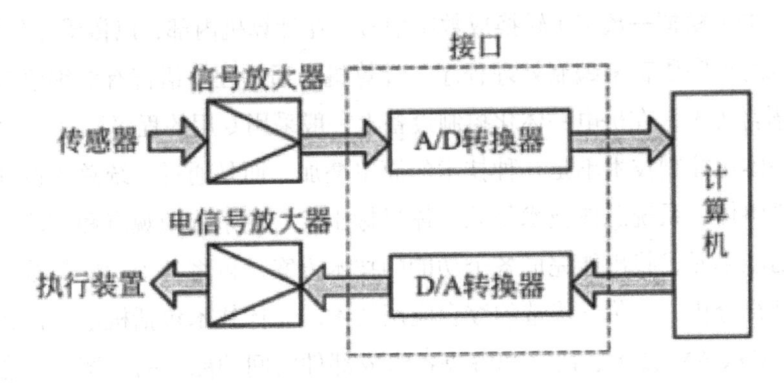

图 2-3　计算机与传感器和执行机构连接

（三）自动控制技术

自动控制技术包括精准定位控制、速度控制、自适应控制、自诊断、校正、补偿、示教再现、检索等技术。在机电一体化控制技术中，自动控制主要解决如何提高产品的精度、提高加工效率、提高设备的有效利用率等问题。其主要技术关键在于现代控制理论在机电一体化控制技术中的工程化和实用化、优化控制模型的建立及边界条件的确定等，计算机动态仿真技术的出现和发展为在控制系统的物理模型建立之前就能预见其动态性能，并为正确选择控制系统的有关参数提供了方便。

（四）伺服驱动技术

伺服驱动包括电动、气动、液压等各种类型的传动装置。这部分相当于人的手足，直接执行各种有关的操作。伺服传动技术是直接执行操作的技术，伺服系统是实现电信号到机械动作的转换装置与部件，对系统的动态性能、控制质量和功能具有决定性的影响。常见的伺服驱动由电动机、液压马达、脉冲液压缸、步进电动机、直流伺服电动机和交流伺服电动机完成。由于变频技术的进步，交流伺服驱动技术已取得了突破性进展，可为机电一体化系统提供高质量的伺服驱动单元，极大地促进了机电一体化控制技术的发展。

（五）精密机械技术

机械技术是关于机械的机构及利用这些机构传递运动的技术。与一般的同类型机械相比，机电一体化系统中机械部分的精度要求更高，要有更好的可靠性及维护性，同时要有更新颖的结构，要求零部件模块化、标准化、规格化等。在机电一体化产品中，对机械本体和机械技术本身都提出了新的要求。这种要求的核心就是精密机械技术，要求机械结构减轻重量缩小体积，提高精度，改善性能，提高可靠性。

（六）计算机技术

由于计算机无法直接处理模拟信号，计算机在内部处理数字信号，外部通过传感器进行 A / D（模拟—数字）转换成数字信号。在计算机内部，以传感器信号为基础，采用计算机的程序语言来编制处理程序。计算机的通用程序语言有汇编语言和编译语言（如C语言等），在机电一体化控制设备上一般采用专用的程序语言。

机电一体化控制技术不是几种技术的简单叠加，而是通过系统总体设计使它们形成一个有机整体。系统总体技术是从整体目标出发，用系统的观点和方法，将总体分解成若干功能单元，找出能完成各个功能的技术方案，再将各个功能与技术方案组合成方案组进行分析、评价、优选的综合应用技术。总体技术包括机电一体化机械的优化设计、CAD/CAM 技术、研究和解决各组成部件之间功能上的协调，可靠性设计及价值工程等。这就是说，即使各部分技术都已掌握，性能、可靠性都很好，但整个系统不能很好地协调，那它仍然不可能正常、可靠地运行。

上述技术的综合，形成了多学科技术领域综合交叉的技术密集型系统工程。机电一体化相关技术之间的关系如图 2-4 所示。

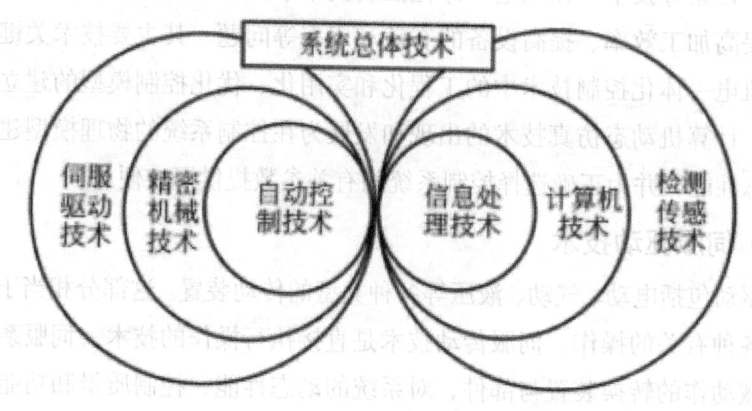

图 2-4 机电一体化控制的相关技术

三、机电一体化控制对技术的影响

（一）提高精度

机电一体化控制技术使机械传动部件减小，从而使机械磨损、配合间隙及受力变形等所引起的误差大大减小，同时由于采用电子技术实现自动检测和控制、补偿、校正，从而减小因各种干扰因素造成的动态误差，达到单纯机械装备所不能实现的工作精度。如采用计算机误差分高技术的电子圆度仪，其测量精度可由原来的 0.025 μ m 提高到 0.01 μ m，大型铣床装感应同步器数显装置可将加工精度从 0.06 μ m 提高到 0.02 μ m。

（二）增强功能

现代高新技术的引入，极大地改变了机械工业产品的面貌，具有多种复合功能，成为机电一体化产品和应用技术的一个显著特征。如加工中心机床可将多台普通机床上的多道工序在一次装夹中完成，并且还有自动检测工件和刀具的精度、自动显示刀具动态轨迹图形、自动保护和自动故障诊断等极强的应用功能；配有机器人的大型激光加工中心，能完成自动焊接、划线、切割、钻孔、热处理等操作，可加工金属、塑料、陶瓷、木材、橡胶等各种材料。这种极强的复合功能，是传统机械加工所不能比拟的。

（三）改善操作性和适用性

机电一体化装置或系统各相关传动机构的动作顺序及功能协调关系，可由程序控制自动实现，并建立良好的人机界面，因而可通过简便的操作得到复杂的功能控制和使用效果。有些机电一体化设备可实现操作全部自动化；有些更高级的机电一体化系统，还可通过被控对象的数学模型和目标函数，以及各种运行参数的变化情况，随机自寻最佳工作过程，协调对内对外关系，以实现自动最优控制，如电梯全自动控制系统、智能机器人等。

（四）简化结构，减轻重量

由于机电一体化设备系统采用新型电力电子器件和传动技术代替笨重的老式电气控制的复杂机械变速传动，由微处理器和集成电路等微电子元件和逻辑软件完成过去靠机械传动链来实现的关联运动，从而使机电一体化产品体积减小，结构简化，重量减轻。如换向器电动机，将电子控制与相应的电动机电磁结构相结合，取消了传统的换向电刷，简化了电动机结构，提高了电动机寿命和运行特性，并缩小了体积。

（五）增强柔性应用功能

机电一体化系统可根据使用要求的变化，对产品的应用功能和工作过程进行调整修改，满足用户多样化的使用要求。如利用数控加工中心或柔性制造系统，可通过调整系统运行程序适应不同零件的加工工艺。机械工业约有 75% 的产品属中小批量，利用柔性生产系统，能够经济、迅速地解决这种中小批量、多品种的自动化生产，对机械工业发展具有划时代的意义。

四、机电一体化控制对经济的影响

（一）提高生产效率，降低成本

机电一体化生产系统能够减少生产准备和辅助时间，缩短新产品的开发周期，提高产品合格率，减少操作人员，提高生产效率，降低生产成本。如数控机床的生产效率比普通机床高 5 ~ 6 倍，柔性制造系统可使生产周期缩短 40%，生产成本降低 50%。

（二）节约能源，降低消耗

机电一体化产品通过采用低能耗的驱动机构、最佳的调节控制和提高设备的能源利用率，来达到显著的节能效果。如工业锅炉，若采用微机精确控制燃料与空气的混合比,可节煤5%～20%;电弧炉是最大的耗电设备之一,如改用微机实现最佳功率控制,可节电20%。

（三）提高安全性，可靠性

具有自动检测监控的机电一体化系统，能够对各种故障和危险情况自动采取保护措施，及时修正运行参数，提高系统的安全可靠性。如大型火电设备中，锅炉和汽轮机的协调控制、汽轮机的电液调节系统、自动启停系统、安全保护系统等，不仅提高了机组运行的灵活性和积极性，而且提高了机组运行的安全性和可靠性，使火电设备逐步走向全自动控制。

（四）减轻劳动强度，改善劳动条件

机电一体化控制技术，一方面能够将制造和生产过程中极为复杂的人的智力活动和资料数据记忆查找工作改由计算机来完成，另一方面又能由程序控制自动运行，代替人的紧张和单调重复的操作，以及在危险或有害环境下的工作，因而大大减轻了人的脑力和体力劳动，改善了人的工作环境条件。如CAD和CAPP极大地减轻了设计人员的劳动复杂性，提高了设计效率；搬运、焊接和喷漆机器人取代了人的单调重复劳动；武器弹药装配机器人、深海太空工作机器人、在核反应堆和有毒环境下的自动工作系统，则成为人类谋求解决危险环境中劳动问题的唯一途径。

（五）降低价格

由于结构简单，材料消耗减少，制造成本降低，同时由于微电子技术的高速发展，微电子器件价格迅速下降，因此机电一体化产品价格低廉，而且维修性能改善，延长使用寿命。

第四节　机电一体化控制理论

一、反馈控制与顺序控制

（一）术语的来源

英文的反馈一词feedback中前缀feed的意思是“提供食物，供给燃料等”，将

feed 与 back 连起来就是反向提供信号、信息的意思，是控制领域的专用术语。

英文中 Sequence 一词是顺序的意思，当控制过程为按顺序连续控制时，就称为顺序控制。

（二）反馈控制的概念

全自动洗衣机如图 2-5 所示，向洗衣机的水桶内注水的过程只是整个顺序控制过程的一个步骤。首先要给出启动指令，再判断是否满足“水桶内无水”“排水阀已关闭”等条件。当条件满足时，打开进水阀，开始注水。当检测到满水位信号时，发出注水的停止信号（关闭进水阀），同时发出波盘旋转的启动信号，使波盘电机开关接通。在发出搅动轮电机启动信号的同时，还要发出计时器的置位信号，由计时器的计时终了信号切断波盘电机开关。在漂洗时，洗衣机要一边流水一边搅动，还必须保持一定的水位。对于一般的洗衣机，只要水没有从洗衣机中溢出就可以，所以通常采用溢流的方法来维持水位恒定，但在水位要求十分严格的场合，就需要采用反馈控制。

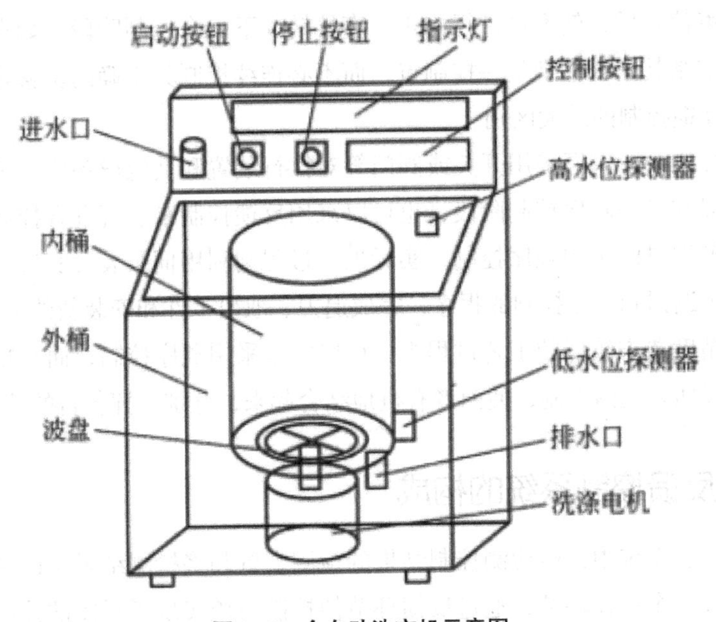

图 2-5 全自动洗衣机示意图

采用反馈控制是对连续量进行控制，需要有能够确定从桶底到上面任何位置的水位传感器，水阀也必须是能够调直流量的流量控制阀。根据当前水位与设定值之差来控制进水流量，就可以使水位保持不变。当改变水位的设定值，发出从原来平衡状态的水位向新水位变化的指令时，就要调节流量，使水位迅速达到新的平衡状态；当水位由于某种外界原因（干扰）突然发生变化时也要调节流量，使水位返回到原来位置，这些控制过程都是反馈控制。

（三）反馈控制的作用

反馈控制的目的是使被控变量保持一定值，按控制目的可以将反馈控制分为定值控制和跟踪控制两种。

（1）定值控制。控制目标值保持不变的反馈控制称为定值控制。生产实际中常见的液位、流量、温度、压力和浓度等控制过程都属于定值控制。

（2）跟踪控制。随时间的变化，控制目标值也发生变化的反馈控制称为跟踪控制。在跟踪控制中，目标值呈不规则变化的称为随动控制，目标值的变化规律事先已经确定的称为程序控制。为了与其他类型的控制相区别，通常将对物体的位置或角度等进行随动控制的系统称为伺服系统。

（四）顺序控制的作用

在顺序控制中，已经事先确定了应该控制的顺序，一旦达到了某一状态值就认为该时刻、该阶段的控制结束，开始进入下一个控制阶段的控制。在达到某一状态值并发出控制结束信号后，就不再进行修正，直接转入下一个控制阶段。如在进行移动控制时，只需控制其是否达到某一控制点，而不必连续控制其正确的位移量。这一点是顺序控制与反馈控制的最大区别。

在顺序控制中，人们采用开关或阀门等对执行装置和其他设备依次进行启动和停止控制，所以在某一顺序控制阶段，也可以采用反馈控制来实现混合控制。以数控机床为例，更换刀具时采用顺序控制，实际加工过程则利用伺服装置实现位置控制。加工结束后，再返回到顺序控制的程序，完成退刀、取出工件和安装新的毛坯等操作。

在控制精度要求较低的工艺过程中，可以完全采用顺序控制，而在精度要求较高的环节上可以插入反馈控制，使两者有机地结合起来，分别发挥各自的特点。

二、反馈控制系统的构成

在反馈控制系统中，由检测控制结果的检测装置和将检测结果与设定值进行比较的比较器构成一个反馈环节，通过反馈环节使控制系统实现了封闭的控制网络，这种控制称为闭环控制。

（一）反馈控制系统框图

如图 2-6 所示，当通过指令信号给出设定值时，在比较器中求出设定值与当前值的差值（偏差），将该差值作为误差信号，在控制器中做出误差修正，生成执行控制量。将这种控制量输入执行装置，就可以得到对被控对象的控制输出量。被控对象当前值的变化直接由检测装置检测出来，反馈到比较器上。

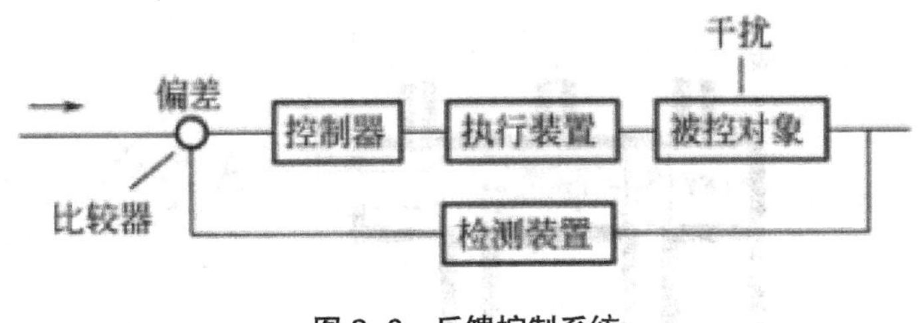

图 2-6 反馈控制系统

（二）电动伺服装置的构成

如图 2-7 所示是由伺服电机和进给丝杠组成的位置控制机构。

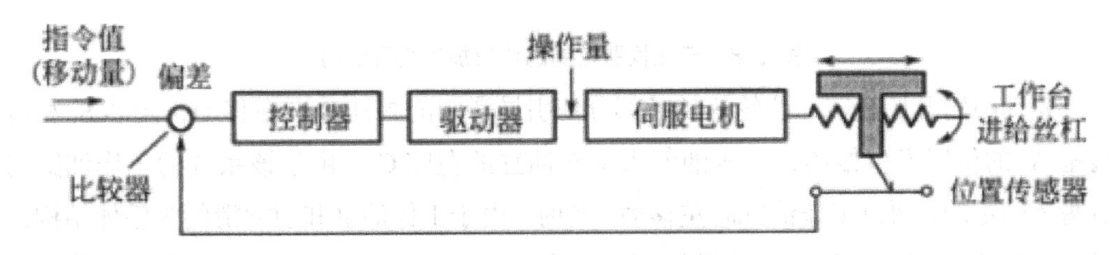

图 2-7 电动伺服机构的构成

首先，将位移量作为指令值给出，在控制器中产生作为执行控制量的速度指令。驱动机构接受这个速度指令后，经电力放大器提供给伺服电机能量，驱动电机开始旋转，通过与电机相连的进给丝杠带动工作台上的位移传感器，就可以检测出工作台的移动位置，并反馈到比较器。比较器不断地向控制器输出误差信号，直至指令值与移动位置之差减小到 0 为止。当然，如果工作台的位置超过了指令位置，就要产生反方向的速度指令来进行校正。

要检测工作台的坐标值，必须采用位移传感器，一般可以采用电感式位移传感器或磁栅尺等位移传感器。在较为简单的机构中，常在进给丝杠上安装脉冲编码器，通过检测脉冲来实现反馈控制。这时的控制量不是工作台的位移，而是电机的旋转角度。这也是一种常用的控制方式。

（三）液压伺服装置的构成

如图 2-8 所示是采用液压伺服控制的仿形加工装置。图中的椭圆凸轮处于平均半径的位置，下面驱动油缸内的活塞也处于中间位置。

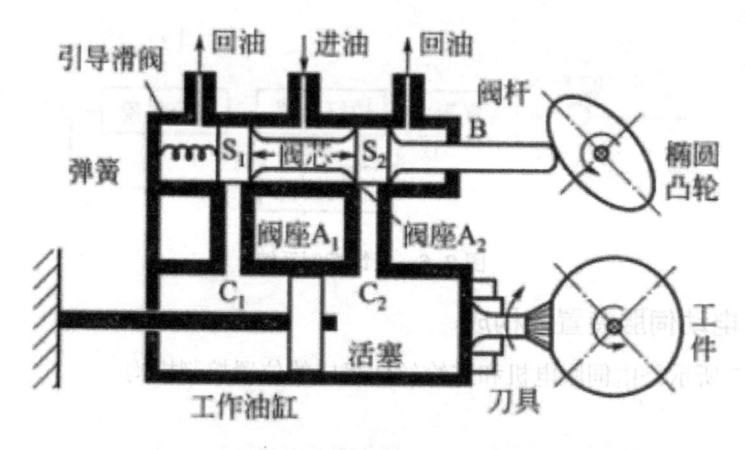

图 2–8　液压伺服控制的仿形加工装置机构

驱动凸轮开始旋转，凸轮的长径部分使引导滑阀的阀杆 B 向左移动，阀芯 S_1 相对阀座 A_1 的位置发生偏离，液压油流入工作油缸的左腔 C_1。由于该系统的工作油缸的活塞是固定的，所以工作油缸向左移动。此时，由于工作油缸和引导滑阀为整体结构，引导滑阀也跟着向左移动。结果使阀座 A 与阀芯 S_1 之间的间隙变小，这恰好符合反馈控制原理。当间隙变为 0 时，工作油缸也停止移动。当凸轮转到短径位置时，阀杆 B 在弹簧的作用下向右移动。S_2 与 A_2 之间的间隙增大，使液压油流入工作油缸的右腔 C_2，刀具也随着向右移动。

这种机构中，指令值（设定值）就是由凸轮确定的引导滑阀中阀芯的移动量，控制的结果就是刀具相对工件的左右移动量。引导滑阀的运动为反馈量，阀座 A_1、A_2 相对阀芯 S_1、S_2 的偏移相当于比较器。控制量是通过阀间隙流入油缸腔内的液压油量。该系统的检测装置、比较器、控制器和驱动器全部为一体化结构。

三、现代控制理论

反馈控制理论是以线性系统为前提，无法对非线性系统和多变量系统进行控制，因而被称为古典控制理论。

对于线性系统，都是在某一较窄的变化范围内符合线性关系的，因此，大多数情况下都可通过近似的线性模型实现反馈控制。

而现代控制理论是对系统的可控性和稳定性的分析，得到设计最佳控制系统的方法，利用状态变量来表示控制变量，通过评价函数来求得最佳控制量。目前，主要的现代控制理论如下。

（1）模糊控制。模糊控制是近些年发展起来的控制技术之一。模糊控制属于反馈控制的一种方法。模糊控制是将具有控制对象一定性质的样本集合作为模糊集合，利用模糊理论推理并进行定量化（含有一定的模糊成分）的计算，最后求得最佳控制量的控制方法。

（2）鲁棒控制。在一般的反馈中，如果控制系统的特性发生变化，就有可能产生较大的偏差，甚至出现突然失控等现象。鲁棒（robust）控制是在控制系统即使特性稍有变化时，也不会改变控制性能的一种控制方法，具有较强的矫顽能力。

（3）自适应控制。通过建立理论模型，使其实际使用向其的自适应控制和自校正控制。

（4）神经网络控制。构建人工智能（AI）的神经网络，利用神经网络的自学习能力，将控制规则图形化并加以记忆，随着不断的学习来提高控制精度。

四、反馈控制系统的特性

性能优良控制系统的标志是能够"准确、快速、稳定"地逼近控制目标值。

（1）响应与特性。由于反馈系统的输入信号只有设定值和外界的干扰两种，所以针对这两种信号来分析系统的特性与响应。如图 2-9 所示为某一控制系统当目标值突然发生变化时的输出响应曲线。

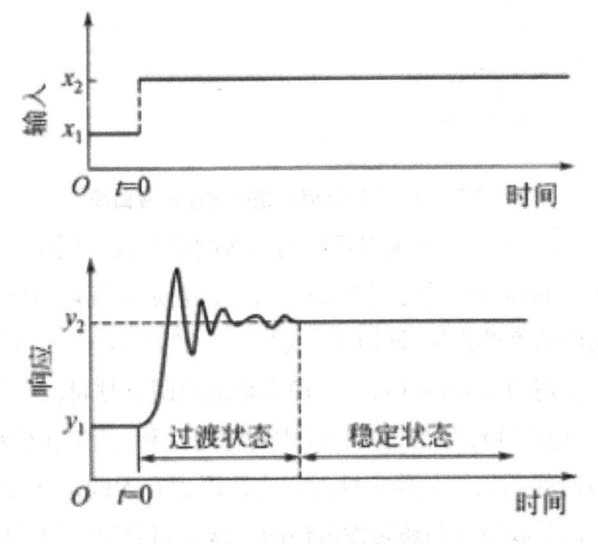

图 2-9　控制系统的响应曲线

曲线左半部分表示的是过渡状态的瞬态响应，右半部分表示的是稳定状态下系统达到平衡时的稳态响应。由于从系统的过渡响应和稳态响应中分别可以得到过渡特性和稳态特性，因此在控制领域认为响应和特性具有同样重要的意义。

系统的特性可按时间进行划分，分为动特性和静特性，稳态特性属静特性，过渡特性属于动特性。在动特性中，除了过渡特性以外，还包括频率响应特性，实际上它们都有相似的特性。

（2）稳态特性。控制系统最终达到的控制值（最终稳态值）与设定值之差称为稳态偏差或静态误差。稳态偏差越小，系统控制精度越高。实际系统的稳态偏差值可以利用传递函数求得。

（3）过渡特性。控制系统在阶跃输入信号的作用下所得到的输出曲线，称为阶跃响应或过渡响应。对于系统的过渡响应，具有决定性的评价指标是响应速度的快慢。如果控制系统是由若干个积分环节和一阶延迟环节组成的，那么这些独立环节的过渡响应综合起来将影响整个控制系统的过渡响应。因此，对于整个系统，要改善其过渡响应特性，必须知道各个环节的过渡响应特性。实际应用的反馈控制系统几乎都是二阶以上的高阶延迟控制系统。

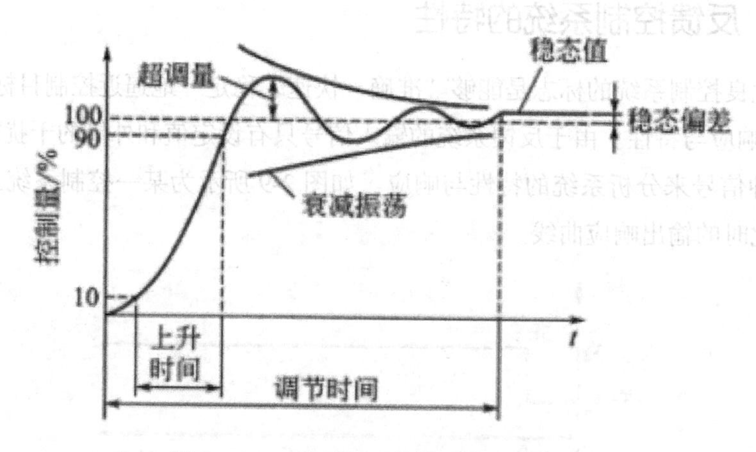

图 2-10　二阶延迟系统的过渡响应曲线

如图 2-10 所示的是一个二阶延迟系统的过渡响应曲线，图中曲线的上升阶段反映了系统的响应速度。超调量称为系统的动态误差，它是系统调节强度的标志。调节时间当然也是系统响应速度的指标，同时还是系统稳定性的标志。因为即使上升速度很快，超调量很小，但若振荡的衰减特性很差，那么系统的调节时间也会相对很长。

（4）稳定性。稳定性可分为过渡特性中的稳定性和频率响应特性中的稳定性。在过渡响应中，调节时间的长短是稳定性的标志，因为有无调整强度的超调量，以及由于超调而导致的振荡是收敛性的还是发散性的，这是划分稳定和不稳定的界限。

（5）频率响应。除了从过渡特性来研究系统的稳定性以外，频率响应特性也是判别系统稳定性的一种方法。频率响应就是当给系统输入不同频率的正弦波输入信号时，检测到的系统输出振幅的稳态响应和输出相位的滞后量。由此可判断出系统的跟踪特性，它是控制系统控制精度和稳定性的标志。

利用频率响应判断系统稳定性的方法有奈奎斯特稳定判别法和波特图稳定评价法等。

五、顺序控制

顺序控制的实质，是对“顺序”及“时间”进行控制。

（一）顺序控制系统的结构

如图 2-11 所示为顺序控制系统的结构框图。系统所发出的指令几乎都是启动某项作业的命令。命令处理装置按预先规定的指令执行顺序向各执行装置发出相应的控制命令后，执行装置控制各执行机构实现具体的 ON、OFF 操作，从而使被控对象发生某种状态变化。

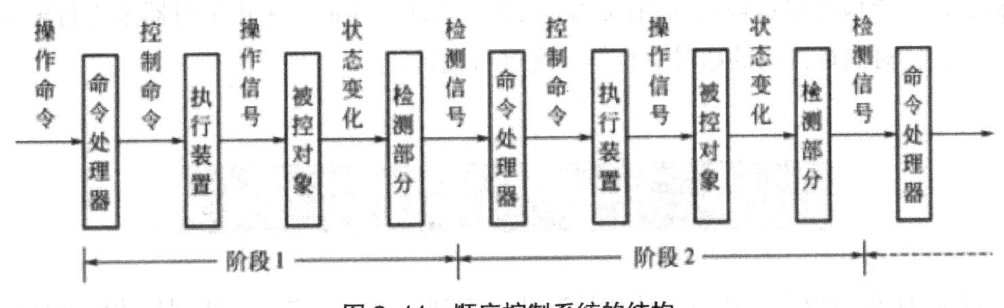

图 2-11　顺序控制系统的结构

图示中的检测部分是输出执行机构是否达到预想状态的二值信号。这些二值信号通常表示作业是否结束、移动的位置或定时时间是否到达等指示性信息。在顺序控制系统中，几乎所有的指令都是通过按键输入的，命令处理装置的输出一般多于一个。当有多个输出时，就需要产生输出信号的组合。这种组合在逻辑上是预先设定好的，属于命令处理的一部分。

（二）组合逻辑

在顺序控制系统中，控制指令通常都是指示某项作业的开始信号，由此需要复杂的组合逻辑才能实现上述功能。

在具体的电路中，AND、OR、NOT、NAND、NOR 等是基本逻辑单元，通常利用定时器将这些基本逻辑单元进行组合，构成有时间顺序的逻辑电路。要想由输入信号得到所需要的输出信号，关键是如何组合各逻辑单元。为了能够使用最少的逻辑单元构成电路，常常需要利用布尔代数将逻辑表达式进行某些变换和化简处理。

（三）时序逻辑

时序逻辑就是通过事先确定的控制顺序程序，将各个阶段的控制顺序固定下来。整个顺序控制程序从开始到结束，并不要求各个阶段都是单线顺序控制，可以根据条件设定几个分支，构成多条路径的控制方式。

时序逻辑要明确地表示出控制顺序在时间上的前后关系。为了使各个阶段的前后关系更简洁、准确，通常使用时序图来描述。

（四）条件控制

根据事先规定好的条件进行逻辑判断，确定顺序控制的执行流向。为了能够实现时间上的前后关系、判断和互锁等安全保护措施，希望能够预先设定好条件控制。在具体的电路中，通常由复杂的逻辑电路、锁存器等具有记忆功能的单元电路来实现条件的逻辑判断。

（五）时间控制

在顺序控制系统中，一旦将控制权交给执行装置，检测装置只能检测出操作的结束状态，不能检测出这段时间内的中间状态。为此，还需要采用定时器来进行辅助的时间控制，对执行机构的超时执行等情况进行处理。

第五节　机电一体化控制技术展望

进入 21 世纪以来，机电一体化控制技术得到了更大的发展。特别是传感器的性能得到进一步提高后，对传感器信号的处理和判断的智能化程度也达到了更高的水平，出现了具有更高柔性和自适应性的机电一体化系统。

（1）传感器性能的提高。高性能传感器应具有如下性能之一：

① 高精度传感器自身的检测精度高，对温度变化不敏感，可抗噪声干扰；

② 智能传感器在传感器内部装有微型计算机，可以进行智能化处理；

③ 组合传感器将几个传感器组合成一体，形成能够检测单个传感器无法检测的高性能的信息传感器系统。

（2）高智能化处理。高智能化处理就是像人的大脑一样，能够在一些基本知识的基础上对其进行合理的组合和判断。能够进行这种处理的软件称为人工智能软件。智能化处理过程就是将基本知识以知识库的形式存储在计算机的存储器中，自动提取与某一知识相关联的知识数据，再将这些知识进行合理的推理组合。

（3）自适应性。机械启动后，不需要人的干预，就能自动地完成指定的各项任务，并且在整个过程中能够自动适应所处状态和环境的变化。机械一边适应各种变化，一边做出新的判断，以决定下一步的动作。如自适应移动机器人，能够通过自己的眼睛观察所处的状态和环境，自动寻找目标路线移动。

（4）微型机械。随着微细加工技术的发展，也出现了小型的机械结构，如 1 μm 大小的电动机。在必须进行微小运动的工作中，需要利用这种超微小型机械来开发机电一体化系统。

第三章　机电传动与控制的基础知识

电机的工作原理都是建立在电磁感应定律、电磁力定律、安培环路定律和电路定律等基本定律之上的。电机又往往是用来驱动负载的控制系统、机电传动系统的运动方程式及其相关计算和多轴拖动系统中转矩折算的基本原则与方法、典型生产机械的负载特性、机电传动系统稳定运行的条件，是学习后续章节前先要掌握的基本知识。如果已经有了相关知识，可以跳过本章节或安排自学。

第一节　电磁知识

电机是一种基于电磁感应原理和电磁力定律而实现机电能量转换的机械装置，发电机将机械能转换成电能，电动机将电能转换成机械能。

一、常用物理量

描述磁场的物理员主要有磁感应强度（或磁通密度）B、磁场强度 H、磁通 φ、磁动势 F、磁阻 Rm、磁导 Am、磁链 ψ 等。

（一）磁感应强度（或磁通密度）B

截流导体周围存在着磁场，描述磁场强弱和方向的物理量是磁感应强度 B，B 是矢量。磁感应强度也称作磁通密度，单位为 T（特）。为了形象地描绘磁场，常采用磁力线。磁力线是闭合的曲线，在磁铁外部由 N 极指向 S 极；在磁铁内部，由 S 极指向 N 极。图 3-1 画出了用磁力线表示的载流长导线、线圈和螺线管周围的磁场分布情况。

磁力线的方向与产生它的电流方向符合右手螺旋定则，如图 3-2 所示。

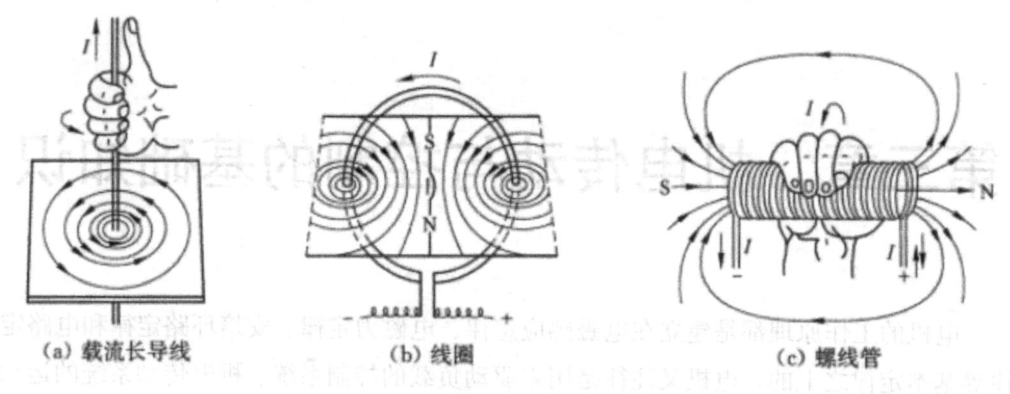

图 3–1 用磁力线表示的载流体周围的场分布

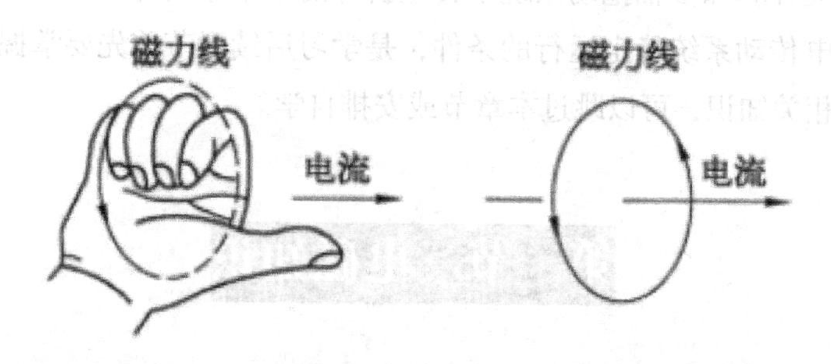

图 3–2 磁力线与电流的右手螺旋关系

（二）磁场强度 H

表征磁场性质的另一个基本物理量是磁场强度 H，H 是矢量，其单位为 A/m。它与磁感应强度 B 的关系为

$H=B/\mu$

式中，μ 中为介质的磁导率。电机中所用的介质，主要是铁磁材料和非导磁材料。空气、铜、铝和绝缘材料等为非导磁材料，它们的磁导率可认为等于真空的磁导率 μ_0，$\mu_0=4\pi\times10^{-7}$H/m。铁磁材料的磁导率远大于真空的磁导率，如铸钢的磁导率 μ 约为 μ_0 的 1000 倍，各种硅钢片的磁导率 μ 为 μ_0 的 6000-7000 倍。

（三）磁通 Φ

穿过某一截面 A 的磁感应强度 B 的通量称作磁通，用符号中表示，即

$\Phi=\int A\,BdA$

在均匀磁场中，如果截面 A 与 B 垂直，如图 3-3 所示，则磁通 Φ 和磁感应强度 B 之间的数值关系为

$\Phi=BA$ 或 $B=\Phi/A$

因此，B 又是单位面积上的磁通，称作磁通密度，简称为磁密。在国际单位制中，磁通 Φ 中的单位为 Wb（韦伯），磁通密度的单位为 T，$T=1Wb/m^2$。

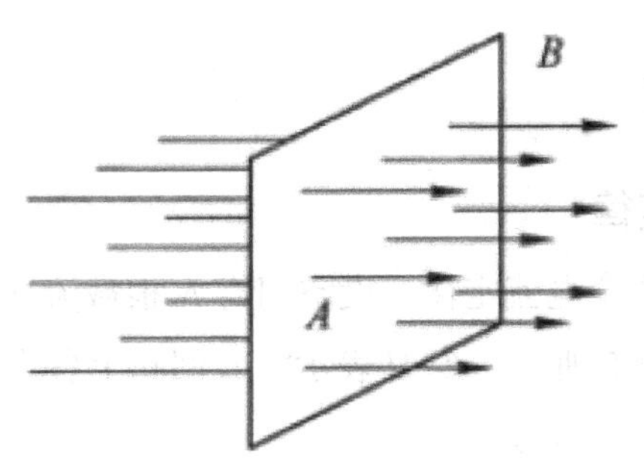

图 3–3　均匀磁场中的磁通

（四）磁动势 F

线圈中通以电流就会产生磁场，若线圈的匝数为 N，电流为 I，则线圈所产生的磁动势 F 为

$F=NI$

磁动势是产生磁通的“动力”，单位为 A（安）。

（五）磁链 ψ

线圈的匝数 N 与通过线圈的磁通中的乘积称作破链，用 ψ 表示，即

$\psi=N\Phi$

二、磁路

磁通所通过的路径称作磁路，图 3-4 表示了几种常见的磁路。

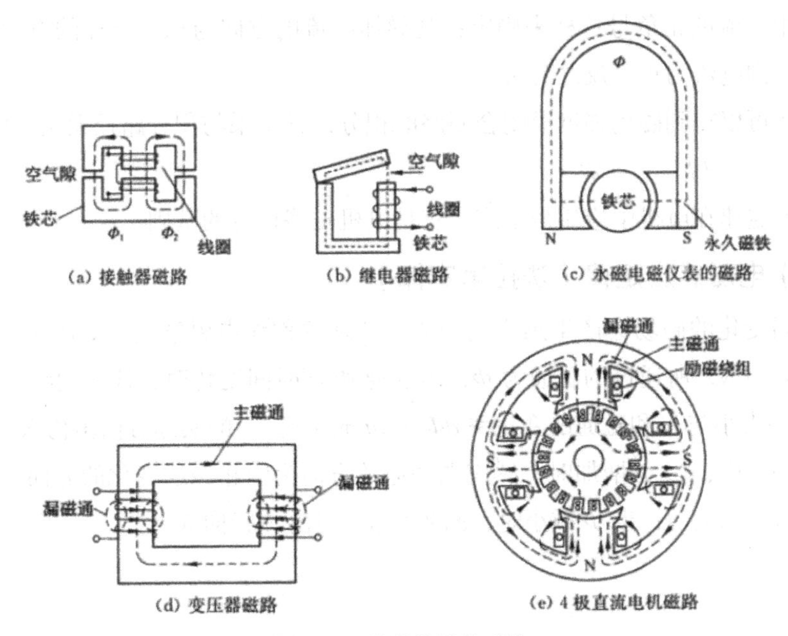

图 3–4　几种常见的磁路

三、基本定律

（一）安培环路定律

安培环路定律也称作全电流定律。设空间有 N 根截流导体，环绕载流导体任取一磁通的闭合回路，如图 3-5 所示。令 H 表示沿着回路上各点切线方向的磁场强度，则全电流定律的积分形式可表示为

$\int Hdl=NI=\sum I$

式中，N 为磁通回路包围的导体总数；I 为每一根导体中的电流；NI 为该回路所包围的总电流量（代数和），也就是作用在该磁路上的总磁动势，简称为磁势。

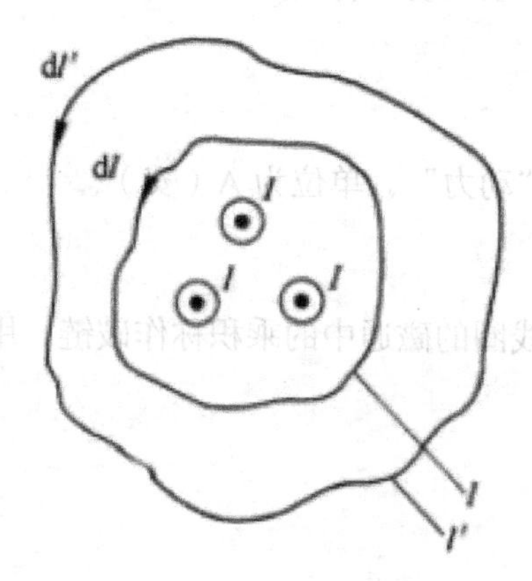

图 3–5　安培环路定律

上式中电流的正负号这样来确定：凡导体电流的方向与积分路径的方向符合右手螺旋关系，则电流为正，反之为负。

同时还可以得到磁场强度沿闭合回路的积分，其结果与积分路径无关，即

$\int Hdl=\int Hd\int '\ \ =NI$

全电流定律在电机中应用得很广，它是电机磁路计算的基础。

（二）电磁感应定律（法拉第定律）

随时间变化的磁场会产生感应电动势，此现象称作电磁感应。如图 3-6 所示，若线圈的匝数为 N，所通过的磁通为 Φ，当磁通 Φ 随时间变化时，线圈内将产生感应电动势 e，e 的大小与 N 和磁通的变化率 $d\Phi$ / dt 成正比。e 的实际方向由楞次定律判定：在图 3-6（a）中，当 Φ 增加时，感应电动势的方向为阻止磁通变化的方向，于是 e 的实际方向由 X 指向 A；当 Φ 减小时，e 的实际方向由 A 指向 X。

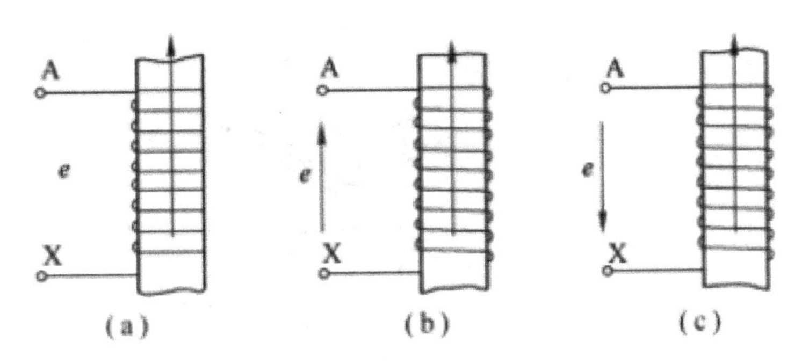

图 3–6　交变磁通及其载流线圈中的感应电动势

感应电动势 e 的数学表达式与 e 的正方向的规定有关。

若规定 e 的正方向从 X 指向 A，如图 3-6（b）所示，并认为 $e=Nd\Phi dt$，则当 Φ 增加，$d\Phi/dt>0$ 时，e 的实际方向与规定的正方向相同；当 Φ 减小，$d\Phi\ /\ dt<0$ 时，e 的实际方向与规定的正方向相反。可见，两种情况下由 $d\Phi\ /\ dt$ 所确定的实际方向与由楞次定律确定的实际方向相一致，于是 e 的数学表达式可写成

$e=Nd\Phi/dt$

若规定 e 的正方向从 A 指向 X，如图 3-6（c）所示，并认为 $e=Nd\Phi/dt$，则当 Φ 增加，$d\Phi\ /\ dt>0$ 时，表示 e 的实际方向与规定的正方向相同，从 A 指向 X，这与由楞次定律所确定的实际方向不符；当 Φ 减小 $d\Phi/dt<0$ 时，e 的实际方向与规定的正方向相反，由 X 指向 A，这亦与由楞次定律所确定的实际方向不符。于是 e 的数学表达式不能写成 $e=Nd\Phi\ /\ dt$，而应写成

$e=-Nd\Phi\ /\ dt$

同一物理现象，在不同的正方向规定下，数学表达式的符号不同，但本质相同。两种表达式都说明电动势 e 的大小与 $Nd\Phi\ /\ dt$ 成正比，电动势 e 的方向为阻碍磁通变化的方向。在电机和变压器的分析中，常采用上述第二种规定。

另外，长度为 L 的直导线在均匀磁场中运动时，若导线切割磁力线的速度为八导线所在处的磁感应强度为 B，当导线、磁感应强度 B、导线的运动速度 v 三者互相垂直时，导线中感应电动势为

$e=BLv$

感应电动势 e 的方向用右手定则来确定，即把右手伸开，大拇指与其他四指成 90°，如图 3-7 所示，让磁力线指向手心，大拇指指向导线运动方向，则四指所指方向就是导线中感应电动势 e 的方向。

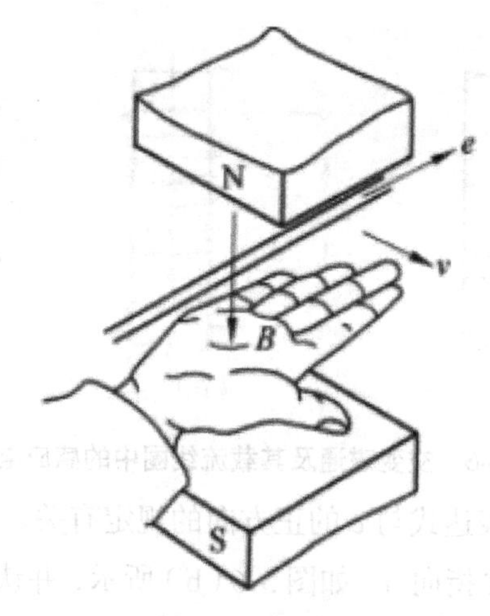

图 3–7　右手定则

（三）电路定律

（1）欧姆定律。一段电路上的电压降 U 等于流过该电路的电流 / 与电路电阻 R 的乘积。

（2）基尔霍夫第一定律（电流定律）。在电路中任一节点上，电流的代数和恒等于零，即

$\sum I=O$

（3）基尔霍夫第二定律（电压定律即在电路中对任一回路，沿回路环绕一周，通路内所有电动势的代数和应当等于所有电压降的代数和，即

$\sum E=\sum U$

（四）电磁力定律

载流导体在磁场中受到力的作用，该力称作电磁力。在均匀磁场中，若载流导体与磁感应强度 B 方向垂直，导线长度为 L，流过的电流为 I，则载流导体所受到的电磁力为

$f=BLI$

电磁力的方向可用左手定则来确定。即把左手伸开，大拇指与其他四指成 90°，如图 3-8 所示，让磁力线指向手心，四指指向导体中电流的方向，则大拇指指向就是导线所受电磁力的方向。

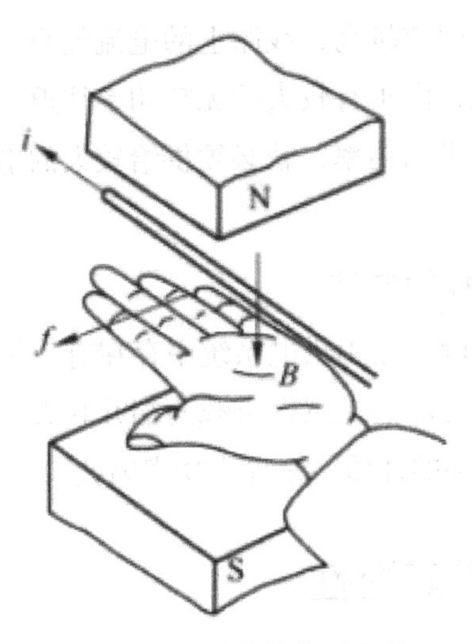

图 3-8 确定受力的左手定则

（五）能量守恒定律

电机是机电能量转换的装置，在能量转换过程中，电机自身消耗的功率称作损耗。稳态运行时，输入功率 P_1，应当等于输出功率 P_2 与所有损耗之和 $\sum P$，即

$P_1=P_2+\sum P$

此式是建立电机功率方程式的依据。

四、功率因数

在一定的电压和电流的情况下，电路获得的平均功率取决于电压和电流的有效值以及功率因数 $cos\varphi$ 的大小，而 $cos\varphi$ 的大小只决定于负载本身的性质。一般的用电设备，如感应电动机、感应炉、日光灯等都属于电感性负载，因而电路的功率因数往往比较低，都需要提高功率因数。

（一）提高功率因数的意义

（1）提高供电设备利用率。例如，有一台 Un=230V，In=217A 的变压器向一组负载供电。如果负载总平均功率 P=25kW，$cos\varphi$=0.5，那么，变压器输出的电流 217A。若将功率因数提高到 $cos\varphi$=0.85，这台变压器供给该负载同样的功率时，输出电流 128A，这个电流比变压器的额定电流小得多，该变压器还有能力对其他负载供电，这就提高了变压器的利用率。

（2）减少线路上功率损耗和压降。功率损失

$\Delta P=I2r=（P/Ucos\varphi）2r$

发电机的电压 U 和输出功率 P 为一定时，从上式可知功率损失与负载功率因数的

平方成反比。这样，功率因数越高，线路上的电流越小，所损失的功率也就越小，从而提高了输电效率。反之，由于有较大的无功功率往返于电源与负载之间，则在同一电压下要输送同样大小的平均功率，就必须供给较大的电流，这样会增大线路上的功率损耗和压降。

（二）提高功率因数的方法

功率因数低的根本原因，在于供电系统中存在有大量的电感性负载。减少无功功率的方法很多，最常用的方法是在感性负载两端并联大小适当的电容器，利用电感元件和电容元件无功功率互补的性质，来提高功率因数。

五、导磁材料及其特性

各种电机都是通过磁感应作用而实现能量转换的，磁场是它的媒介。

铁磁材料之所以具有高导磁性能，在于其内部存在着强烈磁化了的自发磁化单元，称作磁畴。在正常情况下，磁畴是杂乱无章地排列着，因而对外不显示磁性。但在外磁场的作用下，磁畴沿着外磁场的方向做出有规则的排列，从而形成了一个附加磁场叠加在外磁场上。

在非铁磁材料中，磁感应强度 $B=u0H$，B 与磁场强度 H 成正比，它们之间呈线性关系。而铁磁材料 B 与 H 之间是一种非线性关系，即 $B=f$（H）是一条曲线，称作磁化曲线，如图 3-9 所示。在磁化曲线的开始阶段（ca 段），由于外磁场较强，随着 H 的增加，B 迅速增加。在从段外磁场进一步加强时，磁畴大都已转到与外磁场一致的方向，这时它们所产生的附加磁场已接近最大值，即使 H 再增大，B 的增加也很有限。这种现象称作磁饱和现象。

铁磁材料中的磁畴，当外磁场停止作用后，磁畴与外磁场方向排列一致，被部分地保留下来，从而形成了磁滞现象和剩磁。

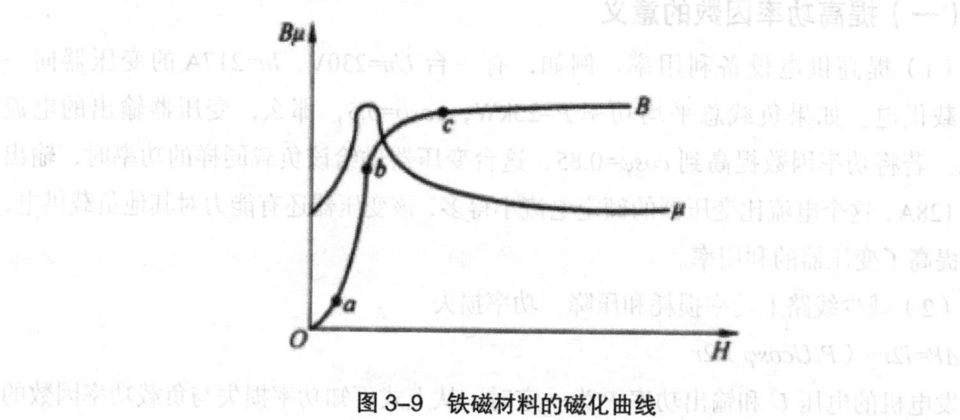

图 3-9 铁磁材料的磁化曲线

六、电路与磁路的区别

（1）电路中可以有电动势而无电流，磁路中有磁动势必然有磁通。

（2）电路中有电流就有功率损耗，而直流磁路中无损耗。

（3）电路中电流在导体中流过；而磁路中除主磁通外，还有漏磁通。

（4）电路中导体的电导率在一定温度下是恒定不变的；而铁芯磁路中的磁导率随磁感应强度 B 的变化而变化，磁路越饱和，磁阻越大。

第二节　控制系统

一、系统及控制系统的定义

系统是由相互制约的各个部分组成的具有一定功能的整体。在机电传动与控制中，将与控制设备的运动、动作等参数有关的部分组成的具有控制功能的整体称作系统。用控制信号（输入量）通过系统诸环节控制被控变量（输出量），使其按规定的方式和要求变化的系统称作控制系统。

二、控制系统分类

控制系统的分类方式很多，但机械设备的控制系统常按系统的组成原理，分为开环控制系统、半闭环控制系统和闭环控制系统。

（一）开环控制系统

输出量只受输入量控制的系统称作开环控制系统。当控制系统出现扰动时，输出量便会出现偏差，因此开环控制系统缺乏精确性和适应性。但它是最简单经济的一类控制系统，一般使用在对精度要求不高的机械设备中，如旧机床的改造与开环控制系统组成框图如图 3-10 所示。

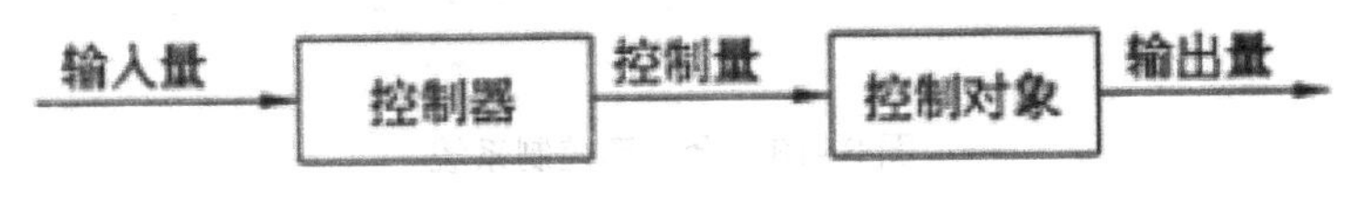

图 3-10　开环控制系统

（二）闭环控制系统

输出量同时受输入量和输出量控制，即输出量对系统有控制作用，这种存在反馈回路的系统称作闭环控制系统。

（三）半闭环控制系统

在数控机床的坐标驱动系统中，只有以坐标位置量为直接输出量，即在工作台上安装光栅等位移测量元件作为反馈元件的系统才称作闭环系统。那些以交、直流伺服电动机的角位移作为输出量，用光栅作为反馈元件的系统则称作半闭环系统。目前使用的数控机床绝大多数为半闭环控制系统。采用半闭环控制系统的优点在于没有将伺服电动机与工作台之间的传动机构和工作台本身包括在控制系统内，系统易调整、稳定性好且整体造价低。

闭环系统框图如图 3-11 至图 3-13 所示。

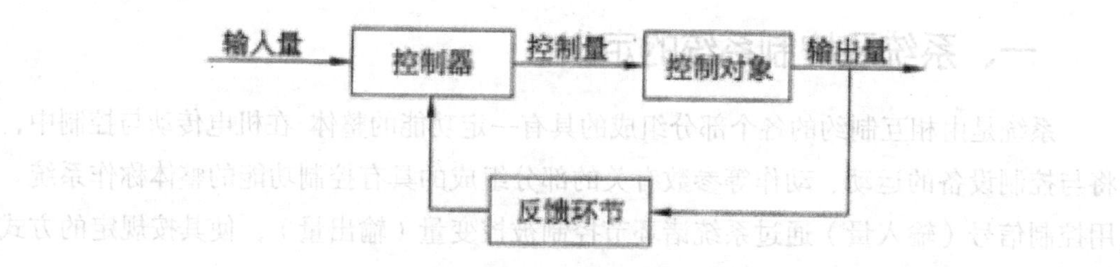

图 3–11　闭环控制系统

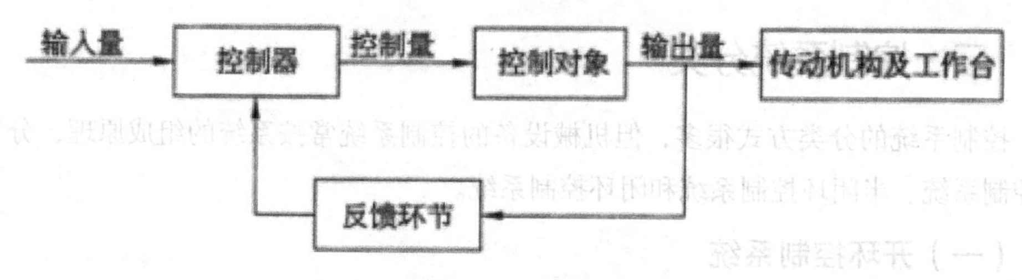

图 3–12　半闭环控制系统

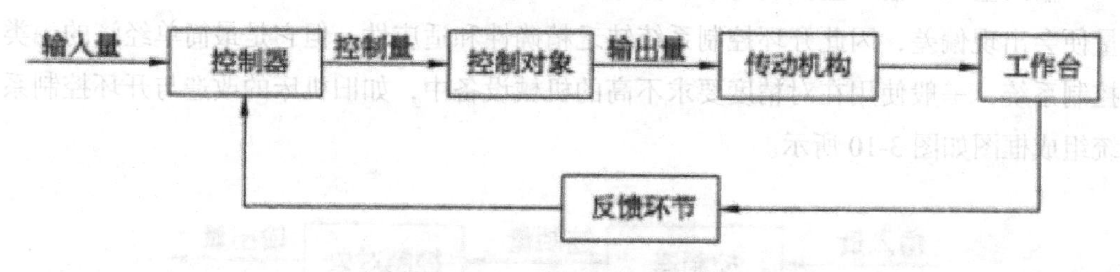

图 3–13　全闭环控制系统

第三节　动力学基础

机电传动系统是一个由电动机拖动并通过传动机构带动生产机械运转的机电运动的动力学整体。尽管电动机种类繁多、特性各异，生产机械的负载性质也可以各种各样，但从动力学的角度来分析时，都应服从动力学的统一规律。

一、运动方程式

单轴机电传动系统是由电动机 M 产生转矩，用来克服负载转矩，以带动生产机械运动。当这两个转矩平衡时，传动系统维持恒速转动，转速 n 或角速度 ω 不变，加速度 dn/dt 或角加速度 $d\omega$ / dt 等于零，这种运动状态称作静态（相对静止状态）或稳态（稳定运转状态）下，当 $T_M \neq T_L$ 时，速度（n 或 ω）就要变化，产生加速或减速，速度变化的大小与传动系统的转动惯量 J 有关，把上述的这些关系用方程式表示，即为

T_M-T_L=$Jd\omega/dt$

这就是单轴机电传动系统的运动方程式。式中，T_M 为电动机产生的转矩，T_L 为单轴传动系统的负载转矩，J 为单轴传动系统的转动惯量，ω 为单轴传动系统的角速度为时间。

在实际工程计算中，往往用转速 n 代替角速度 ω，用飞轮限量（也称飞轮转矩）代替转动惯量 J，由于 J=$m\rho$2=MD2 / 4。其中，ρ 和 D 定义为惯性半径和惯性直径，而质量 m 和重力 G 的关系是 G=mg，g 为重力加速度，所以可得运动方程式的实用形式为

$$\{T_M\}_{N\cdot m}-\{T_L\}_{N\cdot m}=\frac{\{GD^2\}_{N\cdot m^2}}{375}\frac{d\{n\}_{r/min}}{d\{t\}s}$$

式中，常数 375 包含着 g=9.81m / s2，故它有加速度的量纲，GD_2 是个整体物理量。运动方程式是研究机电传动系统最基本的方程式，它决定着系统运动的特征。当 $T_M >$ T_L，时，加速度 a=dn / dt 为正，传动系统为加速运动；当 $T_M < T_L$ 时，a=dn/dt 为负，系统为减速运动。系统处于加速或减速的运动状态为动态。处于动态时，系统中必然存在一个动态转矩

$$\{T_d\}_{N\cdot m}=\frac{\{GD^2\}_{N\cdot m^2}}{375}\frac{d\{n\}_{r/min}}{d\{t\}_s}$$

它使系统的运动状态发生变化。这样，运动方程式（3-18）也可以写成转矩平衡

方程式

$$T_M=T_L+Td$$

也就是说，电动机所产生的转矩在任何情况下，总是由轴上的负载转矩（静态转矩）和动态转矩之和所平衡。

当 $T_M=T_L$ 时，Td=0，这表示没有动态转矩，系统恒速运转，即系统处于稳态。稳态时，电动机发出转矩的大小，仅由电动机所带的负载（生产机械）所决定。

值得指出的是，图 3-14（a）中关于转矩正方向的约定：由于传动系统有各种运动状态，相应的运动方程式中的转速和转矩就有不同的符号。因为电动机和生产机械以共同的转速旋转，所以，一般以转动方向为参考来确定转矩的正负。设电动机某一转动方向的转速 n 为正，则约定电动机转矩 T_M 与 n 一致的方向为正向，负载转矩 T_L 与 n 相反的方向为正向。根据上述约定，就可以从转矩与转速的符号上判定 T_M 与 T_L 的性质：若 T_M 与 n 符号相同（同为正或同为负），则表示 T_M 的作用方向与 n 相同，T_M 为拖动转矩；若 T_M 与 n 符号相反，则表示 T_M 的作用方向与 n 相反，T_M 为制动转矩。而若 T_L 与 n 符号相同，则表示 T_L 的作用方向与 n 相反，T_L 为制动转矩；若 T_L 与 n 符号相反，则表示 T_L 的作用方向与 n 相同，T_L 为拖动转矩。

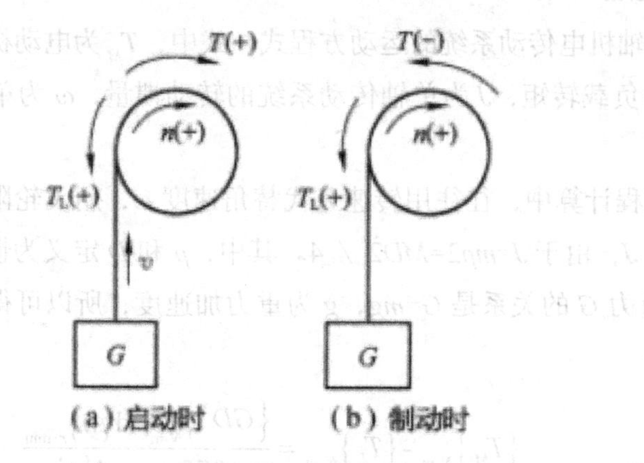

图 3-14　转矩方向的约定

启动时：如图 3-14（a）所示，电动机拖动重物上升，T_M 与 n 正方向一致，T_M 取正号；T_L 与 n 方向相反，T_L 亦取正号。

这时的运动方程式为

$$\{T_M\}_{N\cdot m}-\{T_L\}_{N\cdot m}=\frac{\{GD^2\}_{N\cdot m^2}}{375}\frac{d\{n\}_{r/min}}{d\{t\}s}$$

要能提升重物，必存在 $T_M > T_L$，即动态转矩 $T_M=T_M-T_L$ 和加速度 $a=dn/dk$ 均为正，系统加速运行。

制动时：如图 3-14（b）所示，仍是提升过程，n 为正，只是此时要电动机制止系统运动，所以，T_M 与 T_L 方向相反，T_M 取负号，而重物产生的转矩总是向下，和启动过程一样，T_L 取正号，这时运动方程式为

$$\{T_M\}_{N\cdot m} - \{T_L\}_{N\cdot m} = \frac{\{GD^2\}_{N\cdot m^2}}{375}\frac{d\{n\}_{r/min}}{d\{t\}s}$$

可见，此时动态转矩和加速度都是负值，它使用物减速上升，直到停止。制动过程中，系统中动能产生的动态转矩由电动机的制动转矩和负载转矩所平衡。

二、转矩、转动惯量和飞轮转矩的折算

实际的拖动系统一般常是多轴拖动系统，如图 3-15 所示。在这种情况下，为了列出这个系统的运动方程，必须先将各转动部分的转矩和转动惯量或直线运动部分的质量都折算到某一根轴上。如一般折算到电动机轴上，即折算成最简单的典型单轴系统，折算时的基本原则是折算前的多轴系统同折算后的单轴系统，在能量关系上或功率关系上保持不变。

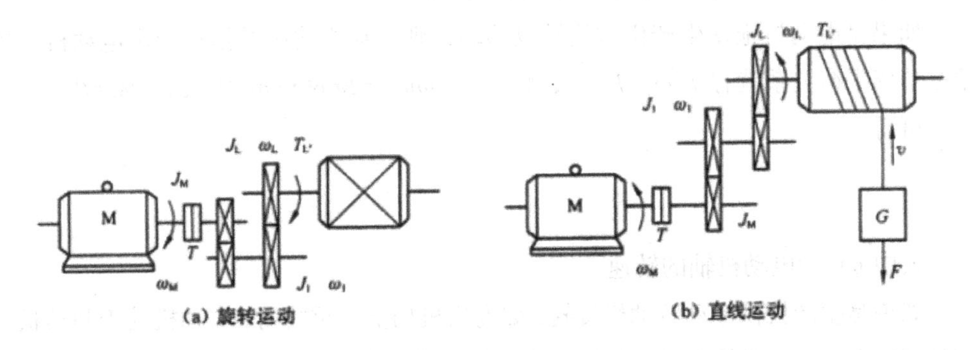

图 3–15　多轴拖动系统

（一）负载转矩的折算

负载转矩是静态转矩，可根据静态时功率守恒原则进行折算。

对于旋转运动，如图 3-15（a）所示，当系统匀速运动时，生产机械的负载功率为

$$P'_L = T'_L \omega_L$$

式中，T_L 和 ω_L 分别为生产机械的负载转矩和旋转角速度。

设 T_L 折算到电动机轴上的负载转矩为 T_L，则电动机轴上的负载功率为

$$P_M = T_M \omega_M$$

式中 ω_M 为电动机转轴的角速度。

考虑到传动机构在传递功率的过程中有损耗，这个损耗可以用传动效率来表示，

即

$$\eta'_C=\frac{输出功率}{输入功率}=\frac{P'_L}{P_M}=\frac{T'_L\omega_L}{T_M\omega_M}$$

于是可得折算到电动机轴上的负载转矩

$$T_L=\frac{T'_L\omega_L}{\eta_C\omega_M}=\frac{T'_L}{\eta_C j}$$

式中，ηc 为电动机拖动产生机械运动时的传动效率；$j=\omega M/\omega L$ 为传动机构的速比。

对于直线运动，如图 3-15（*b*）所示的卷扬机构就是一例。若生产机械直线运动部件的负载力为 F，运动速度为 v，则所需的机械功率为

$P'L=Fv$

它反映在电动机轴上的机械功率为

$PM=T_L\omega_M$

式中，T' L 为在电动机轴上产生的负载转矩。

如果是电动机拖动生产机械旋转或移动，则传动机构中的损耗应由电动机承担，根据功率平衡关系就有 $T_L\omega_M=Fv/\eta c$，将（ω）$mid/s=2\pi/60t/min$ 代入式 $PM=T_L\omega_M$

可得

$$\{T_L\}_{N\cdot m}=9.55\{F\}_N\{v\}_{m/s}/(\eta_C\{n_M\}_{r/min})$$

式中 ηM 为电动机轴的转速。

如果是生产机械拖动电动机旋转，如卷扬机构下放重物时，电动机处于制动状态。这种情况下，传动机构中的损耗则由生产机械的负载来承担，于是有

$T_L\omega_M=Fv\ /\ \eta' c$

式中 $\eta' c$ 为生产机械拖动电动机运动时的传动效率。

（二）转动惯量和飞轮转矩的折算

由于转动惯量和上轮转矩与运动系统的动能有关，因此，可根据动能守恒原则进行折算。对于旋转运动，如图 3-15（b）所示的拖动系统，折算到电动机轴上的总转动惯量为

$$J_Z=J_M+\frac{J_1}{j_1^2}+\frac{J_L}{j_L^2}$$

式中 J_M、J_I、J_L 分别为电动机轴、中间传动轴、生产机械轴上的转动惯量；$j_I=\omega_M/\omega_I$ 为电动机轴与中间传动轴之间的速比；$j_L=\omega_M/\omega_I$ 为电动机轴与生产机械轴之间的速

比；ω_M、ω_I、ω_L 分别为电动机轴间传动轴、生产机械轴上的角速度。折算到电动机轴上的总飞轮转矩为

$$GD_Z^2 = GD_M^2 + \frac{GD_1^2}{j_1^2} + \frac{GD_L^2}{j_L^2}$$

式中，GD_M^2、GD_I^2、GD_L^2 分别为电动机轴、中间传动轴、生产机械轴上的飞轮转矩。

当速比 j 较大时，中间传动机构的转动惯量 j_L 或飞轮转矩 GD_I^2，在折算后占整个系统的比重不大，实际工程中为了方便起见，多用适当加大电动机轴上的转动惯量 J_M 或飞轮转矩 GD_M^2 的方法来考虑中间传动机构的转动惯量 JI 或飞轮转矩 GD_I^2 的影响，于是有

$$J_Z = \delta J_M + \frac{J_L}{j_L^2}$$

或

$$GD_Z^2 = \delta GD_M^2 + \frac{GD_L^2}{j_L^2}$$

一般地取 δ =1.1 ~ 1.25。

对于直线运动，如图 3-15（a）所示的拖动系统，设直线运动部件的质量为 m，折算到电动机轴上的总转动惯量或总飞轮转矩分别为

$$J_Z = J_M + \frac{J_1}{j_1^2} + \frac{J_L}{j_L^2} + m\frac{v^2}{\omega_M^2}$$

或

$$\{GD_Z^2\}_{N\cdot m^2} = \{GD_M^2\}_{N\cdot m^2} + \frac{\{GD_1^2\}_{N\cdot m^2}}{j_1^2} + \frac{\{GD_L^2\}_{N\cdot m^2}}{j_1^2} + 365\frac{\{G\}_{(v^2)_{m/s}}{}^2}{\{n^2 M\}_{(r/min)^2}}$$

依照上述方法，就可把具有中间传动机构带有旋转运动部件或直线运动部件的多轴拖动系统，折算成等效的单轴拖动系统，将所求得的 T_L、GD_Z^2 代入式 $\{T_M\}_{N\cdot m} - \{T_L\}_{N\cdot m} = \frac{\{GD^2\}_{N\cdot m^2}}{375}\frac{d\{n\}_{r/min}}{d\{t\}s}$ 就可得到多轴拖动系统的运动方程式

以此来研究机电传动系统的运动规律。

第四节 生产机械的机械特性

一、恒转矩型

此类机械特性的特点是负载转矩为常数，属于这一类的生产机械有提升机构、提升机的行走机构、皮带运输机以及金属切削机床等。

依据负载转矩与运动方向的关系，可以将恒转矩型的负载转矩分为反抗转矩和位能转矩。负载特性如图 3-17 和图 3-18 所示。

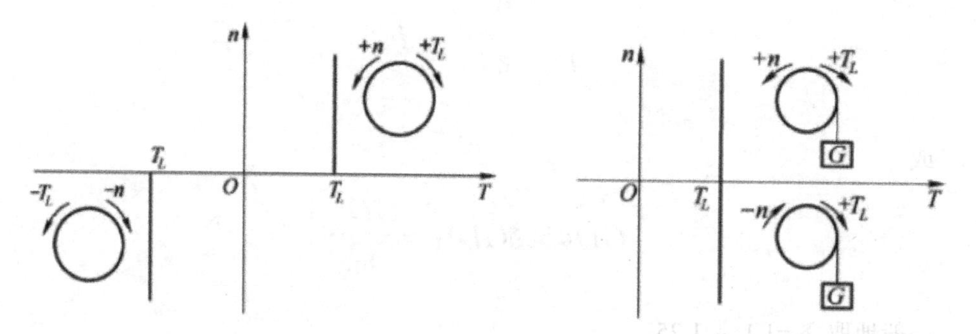

图 3–17 反抗性恒转矩负载特性　　图 3–18 位能性恒转矩负载特性

（1）反抗转矩，也称摩擦转矩，是因摩擦、非弹性体的压缩、拉伸与扭转等作用所产生的负载转矩。反抗转矩的方向恒与运动方向相反，运动方向发生改变时，负载转矩的方向也会随着改变，因而它总是阻碍运动。

（2）位能转矩，与摩擦转矩不同，位能转矩是由物体的重力和弹性体的压缩、拉伸与扭转等作用所产生的负载转矩。位能转矩的作用方向恒定，与运动方向无关，它在某方向阻碍运动，而在相反方向便促进运动。

二、离心式通风机型

此类机械按离心力原理工作，如离心式鼓风机、水泵等，它们的负载转矩 T_L 与 n 的平方成正比，即 T_L=$Cn2$，C 为常数，如图 3-19 所示。

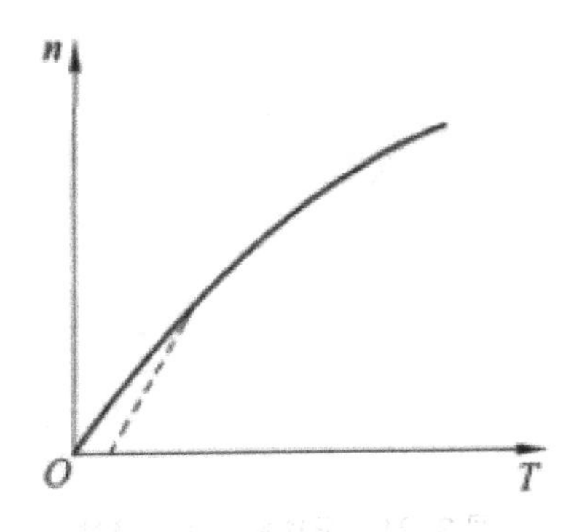

图 3–19 离心式通风机型机械特性

三、直线型

此类机械的负载转矩 T_L 是随 n 的增加成正比增大，即 $T_L=Cn$，/，C 为常数，如图 3-20 所示。实验室中做模拟负载用的他励直流发电机，当励磁电流和电枢电阻固定不变时.其电磁转矩与转速即成正比。

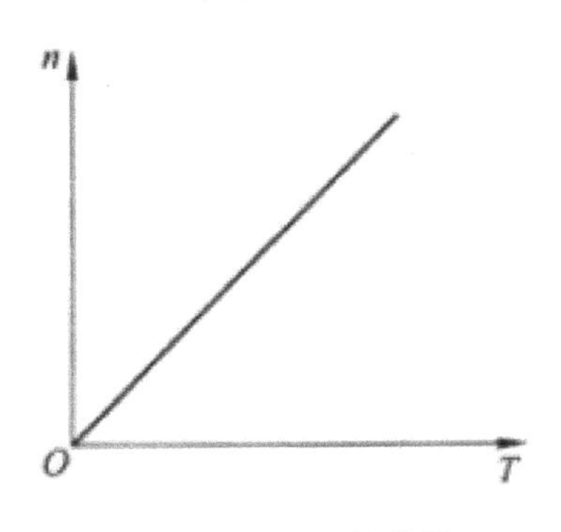

图 3–20 直线型机械特性

四、恒功率型

此类机械的负载转矩 T_L 与转速 n 成反比，即 $T_L=K/n$，或 $K=T_Ln\propto P$，K 为常数，如图 3-21 所示。

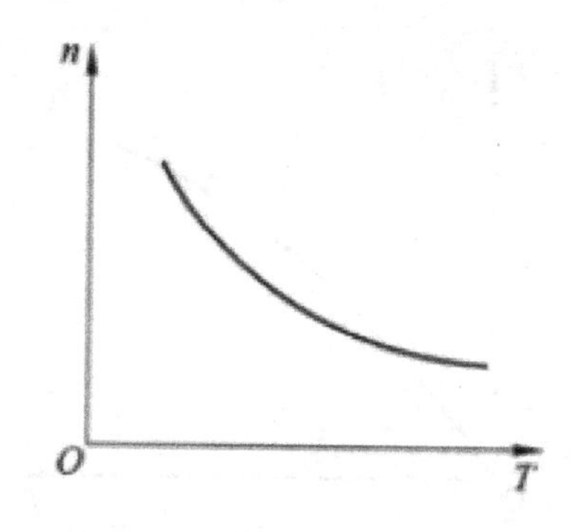

图 3–21　恒功率型机械特性

除了上述几种类型的生产机械外，还有一些生产机械具有各自的转矩特性，如带曲柄连杆机构的生产机械，它们的货载转矩随转角 n 而变化，而球磨机、碎石机等生产机械，其负载转矩则随时间作无规律地随机变化，等等。

还应指出，实际负载可能是单一类型的，也可能是几种典型的综合。例如，实际通风机除了主要是通风机性质的负载特性外，轴上还有一定的摩擦转矩 $T0$，所以，实际通风机的机械特性应为 $T_L=T0+Cn2$，如图 3-18 中的虚线所示。

第四章　机电一体化计算机控制技术

计算机控制系统是在自动控制技术和计算机技术发展的基础上产生的。若将自动控制系统中的控制器的功能用计算机来实现，就组成了典型的计算机控制系统。它用计算机参与控制并借助一些辅助部件与被控对象的联系，以获得一定的控制目的而构成的系统。其中辅助部件主要指输入输出接口、检测装置和执行装置等。它与被控对象的联系和部件间的联系通常有两种方式：有线方式、无线方式。控制目的可以是使被控对象的状态或运动过程达到某种要求，也可以是达到某种最优化目标。在石油、化工、冶金、电力、轻工和建材等工业生产中连续的或按一定程序周期进行的生产过程的自动控制称为生产过程自动化。生产过程自动化是保持生产稳定、降低消耗、降低成本、改善劳动条件、促进文明生产、保证生产安全和提高劳动生产率的重要手段，是20世纪科学与技术进步的特征，是工业现代化的标志。凡是采用模拟或数字控制方式对生产过程的某一或某些物理参数进行的自动控制就称为过程控制。过程控制系统可以分为常规仪表过程控制系统与计算机过程控制系统两大类。随着工业生产规模走向大型化、复杂化、精细化、批量化，靠仪表控制系统已很难达到生产和管理要求，计算机过程控制系统是近几十年发展起来的以计算机为核心的控制系统。

第一节　控制计算机的组成及要求

一、计算机控制技术概述

（一）计算机控制的概念

（1）开环控制系统

若系统的输出量对系统的控制作用没有影响，则称该系统为开环控制系统，如图4-1所示。在开环控制系统中，既不需要对系统的输出量进行测量，也不需要将它反馈到输入端与输入量进行比较。

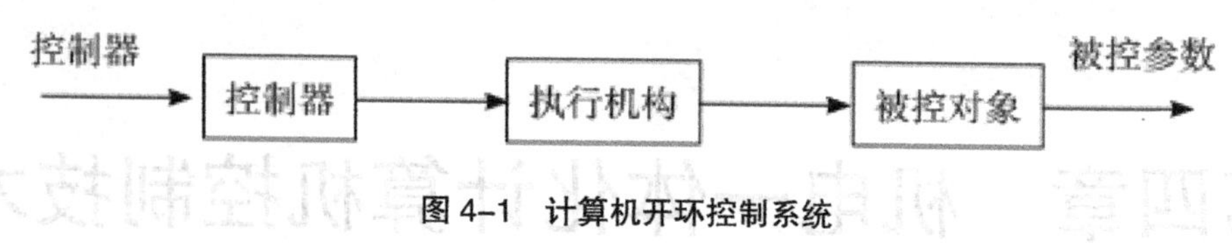

图 4-1　计算机开环控制系统

（2）闭环控制系统

凡是系统的输出信号对控制作用能有直接影响的系统都叫作闭环控制系统，即闭环系统是一个反馈系统，如图 4-2 所示。闭环控制系统中系统的稳定性是一个重要问题。

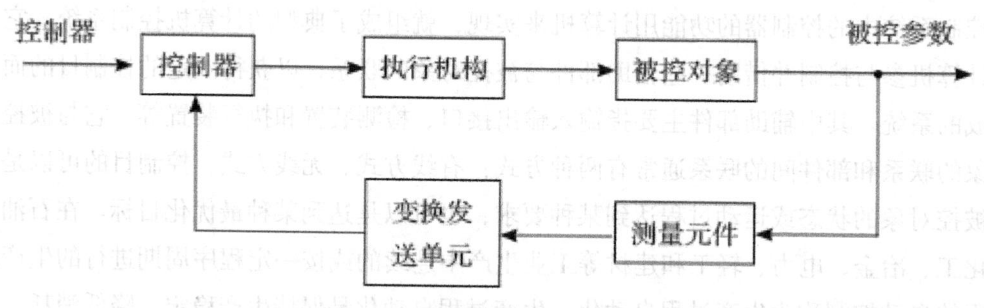

图 4-2　计算机闭环控制系统

（二）计算机控制系统

采用计算机进行控制的系统称为计算机控制系统，也称它为数字控制系统。若不考虑量化问题，计算机控制系统即为采样系统。进一步，若将连续的控制对象和保持器一起离散化，那么采样控制系统即为离散控制系统。所以，采样和离散系统理论是研究计算机控制系统的理论基础。

（三）计算机控制系统的控制过程

（1）实时数据采集：对来自测量变送装置的被控量的瞬时值进行检测和输入。

（2）实时控制决策：对采集到的被控量进行数据分析和处理，并按已定的控制规律决定进一步的控制过程。

（3）实时控制：根据控制决策，实时地对执行机构发出控制信号，完成控制任务。

（四）计算机控制系统的特点

（1）结构上。计算机控制系统中除测量装置、执行机构等常用的模拟部件之外，其执行控制功能的核心部件是数字计算机，所以计算机控制系统是模拟和数字部件的混合系统。

（2）计算机控制系统中除仍有连续模拟信号之外，还有离散模拟、离散数字等多种信号形式。

（3）由于计算机控制系统中除了包含连续信号外，还包含有数字信号，从而使计算机控制系统与连续控制系统在本质上有许多不同，需采用专门的理论来分析和设计。

（4）计算机控制系统中，修改一个控制规律，只需修改软件，便于实现复杂的控制规律和对控制方案进行在线修改，使系统具有很大的灵活性和适应性。

（5）计算机控制系统中，由于计算机具有高速的运算能力，一个控制器（控制计算机）经常可以采用分时控制的方式同时控制多个回路。

（6）采用计算机控制，如分级计算机控制、离散控制系统、微机网络等，便于实现控制与管理一体化，使工业企业的自动化程度进一步提高。

（五）计算机控制系统的组成

计算机控制系统主要由硬件和软件两大部分组成，而一个完整的计算机系统应由下列几部分组成：被控对象、主机、外部设备、外围设备、自动化仪表和软件系统。

（1）硬件

① 由中央处理器、时钟电路、内存储器构成的计算机主机是组成计算机控制系统的核心部分。

② 通用外围设备按功能可分为输入设备、输出设备和外存储器三类。

③ 过程 I/O 通道，又称过程通道。

④ 通用接口电路，一般有并行接口、串行接口和管理接口（包括中断管理、直接存取 DMA 管理、计数 / 定时等）。

⑤ 传感器的主要功能是将被检测的非电学量参数转变成电学量。变送器的作用是将传感器得到的电信号转变成适用于计算机接口使用的标准的电信号（如 0 ~ 10MADC）。

⑥ 计算机控制系统一般要有一套专供运行操作人员使用的控制台称为运行操作台，操作台一般包括各种控制开关、数字键、功能键、指示灯、声信器、数字显示器或 CRT 显示器等。

（2）软件

软件是指计算机控制系统中具有各种功能的计算机程序的总和，如完成操作、监控、管理、控制、计算和自诊断等功能的程序。整个系统在软件的指挥下协调工作。从功能方面区分，软件可分为系统软件和应用软件。

二、工业控制机

（一）工业控制机的特点

（1）安全可靠

工业控制计算机不同于一般用于科学计算或管理的计算机，它的工作环境比较恶劣，周围的各种干扰随时威胁着它的正常运行，而且它所担当的控制重任又不允许它发生异常现象。因此，在设计过程中应把安全可靠放在首位。

（2）操作维护方便

操作方便体现在操作简单、直观形象、便于掌握上，并不要求操作工要掌握计算机知识才能操作。既要体现操作的先进性，又要兼顾原有的操作习惯。维修方便体现在易于查找故障，易于排除故障上。采用标准的功能模板式结构，便于更换故障模板。并在功能模板上安装状态指示灯和监测点，便于维修人员检查。可另外配置诊断程序用来查找故障。

（3）实时性强

工业控制机的实时性表现在对内部和外部事件能及时地响应，并做出响应的处理，不丢失信息，不延误操作。计算机处理的事件一般分为两类：一类是定时事件，如数据的定时采集、运算控制等；另一类是随机事件，如事故、报警等。对于定时事件，系统设置时钟保证定时处理。对于随机事件系统设置中断，并根据故障的轻重缓急，预先分配中断级别，一旦事故发生保证优先处理紧急故障。

（4）通用性好

工业控制计算机的通用灵活性体现在两个方面：一是硬件模板设计采用标准总线结构，配置各种通用的功能模板，以便在扩充功能时只需增加功能模板就能实现；二是软件模块或控制算法采用标准模块结构，用户使用时不需要二次开发，只需按要求选择各功能模块，灵活地进行控制系统组态。

（5）经济效益高

计算机控制应该带来高的经济效益，系统设计时要考虑性能价格比，要有市场竞争意识。经济效益表现在两个方面，一是系统设计的性能价格比要尽可能的高，二是投入产出比要尽可能的低。

（二）典型工业控制机介绍

（1）STD总线工业控制机

STD总线最早是由美国的Pro-log公司在1978年推出的，是目前国际上工业控制领域最流行的标准总线之一，也是我国优先重点发展的工业标准微机总线之一，它的正式标准为IEEE-961标准。按STD总线标准设计制造的模块式计算机系统，称为STD总线工业控制机。

（2）PC总线工业控制机

IBM公司的PC总线微机最初是为了个人或办公室使用而设计的，它早期主要用于文字处理或一些简单的办公室事务处理。早期产品基于一块大底板结构，加上几个

I/O 扩充槽。大底板上具有 8088 处理器，加上一些存储器、控制逻辑电路等。加入 I/O 扩充槽的目的是外接一些打印机、显示器、内存扩充和软盘驱动器接口卡等。

（三）计算机控制系统的应用

当今国家，要想在综合国力上取得优势地位，就必须在科学技术上取得优势，尤其要在高新技术产品的创新设计与开发能力上取得优势。在以信息技术为代表的高科技应用方面，要充分利用各种新兴技术、新型材料、新式能源，并结合市场需求，以实现世界的又一次“工业大革命”；在工业设计与工程设计的一致性方面，要充分协调好设计的功能和形式两个方面的关系，使两者逐步走向融合，最终实现以人为核心、人机一体化的智能集成设计体系。从工业设计本身看，随着 CAD、人工智能、多媒体、虚拟现实等技术的进一步发展，使得对设计过程必然有更深的认识，对设计思维的模拟必将达到新的境界。从整个产品设计与制造的发展趋势看，并行设计、协同设计、智能设计、虚拟设计、敏捷设计、全生命周期设计等设计方法代表了现代产品设计模式的发展方向。随着技术的进一步发展，产品设计模式在信息化的基础上，必然朝着数字化、集成化、网络化、智能化的方向发展。

随着计算机技术、通信技术和控制技术的发展，传统的工业控制领域必将开始向网络化方向发展。网络技术作为信息技术的代表，其与工业控制系统的结合将极大地提高控制系统的水平，改变现有工业控制系统相对封闭的企业信息管理机构，适应现代企业综合自动化管理的需要。

控制系统的结构从最初的 CCS（计算机集中控制系统），到第二代的 DCS（分散控制系统），发展到现在流行的 FCS（现场总线控制系统），对诸如图像、语音信号等大数据量、高速率传输的要求越来越高，使得以太网与控制网络的结合应运而生。将现场总线、以太网、多种工业控制网络互联、嵌入式技术和无线通信技术融合到工业控制网络中，在保证控制系统原有的稳定性、实时性等要求的同时，又增强了系统的开放性和互操作性，提高了系统对不同环境的适应性。在经济全球化的今天，这一工业控制系统网络化及其构成模式使得企业能够适应空前激烈的市场竞争，有助于加快新产品的开发、降低生产成本、完善信息服务，具有广阔的发展前景，也必将为计算机控制系统的网络化带来新的发展机遇。

（四）实例说明

（1）工业炉控制的典型情况

为了保证燃料在炉膛内正常燃烧，必须保持燃料和空气的比值恒定。它可以防止空气太多时，过剩空气带走大量热量；也可防止当空气太少时，由于燃料燃烧不完全而产生许多一氧化碳或碳黑。

为了保持所需的炉温，将测得的炉温送入计算机计算，进而控制燃料和空气阀门的开度。

为了保持炉膛压力恒定，避免在压力过低时从炉墙的缝隙处吸入大量过剩空气，或在压力过高时大量燃料通过缝隙逸出炉外，必须采用压力控制回路。测得的炉膛压力送入计算机，进而控制烟道出口挡板的开度。

为了提高炉子的热效率，还需对炉子排出的废气进行分析，一般是用氧化锆传感器测量烟气中的微量氧，通过计算而得出其热效率，并用以指导燃烧控制，如图 4-3 所示。

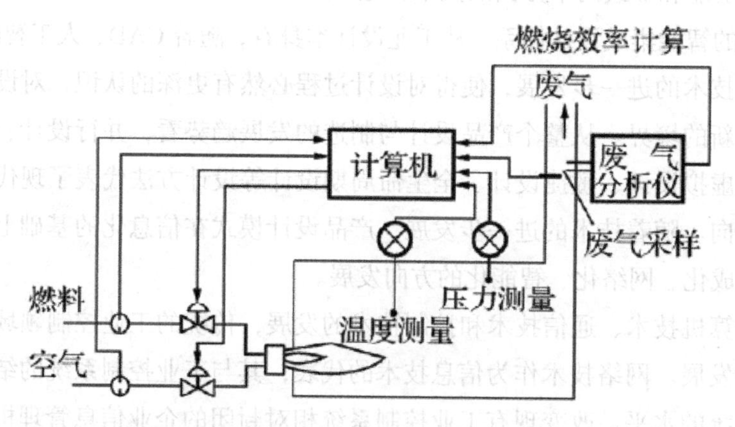

图 4–3 工业炉的典型控制

（2）计算机用作顺序控制的例子

如图 4-4 所示，这是一个原料混合和加热的控制系统，该装置的任务是：

① 装入原料 A，使液面达到贮槽的一半；

② 装入原料 B，使液面进一步升到 75%；

③ 开始搅拌并加热到 95℃，在此恒定温度上维持 20min；

④ 停止搅拌和加热，开动排料泵抽出混合液，一直到液位低于贮槽的 5% 为止。

上述过程由计算机自动控制，按照一定的顺序重复进行，完成原料混合和加热控制。

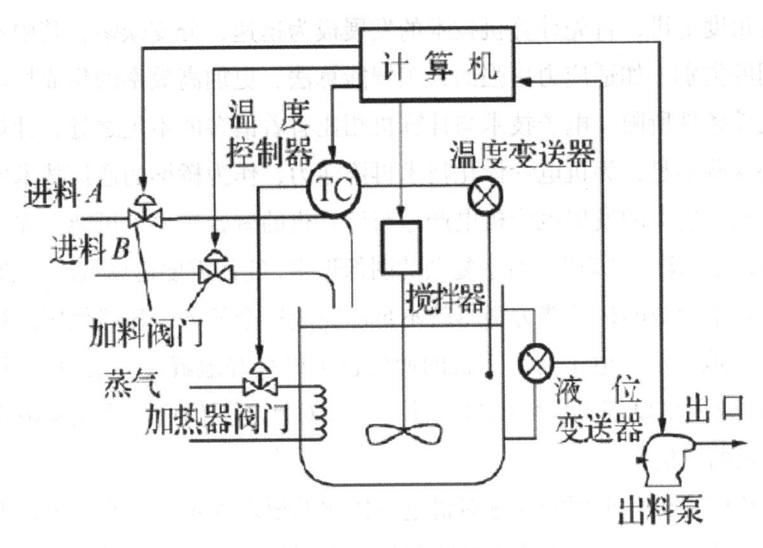

图 4-4　计算机顺序控制

三、计算机与机电一体化技术的整合

顾名思义，机电一体化这门学科本身就不是一种单一的构成，它的英文单词mechatronics就是由机械学的英文词头与电子学的英文词尾构成的。很明显这是主要以传统的机械技术加上新兴的电子技术为主体，由多门学科相互交叉融合的边缘学科。虽然机电一体化的起步时间较晚，但是由于其对于工业生产的重要作用和广阔的应用前景而发展迅速，可以说机电一体化技术为人类的工业化大生产作出了重要的贡献，信息处理技术、传感与测试技术、伺服驱动技术、微电子技术等高新技术的不断发展、注入为机电一体化技术的发展带来了巨大的活力，解决了以往很难单凭一种技术解决的问题，使得人们能够处理的问题规模愈加庞大。科技的发展永无止境，机电一体化的发展也需要一直进行下去，虽然电子技术与计算机技术有诸多的重复之处，但计算机却有着更为庞大的运算、控制能力，在一些需要大规模管控的系统中，计算机技术与机电一体化技术的整合便变得非常地有意义了。

（一）整合的意义与可能性

一门新技术的诞生需要两个条件：一是科技的进步，没有科技力量的支撑即使有心也是无力；二是社会的需求，没有需求作为动力也就没有了研究的价值。对于机电一体化也同样如此，机械技术、电气技术、微电子技术等技术的发展为其提供了坚实的基础；人们对生产与生活中的各种相关产品的质量与品种的需求为其提供了充足的动力。这是机电一体化能够诞生的条件，对于计算机技术与机电一体化技术的整合也可以从这两方面进行考虑。

从科技角度上讲，首先计算机技术的发展极为迅速，分支众多，其中不乏对机电一体化有用的类别，如适应力更强的人工智能算法、更加高效率的集成控制系统设计等。由于硬件条件所限，电子技术与计算机相比有着诸多的不足之处，计算机技术完全可以弥补这些不足，为机电一体化技术再添活力，作为桥梁的通信技术的成熟与微电子芯片的运算能力的发展也为机电产品与计算机的融合提供了可能。先不谈复杂的协同操作，仅以图像识别为例，对于复杂的图像识别，往往需要运算量巨大的算法支持，而机电一体化中承载的运算能力根本就不足以完成这个任务，显然使用计算机的性价比更高也更加地灵活。电子与计算机的通信也可以很好地解决，采用通用的如IIC、SPORT、SPI或者串口等，也可以自设计一些针对性更强的通信协议保障机电一体化产品与计算机的通信。

从需求角度来讲，小型的问题对机电一体化的要求并不是非常突出，但是大型的问题却是很有需求。机电一体化主要是机械与电子的结合，虽然应用了许多高新技术手段大大地提升了各类性能参数，但随着问题的增长一味的提升电子技术能力便变得有些不合适了。最明显的一个例子就是协同操作，如果机电一体化产品既要兼顾自己的任务执行又要与其他机电一体化产品通信交流，那么对它的要求就有些越界了，更重要的是有可能机电一体化产品根本就不会知晓它需要与谁协同，这就需要一个类似大脑的角色来处理。面对此类问题，计算机与机电一体化技术的整合便显得非常有必要。

（二）重要的两个技术问题

（1）采用何种通信协议

计算机与机电一体化产品之间的整合必然离不开相互的通信，第一个需要考虑的问题是通信问题。计算机需要知道机电一体化产品的状态，有时也需要能够控制机电一体化产品动作，如果对实时性要求高的话还需要有快速通信的能力。综合以上情况，便知采用何种通信方式很重要，决定这一问题需要从两个方面进行考虑。

将通信协议标准化，即采用一个标准的通信协议。这样做的好处是可以获得很大的兼容性，可以与其他产品较好地一起工作，将机电一体化产品做成了一个可替换的小模块，提供了该模块支持的接口，只要符合这个接口那么就可以纳入整个系统中来。这样对用户而言就有了更多的选择余地，而且维护成本会下降，如将智能洗衣机、智能灯具等智能家居产品与计算机或者手机整合。采用自己独特的通信协议，做一个封闭的系统。生产厂家这样做一是可以优化通信协议，其针对性较强，厂家可以尽可能地提升产品的性能而不用考虑兼容性问题；二是如果厂家竞争力较强的话，一套封闭的系统可以保证不被其他厂家染指，从而获取更高的利润，如大型工业生产系统。

（2）系统大致框架设计

当前的机电一体化产品非常的丰富，从工业生产装备到智能家居都有所涉猎，虽然应用方向不同，但是由于计算机和机电一体化产品的特性决定了它们在整合后系统中各自的地位与作用是相似的。在机电一体化产品中，机械设备、探测设备等均为执行机构，电子设备为控制机构，整合后的机电产品应该作为一个具有一定独立执行能力的执行机构，将计算机作为调度控制机构，大致的层级如下。

这是一种最为简单的整合框架。在系统中，机电产品只需要完成自己的工作，并向上提供自身状态即可，计算机接受所有机电产品的状态并进行资源整合，必要时对机电产品下达指令完成任务。对整个系统来讲，这样做模块化较高，维护成本降低。首先在复杂系统中降低了对机电产品的要求，一个机电产品不需要与其他机电产品相互沟通，做好本职工作即可，一旦出现问题仅需要将出问题部分更换，对系统的冲击较小，维护费用较低。模块化带来的另一个好处是后期升级方便，无论是想替换系统中的某一个机电产品还是升级整个的系统控制方式都可以很方便地进行。

具体的系统设计因使用的不同而不同，但框架与设计思路是一定的，都是以计算机作为大脑，以机电产品作为身体进行设计，在更复杂的系统中可能还会需要将简单系统作为一部分融入整个系统中，作为一个类似简单系统中机电产品的角色。在工业生产中可能这种整合更加严密些，在类似智能家居这种松散不确定的系统中可能会宽泛些，但无论怎样，整合后的系统都可以更大程度上发挥机电产品的能力，更加高效节约地完成资源调配，最重要的是可以用来解决更多难以依靠单一机电产品解决的问题。

由于生产力的进步与发展，人们对生活方式和生产方式都提出了更高的要求，现有的机电产品虽然发展较快但是许多都处于独自为战的状态，不仅难于管理且维护、升级成本较高，而利用计算机的集成能力整合机电产品是一个很好的解决思路，无论是创建智能家居联合网络系统为生活提供方便还是集成种类繁多的机电产品去完成工业生产，都需要将计算机技术与机电一体化技术整合，在物联网时代即将到来的今天，机电产品整合是大势所趋。

（三）计算机控制系统的发展方向

（1）集散控制系统

目前，在过程控制领域，集散控制系统技术已日趋完善而逐步成为广泛使用的主流系统。集散控制系统又称为以微处理器为基础的分散型信息综合控制系统。集散控制在其发展初期以实现分散控制为主，因而国外一般沿用分散控制系统的名称，即DCS（Distributed Control System）。进入20世纪80年代以后，分散控制系统的技术重点转向全系统信息的综合管理。因考虑其分散控制和综合管理两方面特征，故称为分散型综合控制系统，一般简称为集散系统。

（2）可编程序控制器

进入20世纪80年代，随着微电子技术和计算机技术的迅猛发展，PLC的功能已经远远超出了逻辑运算、顺序控制的范围，高档的PLC还能如微型计算机那样进行数学计算、数据处理、故障自诊断、PID运算、联网通信等。因此，把它们统称为可编程序控制器PC（Programable Controller）。

（3）计算机集成制造系统

计算机集成制造系统CIMS（Computer Integrated Manufacturing System）是在自动化技术、信息技术及制造技术基础上，通过计算机及其软件，将制造工厂全部生产环节，包括产品设计、生产规划、生产控制、生产设备、生产过程等所需使用的各种分散的自动化系统有机地集成起来，消除自动化孤岛，实现多品种、中小批量生产的总体高效益、高柔性的智能制造系统。

（4）低成本自动化

近年来，计算机向高速度、大容量方向发展，各种功能完善、价格昂贵的计算机综合自动化系统日趋完善。与此同时，国际上的科技发展动态又向着低成本自动化——LCA（Low Cost Automation）的方向发展。国际自动控制联合委员会（简称自控联IFAC）已把LCA定为系列学术会议之一，第五届LCA国际会议于1997年在中国召开。

（5）智能控制系统

智能控制还没有统一的定义，一般认为，智能控制是驱动智能机器自主地实现其目标的自动控制。或者说，智能控制是一类无须人的干预就能独立驱动智能机器实现其目标的自动控制。对自主机器人的控制就是一例。所谓智能控制系统就是驱动自主智能机器以实现其目标而无须操作人员干预的自动控制系统。这类系统必须具有智能调节和执行等能力，智能控制的理论基础是人工智能、控制论、运筹学和系统学等学科。

总之，由于计算机过程控制在控制、管理功能、经济效益等方面的显著优点，使之在石油、化工、冶金、航天、电力、纺织、印刷、医药、食品等众多工业领域中得到广泛的应用。计算机控制系统将会随着计算机软硬件技术、控制技术和通信技术的进一步发展而得到更大的发展，并深入生产的各部门。

第二节　常用控制计算机的类型与特点

一、计算机控制系统的工作原理

计算机控制系统包括硬件组成和软件组成。在计算机控制系统中，需有专门的数字 / 模拟转换设备和模拟 / 数字转换设备。由于过程控制一般都是实时控制，有时对计算机速度的要求不高，但要求可靠性高、响应及时。计算机控制系统的工作原理可归纳为以下三个过程：

（一）实时数据采集

对被控量的瞬时值进行检测，并输入给计算机。

（二）实时决策

对采集到的表征被控参数的状态量进行分析，并按已定的控制规律，决定下一步的控制过程。

（三）实时控制

根据决策，适时地对执行机构发出控制信号，完成控制任务。

这三个过程不断重复，使整个系统按照一定的品质指标进行工作，并对被控量和设备本身的异常现象及时做出处理。

二、计算机过程控制系统的分类

计算机控制系统的应用领域非常广泛，计算机可以控制单个电机、阀门，也可以控制管理整个工厂企业；控制方式可以是单回路控制，也可以是复杂的多变量解耦控制、自适应控制、最优控制乃至智能控制。因而，它的分类方法也是多样的，可以按照被控参数、设定值的形式进行分类，也可以按照控制装置结构类型、被控对象的特点和要求及控制功能的类型进行分类，还可以按照系统功能、控制规律和控制方式进行分类。常用的是按照系统功能分类，如下图 4-5 所示。

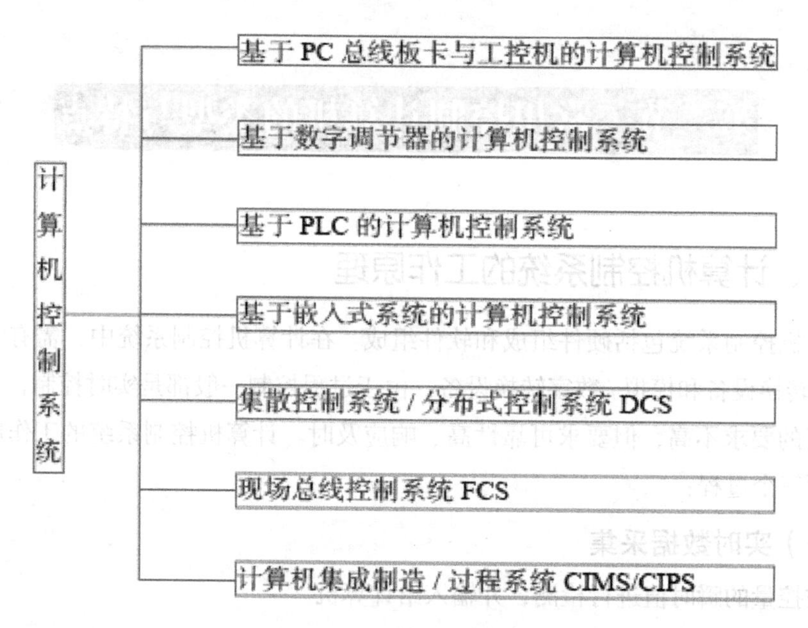

图 4–5　计算机过程控制系统

（一）基于 PC 总线的板卡与工控机的计算机控制系统

该系统是一个典型的 DDC 控制系统（图 4-6）。

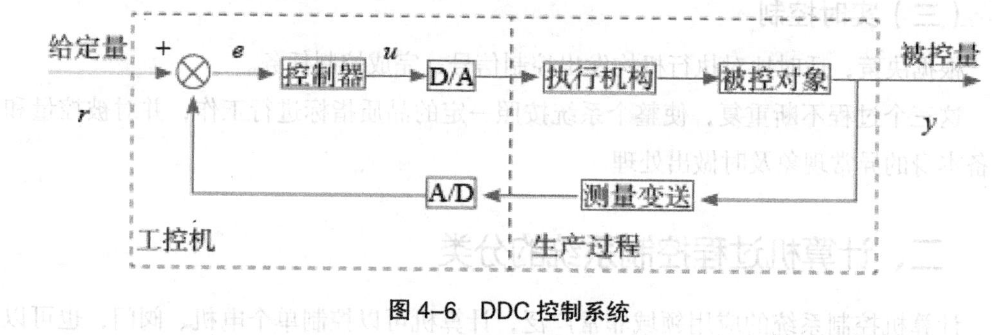

图 4–6　DDC 控制系统

（二）基于数字调节器的计算机控制系统

数字调节器是一种数字化的过程控制仪表，其外表类似于一般的盘装仪表，而其内部由微处理器、RAM、ROM、模拟量和数字量 I/O 通道、电源等部分构成的一个微型计算机系统（图 4-1 所示。一般有单回路、2 回路、4 回路或 8 回路的调节器，控制方式除一般 PID 之外，还可组成串级控制、前馈控制等。

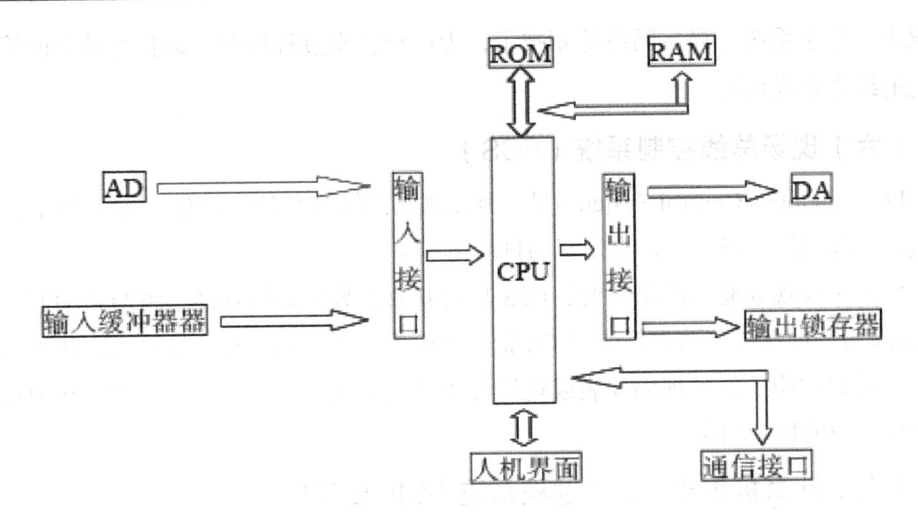

图 4-7 数字调节器的硬件电路

（三）基于 PLC 的计算机控制系统

PLC 是微机技术和继电器常规控制概念相结合的产物，是一种进行数字运算的电子系统，是能直接应用于工业环境下的特殊计算机。它具有丰富的输入 / 输出接口，并具有较强的驱动能力，能够较好地解决工业控制领域中普遍关心的可靠、安全、灵活、方便、经济等问题。

（四）基于嵌入式系统的计算机控制系统

嵌入式系统是以应用为中心，以计算机技术为基础，并且软硬件可裁减，适用于应用系统对功能、可靠性、成本、体积、功耗有严格要求的专用计算机系统。一般由嵌入式微处理器、外围硬件设备、嵌入式操作系统及用户应用程序等四部分组成，用于实现对其他设备的控制、监视或管理等功能。

应用嵌入式系统，要求针对特定应用、特定功能开发特定系统，即要求系统与所嵌入的应用环境成为一个统一的整体，具有紧凑、高可靠性、实时性好、低功耗等技术特点，因此就必须研究它的独特的设计方法和开发技术。这是嵌入式系统成为一个相对独立的计算机研究领域的原因。

（五）集散控制系统（DCS）

为满足大型工业生产要求，以微型计算机为基础，从综合自动化的角度，按分散控制、集中操作、综合管理和分而自治的设计原则而设计的一种集散型综合控制系统，广泛用于模拟量回路控制较多的行业，尽量将控制所造成的危险性分散，而将管理和显示功能集中。

先进的分散型控制系统将以 CIMS/CIPS 为目标，以新的控制方法、现场总线智能化仪表、专家系统、局域网络等新技术，为用户实现过程控制自动化相结合的管控一体化的综合集成系统。

（六）现场总线控制系统（FCS）

FCS（Fieldbus Control System）是一种以现场总线为基础的分布式网络自动化系统，它既是现场通信网络系统，也是现场自动化系统。

作为一种现场通信网络系统，FCS 具有开放式数字通信功能，可与各种通信网络互联；作为一种现场自动化系统，FCS 把安装于生产现场的具有信号输入、输出、运算、控制和通信功能的各种现场仪表或现场设备作为现场总线的节点，并直接在现场总线上构成分散的控制回路。

（七）计算机集成制造 / 过程系统（CIMS/CIPS）

CIMS 是基于 1973 年美国 Dr.Joseph Harrington“Computer Integrated Manufacturing”博士论文中提出的 CIM 概念而构成的一种现代制造系统。

（1）企业生产的各个环节，即从市场分析、产品设计、加工制造、经营管理到售后服务的全部生产活动，彼此是紧密连接的，是一个不可分割的整体，应该在企业整体框架下统一考虑各个环节的生产活动。

（2）整个生产过程的实质是一个数据的采集、传递和加工处理的过程，最终形成的产品可以看作是“数据”的物质表现。

它是以数据库为核心，任何终端都需通过企业内的控制局域网络和管理局域网络与数据库交换数据、信息、知识。数据库由实时数据库和关系数据库组成，实时数据库用来存储工业现场数据、系统运行状况信息、先进控制和过程优化指令等；关系数据库用于企业 ERP 层的支持，并可存放实时数据库中的永久性数据。管理局域网络对内与关系数据库连接，对外与 Internet 连接，是企业管理信息化的物理载体。

三、实例：火电厂热工控制系统的应用实例

随着火力发电机组向高参数、大容量的发展，对机组自动化的要求日益提高，以“4C”（计算机、控制、通信、CRT）技术为基础的现代火电热工自动化技术得到了相应发展。其中，最有代表性的是问世于 20 世纪 80 年代的微机分散控制系统（DCS），DCS 自诞生伊始，便展示出蓬勃生机，日益发展完善，并广泛地应用于大机组的自动控制。目前 300MW 以上的火电机组，无论国产机组还是引进机组都普遍采用 DCS，就连 200MW、100MW 机组也使用 DCS 进行改造，这主要是由于 DCS 系统给电厂在安全生产与经济效益等方面带来的巨大作用，使以往任何控制系统无法与其相提并论。随着控制技术、计算机和通信技术的进一步发展和用户对生产过程控制要求的日益提

高，促进了对新型控制系统的研究，一种全数字化的控制系统——现场总线控制系统（FCS）问世了，FCS 虽然有无可比拟的优越性，但在火电厂中能否充分发挥其优势，其使用前景如何是值得探讨的问题。

（一）DCS 是火电厂热控系统的主流

DCS 是集中了分散仪表控制系统和集中式计算机控制系统的优点发展起来的一种系统工程技术。它采用控制功能分散、操作管理集中、信息共享的基本原则，既具有监视功能（如 DAS），又具有控制功能（如 CCS、SCS、FSSS、DEH），结构上采用能独立运行的工作站进行局部控制，工作站间采用局部网络进行通信实现信息传递；在功能上，采用分层递阶控制思想，并可与更上一级计算机或网络系统进行通信联络。火电厂 DCS 的应用在不同程度上提高了火力发电机组的数据采集与处理、生产过程控制、逻辑控制、监视报警、联锁保护、操作管理的能力和水平，是目前热控系统的主流，其自身也在不断完善和发展，在火电厂热工自动化领域有广阔的应用前景。

（1）DCS 向开放化发展

火电厂自动化系统是由执行不同监控功能的计算机组成的。为使多种计算机系统便于连接和通信，实现数据传递和资源共享，采用满足 MAP/TOP 协议要求的开放式工业计算机系统是必然的趋势。早期的 DCS 一般都采用专用控制网络将自家的工作站或可编程控制器（PLC）等产品连接起来构成，在网络中不允许连接其他厂家的产品或不同型号的产品。目前，DCS 各制造厂商纷纷将自己的专用网络进行改造，使其符合国际标准，或在自己的专用网络和普通网络之间加入网关，使其与以太网、MAP 网连接，使已有产品向开放式系统改进和完善。大多数 DCS 还采用了直接容纳 PC 机的配置方案，使 PC 机及在其上开发的软件均可在 DCS 上运行，并且通过 PC 机也可实现不同系统间的连接，打破了 DCS 自成一体的封闭局面。

（2）软件不断丰富

大型火电机组控制对象多且复杂，具有非线性、大迟延、控制参数相互影响、干扰源多等特点，使得自动控制系统设计难度较大。在采用 DCS 后，可充分利用其潜在能力，实现高级复杂控制算法，如自适应控制、模糊控制、预估控制、非线性控制、神经元控制等，以提高机组自动控制的质量。如镇海电厂 200MW 机组主气压和主气温的控制系统采用模糊控制技术，调节品质明显提高；华能南通电厂将 N—90 分散控制系统中 Smith 预估器功能应用于 350MW 机组的协调控制系统，取得成功。

除控制类软件不断丰富外，一些管理类软件、报警类软件、诊断类软件也在不断优化和发展，如汽轮机专家诊断系统已在火电厂广泛采用。软件智能化程度的提高，可进一步提高机组的运行管理水平，有效地提高机组的可用率和经济性。

（3）全CRT监控模式

20世纪90年代，以RISC技术为基础的Workstation引入DCS的人机接口（MMI），极大地丰富了MMI的图形功能、编程功能及人机对话功能，并满足过程监控的简洁、方便和实时性高的要求。90年代初，国外新投运机组已实现了全CRT监控技术。在我国，DCS应用初期，人们习惯和相信传统的监控设备和监控方式，因此在工程设计中仍配置了大量的传统监控设备做后备，经过近几年的实践，DCS在火电厂运行的可靠性得到了普遍肯定。目前工程设计中已取消大量传统的后备监控设备，仅保留少数几个紧急停机开关，预计不久，火电单元机组全CRT监控技术将被广泛接受。另外，近年来大屏幕显示技术引入DCS，大大改善了人机界面。在单元机组向全CRT监控发展的同时，火电厂其他子系统和辅助车间也在向全CRT监控发展，这必将简化自动化系统，缩小控制室和监控面，减少监控人员，节省投资，并进一步提高电厂的安全经济水平。

（4）DCS功能覆盖面的一体化

早期火电厂DCS主要实现数据采集与处理（DAS）、模拟量控制功能（MCS），并逐步实现顺序控制功能（SCS），目前有的DCS还覆盖了炉膛安全监控系统（FSSS）和汽轮机电液调节系统（DEH），也就是说实现DCS一体化的方式有二：一是由DCS实现DAS、MCS、SCS、FSSS、DEH五大功能。这样硬件型号统一，相互通信接口方便，在简化系统、减少监视操作面和便于维护管理等方面具有明显的优越性；但价格较贵，且要求厂家具有FSSS和DEH的设计运行经验。目前除贝利公司外，西屋公司、ABB公司和日立公司等均已具备这一能力和经验。在实际应用方面，经多年实践，国内一些电厂中如妈湾电厂、湘潭电厂及常熟电厂等300MW国产机组，已成功地由DCS厂商实现FSSS和DEH控制。二是由DCS实现DAS、MCS或DAS、MCS及SCS的功能，FSSS及DEH由专业生产厂配套，或者用可编程控制器（PLC）实现SCS、FSSS功能，通过通信实现数据共享和监视设备共用。这样可以降低造价，但在通信规约未统一前，还要认真解决接口问题或继续保留硬接线方式。总之，电厂应用DCS能否实现五大功能在硬件上的一体化，应根据DCS厂家的经验和技术，经技术经济比较后确定。

（5）实现辅机DCS控制

我国火电厂主机控制系统已广泛采用DCS，并达到国际较先进水平。但辅助系统的控制却不同，按照目前各电厂辅助系统控制设备的配置情况，一些主要的辅助系统，如除灰、除渣、输煤、化学水处理等均采用PLC与上位计算机组成的控制系统，一些较为次要的控制系统近年来也逐步采用小型PLC进行控制。也就是说，我国的电站辅助系统，尤其是大型电站已初步形成以PLC为主导的控制系统框架，但在技术及管理上暴露出很多问题：较为分散的控制室不易管理；各个控制系统采用不同的硬件和软件，给备品备件管理、人员培训及维护等造成了一定难度；将辅助系统的运行信息连接到MIS存在一定的难度等。但若能实现辅助系统的DCS控制，就可解决这些问题。

随着DCS、网络、计算机、大屏幕及PLC控制技术的日益成熟，在较为成熟的大机组上推广采用DCS技术的条件已经具备。对辅助系统的集中控制可采用多种技术方案，可将辅机系统接入主机DCS，采用相对集中的方案，或采用高度集中的方案后，再与主机DCS和MIS连接在一起。如我国上海外高桥电厂3、4号机组实现了辅助DCS改造，将除灰系统、除渣系统和凝结水处理系统引入机组集控室，监视、控制一步到位，实现了主控室对辅助系统的监控。另外，一些正在筹建的大型电厂也正在积极研究采用辅助DCS方案，以实现减员增效，提高管理和技术水平。

（6）远程智能I/O

虽然DCS是目前工程应用的主流，但传统的DCS也有一些不足之处，如过程测控站过于集中，环境条件要求高，现场信号电缆多，施工、维护不易，接地处理要求严格等。在这种情况下，许多生产厂家推出了远程智能I/O装置。远程智能I/O作为一种独立的系统由三部分组成，即智能前端、现场通信总线和计算机适配器。智能前端是放置于生产现场的测控装置，完成A/D、D/A转换、滤波、去抖、热电偶、热电阻测量变换及PID控制等功能，实际上就是现场总线产品。现场通信总线采用全数字串行通信方式，可支持点对点、点对多点、主从式及广播式等工作方式，与目前流行的现场总线产品完全一致。通信适配器完成整个网络统一协调管理，实现与主控系统的信息交换。实践证明，基于远程智能I/O的DCS既能有效取代传统DCS测控站，提高系统的可靠性，又具有现场总线的许多优点。可见，远程智能I/O系统是DCS向FCS过渡的一种重要技术和产品。在近几年的工程实践中，有些已局部采用了DCS系统一体化和国产化的远程智能I/O设备，如鄂州电厂2×300MW机组采用DCS远程I/O，实现了对循环水泵房的控制；长春热电二厂200MW机组改造后的EDPF-3000分散控制系统中，其DAS部分采用了“893-远程智能I/O”系统，准确度很高。可见，DCS发展至今已相当成熟和实用，成为火电厂热控系统的主流。

（二）FCS在火电厂的应用前景

（1）FCS的特点

FCS是基于现场总线产品的控制系统的简称。现场总线是连接智能现场设备和自动化系统的数字式、双向传输、多分支结构的通信网络。它采用数字传输方式，可实现高精度的信息处理，提高控制质量；它采用1对N结构，用一对传输线可连接多台仪表，实现主控系统和多台仪表间的双向通信，具有接线简单、配线成本低、维护维修及系统扩展容易等优点；它采用开放式互联网络，所有技术和标准面向全世界各生产厂家开放并共同遵守，用户可任意实现同层网络和不同层网络的互联，共享网络数据库；它将控制功能分散到现场仪表中，实现了真正的分散控制，但仍允许在控制室的人机界面上对现场仪表进行运行、调整和信息集中管理。

（2）FCS在火电厂的应用优势

FCS在结构、性能上优于传统的DCS，是工业控制系统的发展方向，在石化、水电等行业已开始小规模应用并积累了一定的经验，但在控制对象非常复杂而运行可靠性要求又极高的火电厂，FCS的优势不一定能充分发挥。我们可以从以下几方面进行分析：

① 电站I/O的特点

FCS的重要优势之一就是节省大量的现场布线成本，因此现场总线技术适合于分散的、具有通信接口的现场受控设备的系统。而发电厂在主厂房内测点密集、现场装置密集、设备立体布置，属于具有集中I/O的单机控制系统，因此发电厂采用FCS在布线成本的节省方面没有太明显的效果。FCS的另一优势是，它执行的是双向数字通信现场总线信号制，可以实现远程诊断；而电厂的辅助车间相距较远，因此在辅助车间和系统适度集中控制方面，FCS所具有的节省布线成本、远程诊断的优势可以得到充分发挥。

② 火电厂控制系统具有复杂性

对于火电厂不同的自动化监控系统，由于其复杂程度不同，FCS的优越性体现也有所不同。火电厂的DAS系统，主要采集全厂信息。采用FCS，对于地域分散的各个点的信息采集，可以发挥其优越性，即便对于信息相对集中测点，也可采取区域集中采集方式，再通过网桥挂到总线上去。对于火电厂的MCS系统，以300MW火电机组为例，若不分难易复杂程度，每台机组约有110套模拟量闭环控制系统。在这些MCS系统中，作为执行一级的，多数为简单的单回路调节系统，对于这类系统，FCS最能发挥其优势；作为功能一级的MCS系统，其复杂程度有所增加，有时为了改善调节品质，需加入一些前馈信号、反馈信号、校正信号等构成复合控制系统，对于这类系统，FCS的优势能否充分发挥，要针对各个系统具体分析，不宜一概而论；作为协调一级的MCS系统，复杂程度最高，如火电厂中的机炉协调控制系统（CCS），含有负荷控制、主汽压力控制、主汽温度控制及汽包水位控制等控制系统，它的输入、输出将涉及数十台设备的状态，这些设备分散在整个厂域的各个地方。如此复杂的MCS系统，FCS的优势就显得很不明显。如果按照FCS的典型做法，将控制和处理功能分散到数字智能现场装置上，而不是采用目前的DCS这种传统做法，即通过I/O模件送入高一级控制器内进行处理运算，那么由于控制功能分散，对一个控制系统而言，显然是增加了故障点。再则，为实现复杂控制系统的控制功能，必然要在FCS系统的低速与高速两层通信网络内频繁地更换信息，大大增加了控制系统的处理周期。对于火电厂的

SCS、APS（报警保护）系统，凡是针对单台设备或单个执行器的，现场总线技术的典型系统是采用小型PLC来实现的，再将该小型PLC挂在高速总线上；而对于协调一级的SCS与APS系统，其SCS是控制机组自启停，而APS是全厂大连锁，它们在使用FCS时所遇到的问题与CCS所遇到的问题十分相似。总之，对于火电厂那些涉及输入输出设备较多的复杂的系统（如CCS），FCS的优势并不突出。

③ 现场装置与控制器

FCS虽然采用了智能化的现场仪表，但就目前FCS各公司开发研究的情况来看，在模拟量闭环控制方面，数字智能现场装置还不能承担起全部功能。如FF现场总线，能提供10个基本模块（有各种输入输出及PID调节模块）及先进功能块19个，共计29个，这也只能使DCS中一些简单的单回路反馈系统的控制功能下放到数字智能现场装置中。另外，还应看到，尽管部分FCS公司开发了一些功能块，利用这些功能块可以组态各种控制系统，但FCS在软件模块化设计方面远不如DCS系统。DCS定义了上百种功能块，如电站专用的热电偶分度表、热电偶冷端自动温度补偿、水位压差转换关系中的压力校正等，这些运算关系在成熟的DCS中都已软件模块化，进行应用软件组态时使用非常方便。可见，对于火电机组这一特殊控制对象，FCS不可能把控制功能全部下放到数字智能现场装置中，DCS的传统做法在FCS中还应保留。

④ 信息集成

目前在电力系统“厂网分开、竞价上网”的改革已成定局，各火电厂为加强管理，纷纷建立管理网络，如建立全厂MIS网络。现场总线技术适合对数据集成有较高要求的系统，因此目前火电厂要建立的车间监控系统、全厂MIS系统等，在底层使用现场总线技术，可将大量丰富的设备状态及生产运行数据集成到管理层，为实现全厂的信息系统提供重要的基础数据。

（3）FCS在火电厂的实践

我国目前采用FCS的系统还不太多，其中多数应用在冶金、化工、制药等行业，以非主流现场总线产品占大部分，在火电厂使用的例子就更少。目前在我国火电厂，FCS仅在局部使用。例如，四川广安电厂的西门子SIMATICS7PLC可组成L2-DP网络，遵循PROFIBUS协议标准；湛江电厂使用PROFIBUS实现系统实时监测，成为电厂综合管理信息系统（ZDMIS）的主要组成部分；常熟电厂的FOX-PRO公司I/ADCSI/O模件（现场总线模件FBM）之间联系遵循IEE1118协议标准；华能珞璜电厂的ALSPA—P320控制系统中采用了WorldFIP现场总线技术。这些系统仅仅是遵循现场总线协议，其他方面和DCS没有什么差别，是不完善的FCS系统，也可看作是由DCS向FCS发展的一种过渡型控制系统。

第三节　机电一体化系统的智能控制技术

机电一体化系统主要是指由动力与驱动部分、机械本体、传感测试部分、执行机构、控制及信息处理部分所组成，并利用电子计算机的信息处理技术、控制功能以及可控驱动元件特性来运行的一种现代化机械系统。所谓智能控制系统，就是指利用集合了人工智能理论、自动控制理论以及信息理论等诸多技术理论，用以实现优化调控机的新技术系统。这是一种当前最为先进的自动化控制技术，一般包括两个方面，即外部环境和控制器。在实际应用中，通过外部环境提供信息以供控制器做出控制决策，因此无须使用模型，具有很大的环境适应协调能力，在诸多机械设备生产中都具有很大的应用价值，因而成为促进机电一体化的重要技术系统。为了满足人们生产生活中的各种需要，将智能控制技术融入机电一体化系统中，就成为必然的趋势。

一、智能控制技术概述

（一）智能控制技术概念

智能控制是指通过计算机模拟人类的思想，通过计算机程序实现对复杂多样的操作进行模拟，从而实现在无人控制的情况下完成机械控制并实现机械的自动化生产。通过智能控制能够帮助人类解决很多复杂的问题和实现很多复杂的操作，同时极大地提高操作的精度，使得机械制造业能够制造出更加精密的设备。智能控制系统与传统控制系统相比具有更加方便快捷、更加精确、更加安全的优势，通过智能控制系统能够最大限度地精简参与生产的人员，在人类肉眼不可能达到的精密层级进行操作，使机械设备在一些人类不能到达的空间进行工作。随着科学技术的快速发展，智能控制系统已经在工业中大放异彩，随着其与其他技术的完美结合，已经为人类作出了极大的贡献。

（二）智能控制与传统控制的区别

（1）智能控制是对传统控制理论的延伸和发展，智能控制在传统控制的基础上发展出更高效的控制技术。智能控制系统运用分布式及开放式结构综合、系统地进行信息处理，并不只是达到对系统某些方面高度自治的要求，而是让系统做到统筹全局的整体优化。

（2）智能控制综合了很多有关调控方式理论知识的学科，与传统控制理论将反馈控制理论作为核心的理论体系相比，智能控制理论以自动控制理论、人工智能理论、运筹学、信息论的交叉为基础。

（3）传统控制只是解决单一的、线性的控制问题；与之相比，智能控制解决了传统控制无法解决的问题，通常是将多层次的、有不确定性的模型、时变性、非线性等复杂任务作为主要控制对象。

（4）传统控制通过运动学方程、动力学方程及传递函数等数学模型来进行系统描述；相较而言，智能控制系统把对数学模型的描述、对符号和环境的识别以及数据库和推力器的设计等方面设为重点。

（5）传统控制由不同的定理和定律获取所需知识，而智能控制则通过学习专家经验来获取所需的知识。智能控制系统可以较好地运用相关被控对象和人的控制策略以及被控环境的知识，因此智能控制系统可以模拟或模仿人的智能。

（三）智能控制系统的类别

（1）专家控制系统

专家控制系统是在把人的知识、经验和技能汇集在计算机系统中后按照相应的指令程序来操作运行的控制系统，其所涵盖的诸多理论知识在智能控制实行实际任务时发挥了很大作用，提高了控制系统的应用性能。

（2）分级递阶智能控制系统

分级递阶智能控制系统简称为分级控制系统，它是在自组织控制及自适应控制的基础上通过所关联的组织级、执行级以及协调级发挥的作用实行运行的。

（3）神经网络系统

人工神经网络控制系统是神经网络系统在机电一体化系统中应用得最为广泛的，它通过运用人工神经元、神经细胞等构成的模式来实现其非线性映射、分布处理、模仿人的智能等主要功能的发挥，具有自适应控制、自组织控制以及大幅度并行处理等优势。

（4）模糊控制系统

模糊控制系统主要包括专家模糊控制以及以神经网络为基础的模糊控制。专家模糊控制能够充分地表达并利用实行控制所需的多层次知识，提高了控制技术的智能。而以神经网络为基础的模糊控制利用神经网络来实行模糊控制的规则或推理以实现模糊逻辑控制的功能。

二、智能控制技术在机电一体化系统、产品中的应用和分析

（一）智能控制在机电一体化系统中的应用

（1）智能控制在机床中的应用

智能控制应用于机电一体化系统中时，其最主要的表现形式便是在数控机床中的

智能化应用。传统的数据机床设备中，由于不具备先进、科学的智能化理念，所以使得所加工的产品不够精细与完美。而将智能控制技术应用于机床加工中时，该技术通过 CPU 控制系统、RISC 芯片等先进、智能的控制系统，可大幅度地提高机床的精度。智能控制机床的应用，可以对制造过程做出准确、果断的决定，其智能化系统对机床的整个制造过程均十分了解，并可利用监控、诊断以及修正措施，来规避机床生产过程中容易出现的各种偏差。除此之外，将智能控制应用在机床中时，该智能化系统还能够精准地计算出机床所使用的切削刀具、轴承、主轴、导轨等部件的磨损程度及剩余寿命，从而让人们在使用机床时更加清楚该机床剩余的使用时间以及替换时间。

从目前智能机床的实际应用情况来看，机床的智能化主要体现在四个方面：

① 智能安全屏障：机床的智能安全屏障是指通过智能化的设计，以防止机床各部件在作业过程中出现碰撞。

② 智能热屏障：智能热屏障主要是指热位移控制，因为机床各部件的运动或动作下所产生的热量以及室内温度的变化，会使机床生产发生定位误差，而此种智能热屏障就是针对定位误差进行自动补偿，使误差值降低到最小。

③ 主动振动控制：通过智能化主动振动控制，可将机床作业时产生的振动降至最小，由于进行切削等加工时，振动过大会影响加工的精度，而有效控制振动频率幅度后，对机床加工精度与效率也有着十分积极的意义。

④ 语音信息系统：语音信息系统又被称作马扎克语音提示，当操作人员对机床进行手动操作或调整时，其智能系统中的语音信息提示，可动态地提示操作人员操作的流程及正确性，从而避免失误的产生。

（2）智能控制在交流伺服系统中的应用

交流伺服系统作为机电一体化系统中的一个重要组成部分，将智能控制技术应用于其中实属必然。交流伺服系统主要是指一种转换装置，其是通过对电信号的转换来进行机械操作的一种系统。但是，从实际的应用情况来看，由于交流伺服系统结构的复杂性，使得其也存在参数时变、负载扰动、强耦合等诸多的不确定因素，导致建立精确的数学模型十分困难，只能建立起与实际相似的模型，但所建立的这种模型有时却难以达到系统高性能的要求。在这种情况下，将智能控制技术应用进去时，使交流伺服系统无须再建立精确的数学模型，也不再需要精准的控制器参数，便可实时、动态地掌握交流伺服系统的各种数据指标，进而保证交流伺服系统的高性能指标，满足相关厂家的要求。

（3）智能控制在机器人领域中的应用

在当今社会的高速发展下，智能机器人的广泛应用已是必然的趋势，机器人在动力系统方面主要具有时变性、强耦合性、非线性等特征，而针对这种特征，将智能控制技术应用其中很有必要。从目前形势来看，将智能控制技术应用于机器人领域中时，其主要智能控制体现在如下几个方面：

① 行走方面的智能控制。采用智能化技术，对机器人的行走路径以及行走轨迹跟踪等方面进行智能控制，从而实时、动态地了解机器人的行走情况，并给机器人下达行走的命令。

② 多传感器及视觉处理方面的智能控制。对机器人的多传感器信息融合方面，视觉处理方面进行智能化控制，使机器人能够利用多传感器等，准确、迅速地接收所传达过来的信息与命令。

③ 动作姿态方面的智能控制。采用智能控制技术，对机器人的手臂姿态以及动作进行控制，使其动作姿态协调、有规律。

④ 运动环境方面的智能控制。利用智能控制技术中的专家控制系统和模糊控制系统，对机器人的运动环境进行定位、监测、建模以及规划控制等。

（4）智能控制在设备装置中的应用

将智能控制应用于设备装置当中，让设备装置的元件转变为智能化元件，从而使设备装置在石油化工、生物科技、节能环保、精密仪器制造、生活等各行各业、各个领域中均能发挥最大的应用优势。

① 家庭家居中的智能设备装置

家庭家居中的智能设备装置主要包括家居控制器、总线连接器与智能家电，而这三大类型的设备装置之所以能起到智能的作用，与装置中所应用的智能元件有着极为密切的关系。通过家庭家居设备装置中的智能元件，再经由蓝牙信号接收、传输接口等媒介，主动将自身状态信息传送给相应的控制器，同时在控制器发出指令之后，自动执行动作。例如，家庭家居较常用的洗衣机、空调、电动窗帘、热水器、洗碗机、智能照明系统、智能安防系统等，均是在智能控制技术的应用下才得以实现的。

② 企业中的智能设备装置。随着我国大中小型企业的不断发展，企业在运营中所使用的设备装置朝着智能控制的方向发展也就成了必然的趋势。例如，在企业的数据管理方面，可根据企业的实际运行情况，配备智能化与自动化元件、硬件及软件设施，构建出商务智能系统，进而利用联机分析处理技术、数据仓库技术以及数据挖掘技术，大幅地提高企业数据管理的效率，减少人力、财力、物力的大量耗费。

（二）智能控制在机电一体化系统中的应用优势

（1）帮助机电一体化系统完善性能

相较于传统的自动化控制系统，智能控制系统作为机械工业与微电子工业未来发展的主要方向，智能控制在机电一体化系统中的应用优势首先体现在其可以帮助完善机电一体化系统的性能。智能控制在机电一体化系统中的应用可以帮助省去中间模型分析的环节，准确地根据外部环境的变化趋势来确定调控方最终直接形成控制指令。最终在外部环境和控制器的作用下，帮助机电一体化系统高效、快捷、精度更高地去完成一项工作。

（2）帮助机电一体化系统增强安全可靠性

在智能控制系统的帮助下只需要人力完成第一步指令输入即可，其余全部由系统根据指令按照流程顺序完成系统运行。智能控制系统可以合理地调控设备中的结构或运行过程，最终实现对运作系统的有效的智能控制工作，从而最大限度地保证机电一体化系统的安全可靠性。

三、计算机控制系统应用实例

尽管计算机控制系统的被控对象多种多样，系统设计方案和具体技术也千变万化，但在设计计算机控制系统中应遵循的共同原则是一致的，即可靠性要高，操作性要好，实时性要强，通用性要好，性价比要高。

要保证上述原则的实现，除具有坚实的计算机控制系统设计的理论基础外，还要具有丰富的工程经验，包括熟悉工控领域的各种检测元件、执行器件、计算机及其相关采集与控制板卡的特性及使用范围，了解各种典型被控对象的特性等，这需要在长期的工程实践中不断积累和摸索。以电阻炉温度控制系统为例，通过一个电阻炉温度控制实验系统，介绍一种典型的慢过程计算机控制系统各个环节的构建方法。

（一）系统总体描述

电阻炉温度控制系统包括单回路温度控制系统和双回路温度控制系统，是为自动化专业、仪表专业本科生的实验教学而研制的实验系统，单回路电阻炉温度控制系统的实物如图 4-8 所示，主要由计算机、采集板卡、控制箱、加热炉体组成。由计算机和采集板卡完成温度采集、控制算法计算、输出控制、监控画面等主要功能。控制箱装有温度显示与变送仪表、控制执行机构、控制量显示、手控电路等。加温炉体由民用烤箱改装，较为美观，适合实验室使用。

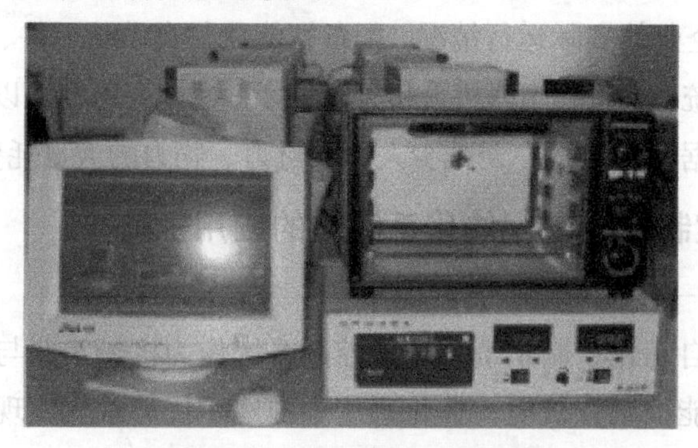

图 4–8　电阻炉温度控制系统

单回路电阻炉温度控制系统主要性能指标如下：

（1）计算机采集控制板卡 PCI-1711

A/D12 位输入电压 0-5V；

D/A12 位输出电压 0-5V。

（2）控制及加热箱

控制电压 0 ~ 220V；

控制温度 20℃ ~ 250℃；

测温元件 PT-100 热电阻（输出：直流 0 ~ 5V，或 4 ~ 20mA）。

执行元件固态继电器（输入：直流 0 ~ 5V；输出：交流 0 ~ 220V）。

单回路温度控制系统是一个典型的计算机控制系统，但是没有数字量输入 / 输出通道。

（二）硬件系统设计

系统的硬件设计包括传感器、执行器、A/D 和 D/A 的设计，而 PCI 总线接口属于计算机的系统总线，下面分别加以详细介绍。

（1）传感器设计

温度传感器有热电阻和热电偶，热电阻最大的特点是工作在中低温区，性能稳定，测量精度高。系统中电炉的温度被控制在 0℃ ~ 250℃之间，为了留有余地，我们要将温度的范围选在 0℃ ~ 400℃，它为中低温区，所以本系统选用的是热电阻 PT100 作为温度检测元件。热电阻中集成了温度变送器，将热电阻信号转换为 0 ~ 5V 的标准电压信号或 4 ~ 20mA 的标准电流信号输出，供计算机系统进行数据采集。

热电阻传感器是利用电阻随温度变化的特性制成的温度传感器。热电阻传感器按其制造材料来分，可分为金属热电阻和半导体热电阻两大类；按其结构来分，有普通型热电阻、铠装热电阻和薄膜热电阻；按其用途来分，有工业用热电阻、精密的和标准的热电阻。热电阻传感器主要用于对温度和温度有关的参量进行测量。

（2）执行器设计

执行器选用交流固态继电器，它是一种无触点通断电子开关，为四端有源器件。其中两个端子为输入控制端，另外两端为输出受控端，中间采用光电隔离，作为输入输出之间电气隔离（浮空）。在输入端加上直流或脉冲信号，输出端就能从关断状态转变成导通状态（无信号时呈阻断状态），从而控制较大负载。整个器件无可动部件及触点，可实现相当于常用的机械式电磁继电器一样的功能。

固态继电器（Solid State Relays），简写成“SSR”，是一种全部由固态电子元件组成的新型无触点开关器件，它利用电子元件（如开关三极管、双向可控硅等半导体器件）的开关特性，可达到无触点无火花地接通和断开电路的目的，因此又被称为“无触点开关”。它问世于20世纪70年代，由于它的无触点工作特性，使其在许多领域的电控及计算机控制方面得到了日益广泛的应用。SSR按使用场合可以分为交流型和直流型两大类，它们分别在交流或直流电源上做负载的开关。下面以本系统选用的交流型SSR为例来说明固态继电器的工作原理。

从整体上来看，SSR只有两个输入端（A和B）及两个输出端（C和D），是一种四端器件。工作时只要在A、B上加上一定的控制信号，就可以控制C、D两端之间的“通”和“断”，实现“开关”的功能。其中耦合电路的功能是为A、B端输入的控制信号提供一个输入/输出端之间的通道，但又在电气上断开SSR中输入端和输出端之间的（电）联系，以防止输出端对输入端的影响。耦合电路用的元件是“光耦合器”，它动作灵敏、响应速度高、输入/输出端间的绝缘（耐压）等级高。由于输入端的负载是发光二极管，这使SSR的输入端很容易做到与输入信号电平相匹配，在使用可直接与计算机输出接口相接，即受“1”与“0”的逻辑电平控制。触发电路的功能是产生合乎要求的触发信号，驱动开关电路④工作，但由于开关电路在不加特殊控制电路时，将产生射频干扰并以高次谐波或尖峰等污染电网，为此特设“过零控制电路”。所谓“过零”是指，当加入控制信号，交流电压过零时，SSR即为通态；而当断开控制信号后，SSR要等待交流电的正半周与负半周的交界点（零电位）时，SSR才为断态。这种设计能防止高次谐波的干扰和对电网的污染。吸收电路是为防止从电源中传来的尖峰、浪涌（电压）对开关器件双向可控硅管的冲击和干扰（甚至误动作）而设计的。一般是用“R-C”串联吸收电路或非线性电阻（压敏电阻器）。

（3）A/D、D/A模块设计

A/D和D/A选用PCI-1711数据采集集成板卡。该板卡是一款功能强大的低成本多功能PCI总线数据采集卡，具有16路单端模拟量输入；12位A/D转换器，采样速率可达100kHz；每个输入通道的增益可编程；自动通道/增益扫描；卡上1K采样FIFO缓冲器；2路12位模拟量输出；16路数字量输入及16路数字量输出；可编程触发器/定时器。

该板卡特点如下：

①即插即用功能

PCI-1711完全符合PCI规格Rev2.1标准，支持即插即用。在安装插卡时，用户不需要设置任何跳线和DIP拨码开关。实际上，所有与总线相关的配置，如基地址、中断，均由即插即用功能完成。

a.灵活地输入类型和范围设定

PCI-1711有一个自动通道/增益扫描电路。在采样时，这个电路可以自己完成对多路选通开关的控制，用户可以根据每个通道不同的输入电压类型来进行相应的输入范围设定，所选择的增益值将储存在 SRAM 中。这种设计保证了为达到高性能数据采集所需的多通道和高速采样。

b. 卡上 FIFO（先入先出）存储器

PCI-1711 卡上提供了 FIFO（先入先出）存储器，可储存 1KA/D 采样值，用户可以启用或禁用 FIFO 缓冲器中断请求功能。当启用 FIFO 中断请求功能时，用户可以进一步指定中断请求发生在 1 个采样产生时还是在 FIFO 半满时。该特性提供了连续高速的数据传输及 Windows 下更可靠的性能。

c. 卡上可编程计数器

PCI-1711 有 1 个可编程计数器，可用于 A/D 转换时的定时触发。计数器芯片为 82C54 兼容的芯片，它包含了三个 16 位的 10MHz 时钟计数器。其中有一个计数器作为事件计数器，用来对输入通道的事件进行计数；另外两个计数器级联成 1 个 32 位定时器，用于 A/D 转换时的定时触发。

②PCI 系统总线

PCI（Peripheral Component Interconnect）总线是一种高性能局部总线，是为了满足外设间以及外设与主机间高速数据传输而提出来的。在数字图形、图像和语音处理，以及高速实时数据采集与处理等对数据传输率要求较高的应用中，采用 PCI 总线来进行数据传输，可以解决原有的标准总线数据传输率低带来的瓶颈问题。从 1992 年创立规范到如今，PCI 总线已成了计算机的一种标准总线。总线构成的标准系统结构的特点表现在：

a. 数据总线 32 位，可扩充到 64 位。

b. 可进行突发（burst）式传输。

c. 总线操作与处理器、存储器子系统操作并行。

d. 总线时钟频率 33MHz 或 66MHz，最高传输率可达 528MB/S。

e. 中央集中式总线仲裁。

f. 全自动配置资源分配：PCI 卡内有设备信息寄存器组为系统提供卡的信息，可实现即插即用（PNP）。

g.PCI 总线规范独立于微处理器，通用性好。

h.PCI 设备可以完全作为主控设备控制总线。

i.PCI 总线引线：高密度接插件，分基本插座（32 位）及扩充插座（64 位）。

不同于 ISA 总线，PCI 总线的地址总线与数据总线是分时复用的。这样做的好处是一方面可以节省接插件的管脚数，另一方面便于实现突发数据传输。在做数据传输时，由一个 PCI 设备做发起者（主控，Initiator 或 Master），而另一个 PCI 设备做目标（从设备，Target 或 Slave）。总线上的所有时序的产生与控制，都由 Master 来发起。PCI

总线在同一时刻只能供一对设备完成传输，这就要求有一个仲裁机构（Arbiter），来决定谁有权力拿到总线的主控权。

当 PCI 总线进行操作时，发起者（Master）先置 REQ#，当得到仲裁器（Arbiter）的许可时（GNT#），会将 FRAME# 置低，并在 AD 总线上放置 Slave 地址，同时 C/BE# 放置命令信号，说明接下来的传输类型。所有 PCI 总线上设备都需对此地址译码，被选中的设备要置 DEVSEL# 以声明自己被选中。然后当 IRDY# 与 TRDY# 都置低时，可以传输数据。当 Master 数据传输结束前，将 FRAME# 置高以标明只剩最后一组数据要传输，并在传完数据后放开 IRDY# 以释放总线控制权。

这里我们可以看出，PCI 总线的传输是很高效的，发出一组地址后，理想状态下可以连续发数据，峰值速率为 132MB/s。实际上，目前流行的北桥芯片一般可以做到 100MB/s 的连续传输。

PCI 总线可以实现即插即用的功能。所谓即插即用，是指当板卡插入系统时，系统会自动对板卡所需资源进行分配，如基地址、中断号等，并自动寻找相应的驱动程序。而不像旧的 ISA 板卡，需要进行复杂的手动配置。

在 PCI 板卡中，有一组寄存器，叫“配置空间”（Configuration Space），用来存放基地址与内存地址及中断等信息。以内存地址为例，当上电时，板卡从 ROM 里读取固定的值放到寄存器中，对应内存的地方放置的是需要分配的内存字节数等信息。操作系统要根据这个信息分配内存，并在分配成功后在相应的寄存器中填入内存的起始地址，这样就不必手工设置开关来分配内存或基地址了。对于中断的分配也与此类似。

PCI 总线可以实现中断共享。ISA 卡的一个重要局限在于中断是独占的，而我们知道计算机的中断号只有 16 个，系统又用掉了一些，这样当有多块 ISA 卡要用中断时就会出现问题。

PCI 总线的中断共享由硬件与软件两部分组成。硬件上，采用电平触发的办法：中断信号在系统一侧用电阻接高，而要产生中断的板卡上利用三极管的集电极将信号拉低。这样不管有几块板产生中断，中断信号都是低；而只有当所有板卡的中断都得到处理后，中断信号才会恢复高电平。

软件上，采用中断链的方法：假设系统启动时，发现板卡 A 用了中断 7，就会将中断 7 对应的内存区指向 A 卡对应的中断服务程序入口 ISR-A；然后系统发现板卡 B 也用中断 7，这时就会将中断 7 对应的内存区指向 ISR-B，同时将 ISR-B 的结束指向 ISR-A。以此类推，就会形成一个中断链。当有中断发生时，系统跳转到中断 7 对应的内存，也就是 ISR-B。ISR-B 就要检查是不是 B 卡的中断，如果是，要处理，并将板卡上的拉低电路放开；如果不是，则呼叫 ISR-A。这样就完成了中断的共享。

通过以上讨论我们不难看出，PCI 总线有着极大的优势，而近年来的应用情况也证实了这一点。

（三）控制系统设计

单回路电阻炉温度控制系统是一个典型的计算机控制系统，其控制系统结构可以简化为图 4-9 所示。

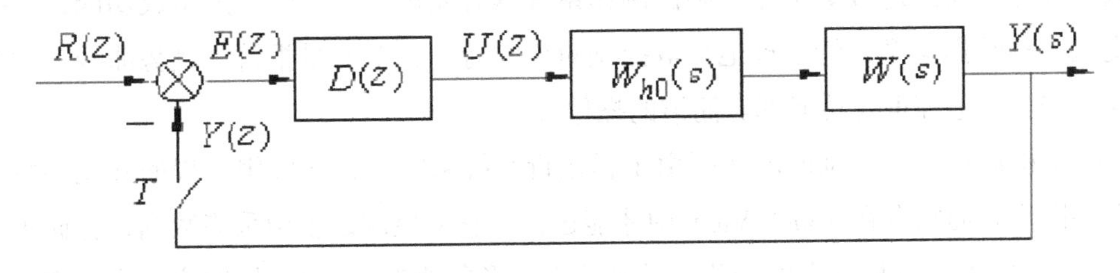

图 4-9 电阻炉温度控制系统结构

（四）系统软件设计

（1）软件开发环境

进行炉温控制软件开发可以使用的工具有很多，比较常见的有 VisualBasic 语言、C 语言、C++ 语言等，它们都具有强大的功能。但是使用计算机语言开发一个系统，需要编写大量的源程序，这无疑加大了系统开发的难度。本系统的开发采用了一种工控组态软件——组态王，组态软件的使用，使炉温控制系统开发过程变得简单，而组态软件功能强大，可以开发出更出色的应用软件。

组态软件具有实时多任务处理、使用灵活、功能多样、接口开放及易学易用等特点。在开发系统的过程中，组态软件能完成系统要求的如下任务：

① 计算机与采集、控制设备间进行数据交换；

② 计算机画面上元素同设备数据相关联；

③ 处理数据报警和系统报警；

④ 存储历史数据并支持历史数据的查询；

⑤ 各类报表的生成和打印输出；

⑥ 最终生成的应用系统运行稳定可靠；

⑦ 具有与第三方程序的接口，方便数据共享。

系统选用“组态王 6.02”版本进行应用软件的开发。该版本软件包括工程管理器（Project Manager）、工程浏览器（Touch Explorer）、工程运行系统（Touch View）和信息窗口（Information Windows）四部分，各自的功能如下：

a. 工程管理器。用于组态王进行工程管理，包括新建、备份、变量的导入 / 导出、定义工程的属性等。

b. 工程浏览器。它是组态王软件的核心部分和管理开发系统，将画面制作系统中已设计的图形画面、命令语言、设备驱动程序管理、配方管理、数据库访问配置等工程资源进行统一管理，并在一个窗口中以树形结构排列。这种功能与 Windows 操作系统中资源管理器的功能相似。

工程浏览器中内嵌画面制作系统，即应用程序的集成开发环境，在这个环境中完成画面设计、动画连接等工作。画面制作系统具有先进、完善的图形生成功能，数据库提供多种数据类型，能合理地提取控制对象的特性，对变量报警、趋势曲线、过程记录、安全防范等重要功能都有简洁的操作方法。

c. 工程运行系统。画面的运行由工程运行系统来完成，在应用工程的开发环境中建立的图形画面只有在 Touch View 中才能运行。它从控制设备中采集数据，存储于实时数据库中，并负责把数据的变化以动画的方式形象地表示出来；同时完成变量报警、操作记录、趋势曲线绘制等监控功能，并按实际需求记录在历史数据库中。

d. 信息窗口。它是一个独立的 Windows 应用程序，用来记录、显示组态王开发和运行系统在运行时的状态信息，包括组态王系统的启动、关闭、运行模式；历史数据的启动、关闭；I/O 设备的启动、关闭；网络连接的状态；与设备连接的状态；命令语言中函数未执行成功的出错信息等。

（2）应用软件的开发

应用组态王软件开发炉温控制系统，应遵循一定的开发步骤有序进行。其开发步骤总结如下：

① 搞清所使用的 I/O 设备的生产厂商、种类、型号及使用的通信接口类型、采用的通信协议，进行 I/O 口设置。

② 将所有 I/O 点的参数收集齐全，以备在组态王上组态时使用。

③ 按照统计好的变量，制作数据字典。

④ 按数据存储的要求构建数据库，建立记录体和模板，为数据连接做准备。

⑤ 根据工艺过程和组态要求绘制、设计画面结构和画面草图。

⑥ 根据上步的画面结构和画面草图，组态每一幅静态的操作画面。

⑦ 将操作画面中的图形对象与实时数据库变量建立动画连接关系，规定动画属性和幅度。

⑧ 绘制数据流程，编写命令语言，完成数据与画面的连接，对组态内容进行分段和总体调试。

⑨ 设计控制算法。工业中用得比较多的控制算法有 PID 算法、Smith 预估算法、Dahlin 算法等，各种算法都有自己的优势，适用于不同的被控对象。本系统中选用 PID 算法进行控制。

⑩ 系统投入运行。

第五章　机电一体化机器人技术

机器人产业发展要围绕汽车、机械、电子、危险品制造、化工、轻工等工业机器人、特种机器人，以及医疗健康、家庭服务、教育娱乐等服务机器人应用需求，积极研发新产品，促进机器人标准化、模块化发展，扩大市场应用。突破机器人本体、减速器、伺服电机、控制器、传感器与驱动器等关键零部件及系统集成设计制造等技术瓶颈。

第一节　机器人概述

根据机器人的发展过程可将其分为三代：第一代是宗教再现型机器人，主要由夹持器、手臂、驱动器和控制器组成。它由人操纵机械手做一遍应当完成的动作或通过控制器发出指令让机械手臂动作，在动作过程中机器人会自动将这一过程存入记忆装置。当机器人工作时，能再现人类教给它的动作，并能自动重复地执行。第二代是有感觉的机器人，它们对外界环境有一定的感知能力，并具有听觉、视觉、触觉等功能。机器人工作时，根据感觉器官（传感器）获得的信息，灵活调整自己的工作状态，保证在适应环境的情况下完成工作。第三代是具有智能的机器人。智能机器人是靠人工智能技术决策行动的机器人，它们根据感觉到的信息，进行独立思维、识别、推理，并做出判断和决策，不用人的参与就可以完成一些复杂的工作。

一、机器人的定义

对于机器人，目前尚无统一的定义。在英国简明牛津字典中，机器人的定义是：貌似人的自动机，具有智力和顺从于人但不具人格的机器。美国国家标准局（NBS）对机器人的定义是：机器人是一种能够进行编程并在自动控制下执行某些操作和移动作业任务的机械装置。日本工业机器人协会（JIRA）对机器人的定义是：工业机器人是一种能够执行与人的上肢（手和臂）类似的多功能机器，智能机器人是一种具有感觉和识别能力并能控制自身行为的机器。世界标准化组织（ISO）对机器人的定义是：机器人是一种能够通过编程和自动控制来执行诸如作业或移动等任务的机器。

我国机械工业部对机器人的定义是：工业机器人是一种能自动定位控制、可重复编程、多功能多自由度的操作机，它能搬运材料零件或夹持工具，用以完成各种作业。

二、机器人的组成

工业机器人是一种应用计算机进行控制的替代人进行工作的高度自动化系统，它主要由控制器、驱动器、夹持器、手臂和各种传感器等组成。工业机器人计算机系统能够对力觉、触觉、视觉等外部反馈信息进行感知，理解、决策，并及时按要求驱动运动装置、语音系统完成相应任务。通常可将工业机器人分为执行机构、驱动装置和控制系统三大部分。

（一）执行机构

执行机构也叫操作机，具有和人臂相似的功能，是可以在空间抓放物体或进行其他操作的机械装置，包括机座、手臂、手腕和末端执行器。

末端执行器又称手部，是执行机构直接执行工作的装置，可安装夹持器、工具、传感器等，通过机械接口与手腕连接。夹持器可分为机械夹紧、真空抽吸、液压张紧和磁力夹紧等四种。手腕又称副关节组，位于手臂和末端执行器之间，由一组主动关节和连杆组成，用来支承末端执行器和调整末端执行器的姿态，它有弯曲式和旋转式两种。

手臂又称主关节组，由主动关节（由驱动器驱动的关节称主动关节）和执行机构的连接杆件组成，用于支承和调整手腕和末端执行器。手臂应包括肘关节和肩关节。一般将靠近末端执行器的一节称为小臂，靠近机座的称为大臂。手臂与机座用关节连接，可以扩大末端执行器的运动范围。

机座是机器人中相对固定并承受相应力的部件，起支撑作用，一般分为固定式和移动式两种。立柱式、机座式和屈伸式机器人大多是固定式的，它可以直接连接在地面基础上，也可以固定在机身上。移动式机座下部安装行走机构，可扩大机器人的工作范围；行走机构多为滚轮或履带，分为有轨和无轨两种。

（二）驱动装置

机器人的驱动装置用来驱动执行结构工作，根据动力源的不同可分为电动、液动和气动三种，其执行机构电动机、液压缸和气缸可以与执行结构直接相连，也可通过齿轮、链条等装置与执行装置连接。

（三）控制系统

机器人的控制系统用来控制工业机器人的要求动作，其控制方式分为开环控制和闭环控制。多数机器人都采用计算机控制，其控制系统一般可分为决策级、策略级和执行级三级。决策级的作用是识别外界环境，建立模型，将作业任务分解为基本动作序列；策略级将基本动作变为关节坐标协调变化的规律，分配给各关节的伺服系统；执行级给出关节伺服系统执行给定的指令。控制系统常用的控制装置包括：人 - 机接口装置（键盘、示教盒、操纵杆等）、具有存储记忆功能的电子控制装置（计算机、PLC 或其他可编程逻辑控制装置）传感器的信息放大、传输及信息处理装置、速度位置伺服驱动系统（PWM、电 - 液伺服系统或其他驱动系统）、输入 / 输出接口及各种电源装置等。

第二节　机器人的机械系统

机器人要完成各种各样的动作和功能，如移动、抓举、抓紧工具等工作，必须靠动力装置、机械机构来完成。一般所说的机器人指的是工业机器人。工业机器人的机械部分（执行机构或操作机）主要由手部（末端执行器）、手臂、手腕和机座组成。

一、机器人手臂的典型机构

手臂是机器人执行机构中重要的部件，它的作用是将被抓取的工件送到指定位置。一般机器人的手臂有 3 个自由度，即手臂的伸缩、左右回转和升降（或俯仰）运动。其中，手臂回转和升降运动是通过机座的立柱实现的。

机器人的运动功能是由一系列单元运动的组合来确定的。所谓的单元运动，就是“直线运动（伸缩运动）”“旋转运动”“摆动”三种运动。“旋转运动”指的是轴线方向不变，以轴线方向为中心进行旋转的运动；“摆动”是改变轴线方向的运动，有的是轴套固定轴旋转，也有的是轴固定而轴套旋转。一般用“自由度”来表示构成运动系的单元运动的个数。手臂的各种运动一般由驱动机构和各种传动机构来实现，因此它不仅承受被抓取工件的重量，而且承受末端执行器、手腕和手臂自身的重量。手臂的结构、工作范围、灵活性以及抓重大小和定位精度都直接影响机器人的工作性能，必须根据机器人的抓取重量、运动形式、自由度数、运动速度以及定位精度等的要求来设计手臂的结构形式。

按手臂的运动形式来说，手臂有直线运动，如手臂的伸展、升降即横向或纵向移动；有回转运动，如手臂的左右回转、上下摆动（即俯仰）；有复合运动，如直线和回转运动的组合、两直线运动的组合、两回转运动的组合。

实现手臂回转运动的结构形式很多，其中常用的有齿轮传动机构、链轮传动机构、连杆传动机构等。

二、机器人手腕结构

（一）手腕的概念

手腕是连接末端夹持器和小臂的部件，它的作用是调整或改变工件的方位，因而具有独立的自由度，可使末端夹持器能完成各种复杂的动作。

（二）手腕的结构及运动形式

确定末端夹持器的作业方向，一般需要有相互独立的3个自由度，由3个回转关节组成。其中，偏摆是指末端夹持器相对于手臂进行的摆动；横滚是指末端夹持器（手部）绕自身轴线方向的旋转；俯仰是指绕小臂轴线方向的旋转。

在实际使用中，手腕的自由度不一定是3，可以为1或2，也可大于3。手腕自由度的选用与机器人的工作环境、加工工艺、工件的状态等许多因素有关。

（三）单自由度手腕

单自由度手腕有俯仰型和偏摆型两种。俯仰型手腕沿机器人小臂轴线方向做上下俯仰动作完成所需的功能；偏摆型手腕沿机器人小臂轴线方向做左右摆动动作完成所需要的功能。

（四）双自由度手腕

双自由度手腕能满足大多数工业作业的需要，是工业机器人中应用最多的结构形式。双自由度手腕有双横滚型、横滚偏摆型、偏摆横滚型和双偏摆型四种。

（五）三自由度手腕

三自由度手腕是结构较复杂的手腕，可达空间度最高，能够实现直角坐标系中的任意姿态，常见于万能机器人的手腕。三自由度手腕由于某些原因导致自由度降低的现象，称为自由度的退化现象。

（六）柔顺手腕

柔顺性装配技术有两种，一种是从检测、控制的角度，采取不同的搜索方法，实现边校正边装配，这种装配方式称为主动柔顺装配；另一种是从结构的角度在手腕部配置一个柔顺环节，以满足柔顺装配的需要，这种柔顺装配技术称为被动柔顺装配。

三、机器人的手部结构

（一）机器人手部的概念

机器人的手部就是末端夹持器，它是机器人直接用于抓取和握紧（或吸附）工件或夹持专用工具进行操作的部件，具有模仿人手动作的功能，安装于机器人小臂的前端。它分为夹钳式取料手、吸附式取料手和专用操作器等。

（二）夹钳式取料手

夹钳式取料手由手指（手爪）和驱动机构、传动机构、连接与支承部件组成。夹钳式手臂通过手指的开、合动作实现对物体的夹持。手指是直接和加工工件接触的部分，通过手指的闭合和张开实现对工件的夹紧和松开。机器人手指数量从两个到多个不等，一般根据需要而设计。手指的形状取决于工件的形状，一般有V行指、平面型指、尖指和特殊形状指等。

（三）机器人手爪

常见的典型手爪有弹性力手爪、摆动式手爪和平动式手爪等。

（1）弹性力手爪

弹性力手爪的特点是夹持物体的抓力由弹性元件提供，无需须专门驱动装置，它在抓取物体时需要一定的压入力，而在卸料时则需一定的拉力。

（2）摆动式手爪

其特点是在手爪的开合过程中，摆动式手爪的运动状态是绕固定轴摆动的，适合于圆柱表面物体的抓取。活塞杆的移动，通过连杆带动手爪回绕同一轴摆动，完成开合动作。

（3）平动式手爪

平动式手爪采用平行四边形平动机构，特点是手爪在开合过程中，爪的运动状态是平动的。常见的平动式手爪有连杆式圆弧平动式手爪。

四、仿生多指灵巧手

由于简单的夹钳取料手不能适应物体外形变化，因而无法满足对复杂性状、不同材质物体的有效夹持和操作。为了完成各种复杂的作业和姿势，提高机器人手爪和手腕的操作能力、灵活性和快速反应能力，使机器人手爪像人手一样灵巧是十分必要的。

（一）柔性手

为了能实现对不同外形物体实施表面均匀地抓取，人们研制出柔性手。柔性手的一端是固定的，另一端是双管合一的柔性管状手爪（自由端）。若向柔性手爪一侧管内充气体或液体，向另一侧管内抽气或抽液，则会形成压力差。此时，柔性手爪就会向抽空侧弯曲。此种柔性手可适用于抓取轻型、圆形物体，如玻璃杯等。

（二）多指灵巧手

尽管柔性手能够完成一些复杂的操作，但是机器人手爪和手腕最完美的形式是模仿人手的多指灵巧手。多指灵巧手有多个手指，每个手指有 3 个回转关节，每一个关节自由度都是独立控制的，因此，它几乎能模仿人手，完成各种复杂动作，如弹琴、拧螺丝等。

第三节　机器人的传感器

机器人传感器是指能把智能机器人对内外部环境感知的物理量、化学量、生物量变换为电量输出的装置，智能机器人可以通过传感器实现某些类似于人类的知觉作用。机器人传感器可分为内部检测传感器和外界检测传感器两大类。内部检测传感器安装在机器人自身中，用来感知机器人自身的状态，以调整和控制机器人的行动，常由位置、加速度、速度及压力传感器等组成；外界检测传感器能获取周围环境和目标物状态特征等信息，使机器人与环境之间发生交互作用，从而使机器人对环境有自校正和自适应能力。外界检测传感器通常包括触觉、接近觉、听觉、嗅觉、味觉等传感器。

一、机器人常用传感器

（一）内部传感器

内部传感器是用来检测机器人本身状态（如手臂间角度）的传感器，多为检测位置和角度的传感器。

（1）位移传感器

按照位移的特征可分为线位移和角位移。线位移是指机构沿着某一条直线运动的距离，角位移是指机构沿某一定点转动的角度。

电位器式位移传感器。电位器式位移传感器由一个线绕电阻（或薄膜电阻）和一个滑动触点组成，其中，滑动触点通过机械装置受被检测量的控制。当被检测的位置量发生变化时，滑动触点也发生相应位移，从而改变滑动触点与电位器各端之间的电阻值和输出电压值，根据这种输出电压值的变化，可以检测出机器人各关节的位置和位移量。

直线型感应同步器。直线型感应同步器由定尺和滑尺组成。定尺和滑尺间保持一定的间隙，一般为 0.25 mm 左右。在定尺上用铜箔制成单向均匀分布的平面连续绕组，滑尺上用铜箔制成平面分段绕组。绕组和基板之间有一厚度为 0.1 mm 的绝缘层，在绕组的外面也有一层绝缘层，为了防止静电感应，在滑尺的外边还粘贴有一层铝箔。定尺固定在设备上不动；滑尺可以在定尺表面来回移动。

圆形感应同步器。圆形感应同步器主要用于测量角位移，它由定子和转子两部分组成。在转子上分布着连续绕组，绕组的导片是沿圆周的径向分布的。在定子上分布着两相扇形分段绕组，定子和转子的截面构造与直线型同步器是一样的，为了防止静电感应，在转子绕组的表面粘贴有一层铝箔。

（2）角度传感器

1. 光电轴角编码器。

光电轴角编码器是采用圆光栅莫尔条纹和光电转换技术将机械轴转动的角度量转换成数字信息量输出的一种现代传感器。作为一种高精度的角度测量设备，光电轴角编码器已广泛应用于自动化领域中。根据形成代码方式的不同，可将光电轴角编码器分为绝对式和增量式两大类。

绝对式光电编码器由光源、码盘和光电敏感元件组成。光学编码器的码盘是在一个基体上采用照相技术和光刻技术制作的透明与不透明的码区，分别代表二进制码“0”和“1”。对高电平“1”，码盘做透明处理，光线可以透射过去，通过光电敏感元件转换为电脉冲；对低电平“0”，码盘做不透明处理，光电敏感元件接收不到光，为低电平脉冲。光学编码器的性能主要取决于码盘的质量，光电敏感元件可以采用光电二极管、光电晶体管或硅光电池。为了提高输出逻辑电压，光学编码器还需要接各种电压放大器，而且每个轨道对应的光电敏感元件要接一个电压放大器，电压放大器通常由集成电路高增益差分放大器组成。为了减小光噪声的影响，在光路中要加入透镜和狭缝装置，狭缝不能太窄，并且要保证所有轨道的光电敏感元件的敏感区都处于狭缝内。

增量式编码器的码盘刻线间距均等，对应每一个分辨率区间，可输出一个增量脉冲，计数器相对于基准位置（零位）对输出脉冲进行累加计数，正转则加，反转则减。增量式编码器的优点是响应迅速、结构简单、成本低、易于小型化，广泛用于数控机床、机器人、高精度闭环调速系统及小型光电经纬仪中。码盘、敏感元件和计数电路是增量式编码器的主要元件。增量式光电编码器有三条光栅，A 相与 B 相在码盘上互相错半个区域，在角度上相差 90°。当码盘以顺时针方向旋转时，A 相超前于 B 相首先导通；当码盘反方向旋转时，A 相滞后于 B 相。码盘旋转方向和转角位置的确定：采用简单的逻辑电路，就能根据 A 相、B 相的输出脉冲相序确定码盘的旋转方向；将 A 相对应敏感元件的输出脉冲送给计数器，并根据旋转方向使计数器做加法计数或减法计数，就可以检测出码盘的转角位置。增量式光电编码器是非接触式的，其寿命长、功耗低、耐振动，广泛应用于角度、距离、位置、转速等的检测中。

2. 磁性编码器。

磁性编码器是近年发展起来的一种新型编码器，与光学编码器相比，磁性编码器不易受尘埃和结露的影响，具有结构简单紧凑、可高速运转、响应速度快（达500 ~ 700 kHz）、体积小、成本低等特点。磁性编码器的分辨率可达每圈数千个脉冲，因此，其在精密机械磁盘驱动器、机器人等领域旋转量（位置、速度、角度等）的检测和控制中有着广泛的应用。

磁性编码器由磁鼓和磁传感器磁头构成，其中高分辨率磁性编码器的磁鼓会在铝鼓的外缘涂敷一层磁性材料。磁头以前采用感应式录音机磁头，现在多采用各向异性金属磁电阻磁头或巨磁电阻磁头。这种磁头采用光刻等微加工工艺制作，具有精度高、一致性好、结构简单、灵敏度高等优点，其分辨率可与光学编码器相媲美。

（3）加速度传感器

加速度传感器一般有压电式加速度传感器，也称为压电式加速度计，是利用压电效应制成的一种加速度传感器。其常见形式有基于压电元件厚度变形的压缩式加速度传感器以及基于压电元件剪切变形的剪切式和复合型加速度传感器。

（二）外部传感器

机器人外部传感器是用来检测机器人所处环境（如是什么物体、离物体的距离有多远等）及状况（如抓取的物体是否滑落）的传感器，如触觉传感器、视觉传感器、力觉传感器、接近觉传感器、超声波传感器、听觉传感器等。随着外部传感器的进一步完善，机器人完成的工作将越来越复杂，机器人的功能也将越来越强大。

（1）力或力矩传感器

机器人在工作时，需要有合理的握力，握力太小或太大都不合适。因此，力或力矩传感器是某些特殊机器人中的重要传感器之一。力或力矩传感器的种类很多，有电阻应变片式、压电式、电容式、电感式以及各种外力传感器。力或力矩传感器通过弹性敏感元件将被测力或力矩转换成某种位移量或变形量，然后通过各自的敏感介质把位移量或变形量转换成能够输出的电量。机器人常用的力传感器分为以下三类：

1）装在关节驱动器上的力传感器，称为关节传感器，可以测量驱动器本身的输出力和力矩，并控制力的反馈；

2）装在末端执行器和机器人最后一个关节之间的力传感器，称为腕力传感器，可以直接测出作用在末端执行器上的力和力矩；

3）装在机器人手爪指（关节）上的力传感器，称为指力传感器，用来测量夹持物体时的受力情况。

（2）触觉传感器

触觉是机器人获取环境信息的一种仅次于视觉的重要知觉形式，是机器人实现与环境直接作用的必需媒介。与视觉不同，触觉本身有很强的敏感能力，可直接测量对象和环境的多种性质特征，因此，触觉不仅仅是视觉的一种补充。触觉的主要任务是为获取对象与环境信息和为完成某种作业任务而对机器人与对象、环境相互作用时的一系列物理特征量进行检测或感知。机器人触觉与视觉一样，基本上都是模拟人的感觉，广义上它包括接触觉、压觉、力觉、滑觉、冷热觉等与接触有关的感觉；狭义上它是机械手与对象接触面上的力感觉。触觉是接触、冲击、压迫等机械刺激感觉的综合，可以协助机器人完成抓取工作，利用触觉可以进一步感知物体的形状、软硬等物理性质。对机器人触觉的研究，主要集中于扩展机器人能力所必需的触觉功能，一般把检测感知和外部直接接触而产生的接触觉、压力、触觉及接近觉的传感器称为机器人触觉传感器。

在机器人中，触觉传感器主要有三方面的作用：

1）使操作动作适用，如感知手指同对象物之间的作用力，便可判定动作是否适当，还可以用这种力作为反馈信号，通过调整，使给定的作业程序实现灵活的动作控制。这一作用是视觉无法代替的。

2）识别操作对象的属性，如规格、质量、硬度等，有时可以代替视觉进行一定程度的形状识别，其在视觉无法使用的场合尤为重要。

3）用以躲避危险、障碍物等以防事故，相当于人的痛觉。

（3）接近觉传感器

接近觉传感器介于触觉传感器与视觉传感器之间，不仅可以测量距离和方位，而且可以融合视觉和触觉传感器的信息。接近觉传感器可以辅助视觉系统的功能，来判断对象物体的方位、外形，同时识别其表面形状。因此，为准确定位抓取部件，对机器人接近觉传感器的精度要求比较高，接近觉传感器的作用可归纳如下：

1）发现前方障碍物，限制机器人的运动范围，以避免与障碍物发生碰撞；

2）在接触对象物前得到必要信息，如与物体的相对距离、相对倾角，以便为后续动作做准备；

3）获取对象物表面各点间的距离，从而得到有关对象物表面形状的信息。

机器人接近觉传感器具有接触式和非接触式两种测量方法，以测量周围环境的物体或被操作物体的空间位置。接触式接近觉传感器主要采用机械机构完成；非接触接近觉传感器的测量根据原理不同，采用的装置各异。根据采用原理的不同，机器人接近觉传感器可以分为机械式、感应式、电容式、超声波式和光电式等。

（4）滑觉传感器

机器人为了抓住属性未知的物体，必须确定最适当的握力目标值，因此，需检测出握力不够时所产生的物体滑动。利用这一信号，在不损坏物体的情况下，能牢牢抓住物体。为此目的设计的滑动检测器，称为滑觉传感器。

（5）视觉传感器

每个人都能体会到眼睛多么重要，有研究表明，视觉获得的信息占人对外界感知信息的80%。人类视觉细胞数量的数量级大约为10，是听觉细胞的300多倍，是皮肤感觉细胞的100多倍。视觉分为二维视觉和三维视觉。二维视觉是对景物在平面上投影的传感，三维视觉则可以获取景物的空间信息。

人工视觉系统可以分为图像输入（获取）、图像处理、图像理解、图像存储和图像输出几个部分，实际系统可以根据需要选择其中的若干部件。首先，机器人视觉传感器采用的光电转换器件中最简单的是单元感光器件，如光电二极管等；其次，是一维的感光单元线阵，如线阵CCD（电荷耦合器件）、PSD（位置敏感器件）；最后，应用最多的是结构较复杂的二维感光单元面阵，如面阵CCD、PSD，它是二维图像的常规传感器件。采用CCD面阵及附加电路制成的工业摄像机有多种规格，选用十分方便。这种摄像机的镜头可更换，光圈可以自动调整，有的带有外部同步驱动功能，有的可以改变曝光时间。CCD摄像机体积小，价格低，可靠性高，是一般机器人视觉的首选传感器件。

（6）听觉传感器

智能机器人在为人类服务的时候，需要能听懂主人的吩咐，即需要给机器人安装耳朵。声音是由不同频率的机械振动波组成的。外界声音使外耳鼓产生振动，随后中耳将这种振动放大、压缩和限幅并抑制噪声，然后经过处理的声音传送到中耳的听小骨，再通过卵圆窗传到内耳耳蜗，最后由柯蒂氏器、神经纤维进入大脑。内耳耳蜗充满液体，其中有由300000个长度不同的纤维组成的基底膜，它是一个共鸣器。长度不同的纤维能听到不同频率的声音，因此，内耳相当于一个声音分析器。智能机器人的耳朵首先要具有接收声音信号的器官，其次还需要有语音识别系统。在机器人中常用的声音传感器主要有动圈式传感器和光纤式传感器。

（7）味觉传感器

味觉是指酸、咸、甜、苦、鲜等人类味觉器官的感觉。酸味是由氢离子引起的，比如盐酸、氨基酸、柠檬酸；咸味主要是由NaCl引起的；甜味主要是由蔗糖、葡萄糖等引起的；苦味是由奎宁、咖啡因等引起的；鲜味是由海藻中的谷氨酸钠、鱼和肉中的肌苷酸二钠、蘑菇中的鸟苷酸二钠等引起的。

在人类的味觉系统中，舌头表面味蕾上味觉细胞的生物膜可以感受味觉。味觉物质被转换为电信号，经神经纤维被传至大脑。味觉传感器与传统的、只检测某种特殊的化学物质的化学传感器不同。某些传感器可以实现对味觉的敏感，如pH计可以用于酸度检测、导电计可用于碱度检测、比重计或屈光度计可用于甜度检测等。但这些传感器智能检测味觉溶液的某些物理、化学特性，并不能模拟实际的生物味觉敏感功能，测量的物理值要受到非味觉物质的影响。此外，这些物理特性还不能反映各味觉之间的关系，如抑制效应等。实现味觉传感器的一种有效方法是使用类似于生物系统的材料做传感器的敏感膜，电子舌是用类脂膜作为味觉传感器，其能够以类似人的味觉感受方式检测味觉物质。从不同的机理看，味觉传感器采用的技术原理大致分为多通道类脂膜技术、基于表面等离子体共振技术、表面光伏电压技术等，味觉模式识别由最初的神经网络模式发展到混沌识别。混沌是一种遵循一定非线性规律的随机运动，它对初始条件敏感。混沌识别具有很高的灵敏度，因此，受到越来越广的应用。较典型的电子舌系统有新型味觉传感器芯片和 SH-SAW 味觉传感器。

二、其他传感器

机器人为了能在未知或实时变化的环境下自主地工作，应具有感受作业环境和规划自身动作的能力。机器人运动规划过程中，传感器主要为系统提供两种信息：机器人附近障碍物的存在信息以及障碍物与机器人之间的距离信息。比较常用的测距传感器有超声波测距传感器、激光测距传感器和红外测距传感器等。

超声波是一种振动频率高于声波的机械波，是由换能晶片在电压的激励下发生振动而产生的，具有频率高、波长短、绕射现象小、方向性好、能够定向传播等特点。超声波传感器是利用超声波的特性研制而成的。超声波碰到杂质或分界面会产生显著反射形成反射成回波，碰到活动物体能产生多普勒效应。因此，超声波检测广泛应用在工业、国防和生物医学等方面。若以超声波作为检测手段，则必须拥有产生超声波和接收超声波的器件。而完成这种功能的装置就是超声波传感器，习惯上称为超声换能器或超声探头。超声波探头主要由压电晶片组成，它既能发射超声波，也可以接收超声波。小功率超声探头多做探测作用，它有许多不同的结构，主要有直探头（纵波）、斜探头（横波）、表面波探头（表面波）、兰姆波探头（兰姆波）和双探头（一个探头反射、一个探头接收）等。

激光检测的应用十分广泛，其对社会生产和生活的影响也十分明显。激光具有方向性强、亮度高、单色性好等优点，其中激光测距是激光最早的应用之一。激光测距传感器的工作过程：先由激光二极管对准目标发射激光脉冲，经目标物体反射后激光向各方向散射，部分散射光返回到传感器接收器，被光学系统接收后成像到雪崩光电二极管上。雪崩光电二极管是一种内部具有放大功能的光学传感器，因此，它能检测极其微弱的光信号。激光测距传感器的工作原理是记录并处理从光脉冲发出到返回被接收所经历的时间，从而测定目标距离。

红外测距传感器具有一对红外信号发射器与红外接收器，红外发射器通常是红外发光二极管，可以发射特定频率的红外信号。接收管则可接收这种频率的红外信号。

红外测距传感器的工作原理：当检测方向遇到障碍物时，红外线经障碍物反射传回接收器，并由接收管接收，据此可判断前方是否有障碍物。根据发射光的强弱可以判断物体的距离，由于接收管接收的光强是随反射物体的距离变化而变化的，因而，距离近则反射光强，距离远则反射光弱。红外信号反射回来被接收管接收，经过处理之后，通过数字接口返回到机器人控制系统，机器人即可利用红外的返回信号来识别周围环境的变化。

另外，还有碰撞传感器、光敏传感器、声音传感器、光电编码器、温度传感器、磁阻效应传感器、霍尔效应传感器、磁通门传感器、火焰传感器、接近开关传感器、灰度传感器、姿态传感器、气体传感器、人体热释电红外线传感器等。

三、传感系统、智能传感器、多传感器融合

一般情况下传感器的输出并不是被测量本身。为了获得被测量需要对传感器的输出进行处理。此外，得到的被测量信息很少能直接利用。因此，要先将被测量信息处理成所需形式。利用传感器实际输出提取所需信息的机构总体上可称为传感系统。基本的传感器仅是一个信号变换元件，如果其内部还具有对信号进行某些特定处理的机构就称为智能传感器。传感器的智能化得益于电子电路的集成化，高集成度的处理器件使得传感器能够具备传感系统的部分信息加工能力。智能化传感器不仅减小了传感系统的体积，而且可以提高传感系统的运算速度，降低噪声；提高通信容量，降低成本。

机器人系统中使用的传感器种类和数量越来越多。为了有效地利用这些传感器信息，需要对不同信息进行综合处理，从传感信息中获取单一传感器不具备的新功能和新特点，这种处理被称为多传感器融合。多传感器融合可以提高传感的可信度、克服局限性。

第四节　机器人的控制系统

控制系统是工业机器人的重要组成部分，它的功能类似于人脑。机器人要与外围设备协调动作，共同完成作业任务，就必须具备一个功能完善、灵敏可靠的控制系统。工业机器人的控制系统可分为两大部分：一个是对自身运动的控制；另一个是与周围设备的协调控制。

工业机器人的运动控制：末端执行器从一点移动到另一点的过程中，工业机器人对其位置、速度和加速度的控制。这些控制都是通过控制关节运动实现的。

一、机器人控制系统的作用及结构

（一）机器人控制系统的作用

工业机器人控制系统的主要任务是控制机器人在工作空间中的运动位置、姿态和轨迹、操作顺序及动作的时间等。

（二）机器人控制系统的结构组成

工业机器人的控制系统主要包括硬件部分和软件部分。

硬件部分主要由传感装置、控制装置和关节伺服驱动部分组成。传感装置用来检测工业机器人各关节的位置、速度和加速度等，即感知其本身的状态，可称为内部传感器，而外部传感器就是所谓的视觉、力觉、触觉、听觉、滑觉等传感器，它们能感受外部工作环境和工作对象的状态。控制装置能够处理各种感觉信息、执行控制软件，也能产生控制指令，通常由一台计算机及相应接口组成。关节伺服驱动部分可以根据控制装置的指令，按作业任务要求驱动各关节运动。机器人控制系统的一种典型硬件结构有两级计算机控制系统，其中 CPU1 用来进行轨迹计算和伺服控制，以及作为人机接口和周边装置连接的通信接口；CPU2 用来进行电流控制。

机器人系统由于存在非线性、耦合、时变等特征，完全的硬件控制一般很难使其达到最佳状态，或者说，为了完善系统需要的硬件十分复杂，而采用软件的方法可以达到较好的效果。计算机控制系统的软件主要是控制软件，它包括运动轨迹规划算法和关节伺服控制算法及相应的动作程序。软件编程语言多种多样，但主流是采用通用模块编制的专用机器人语言。

二、位置和力控制系统结构

（一）位置控制的作用

许多机器人的作业是控制机械手末端执行器的位置和姿态，以实现点到点的控制（PTP 控制，如搬运、点焊机器人）或连续路径的控制（CP 控制，如弧焊、喷漆机器人），因此，实现机器人的位置控制是机器人最基本的控制任务。

（二）位置控制的方式

机器人末端从某一点向下一点运动时，根据控制点的关系，机器人的位置控制分为点位（Point to Point，PTP）控制和连续轨迹（Continuous Path，CP）控制两种。PTP 控制方式可以实现点的位置控制，对点与点之间的轨迹没有要求，这种控制方式的主要指标是定位精度和运动所需要的时间；而 CP 控制方式则可指定点与点之间的运动轨迹（指定为直线或者圆弧等），其特点是连续地控制工业机器人末端执行器在作业空间中的位姿，要求其严格按照预定的轨迹和速度在一定的精度要求内运行，且速度可控、轨迹光滑、运动平稳，这种控制方式的主要指标是轨迹跟踪精度，即平稳性。对于起落操作等没有运动轨迹要求的情况，采用 PTP 控制就足够了；但对于喷涂和焊接等具有较高运动轨迹的操作，必须采用 CP 控制。若能在运动轨迹上多取一些示教点，那么也可以用PTP控制来实现轨迹控制，但工作量很大，需要花费很多的时间和劳动力。

（三）位置控制的结构

根据空间形式，机器人的位置控制结构主要有两种形式，即关节空间控制结构和直角坐标空间控制结构。

（四）力控制的作用

对于一些更复杂的作业，有时采用位置控制成本太高或不可用，则可采用力控制。在许多情况下，操作机器的力或力矩控制与位置控制具有同样重要的意义。对机器人机械手进行力控制，就是对机械手与环境之间的相互作用力进行控制。力控制主要分为以位移为基础的力控制、以广义力为基础的控制，以及位置和力的混合控制等。

（1）以位移为基础的力控制

以位移为基础的力控制就是在位置闭环之外加上一个力的闭环，力传感器检测输出力，并与设定的力目标值进行比较，力值误差经过力 / 位移变化环节转换成目标位移，参与位移控制。Pc 是机器人手部位移，Qc 是操作对象的输出力。这种控制方式中，位移控制是内环，也是主环，力控制则是外环。这种方式结构简单，但因为力和位移都在同一个前向环节内施加控制，所以很难使力和位移得到较为满意的结果。力 / 位移变换环节的设计需知道手部的刚度，如果刚度太大，那么即使是微量位移也可导致大的力变化，严重时还会造成手部破坏。因此，为了保护系统，需要使手部具有一定的放入柔性。

（2）以广义力为基础的力控制

以广义力为基础的力控制就是在力闭环的基础上加上位置闭环，Pc 是机器人手部位移，Qc 是操作对象的输出力。通过传感器检测手部的位移，经位移 / 力变换环节转换为输入力，与力的设定值合成之后作为力控制的给定量。这种方式与以位移为基础的力控制相比，可以避免小位移变化引起大的力变化，因此，对手部具有保护功能。不足之处是力和位移都由同一个前向通道控制，位移精度不是很高。

（3）位置和力的混合控制

位置和力的混合控制是采用两个独立的闭环来分别实施力和位置控制。这种方式采用独立的控制回路可以对力和位置实现同时控制。在实际应用中，并不是所有的关节都需要进行力控制，应该根据机器人的具体结构和实际作业工况来确定哪些关节需要力控制、哪些需要位置控制。对同一机器人来说，不同的作业状况，需要控制力的关节也会有所不同，因此，通常需要由选择器来控制。力和位置混合控制的结构示意图，Pc 是机器人手部位移，Qc 是操作对象的输出力。

三、刚性控制

在主动刚性控制（Active Stiffness control）系统框图中，J 为机械手末端执行装置的雅克比矩阵，Kp 为定义于末端笛卡儿坐标系的刚性对角矩阵，其元素人为确定。如果希望在某个方向上遇到实际约束，那么这个方向的刚性应当降低，以保证有较低的结构应力；反之，在某些不希望碰到实际约束的方向上，则应加大刚性，这样可使机械手紧紧跟随期望轨迹，于是，就能够通过改变刚性来适应变化的作业要求。

第五节　机器人的编程

机器人是一种自动化的机器，该类机器应该具备与人或生物相类似的智能行为，如动作能力、决策能力、规划能力、感知能力和人机交互能力等。机器人要想实现自动化需要人事先输入它能够处理的代码程序，即要想控制机器人，需要在控制软件中输入程序。控制机器人的语言可以分为以下几种：机器人语言，指计算机中能够直接处理的二进制表示的数据或指令；自然语言，类似于人类交流使用的语言，常用来表示程序流程；高级语言，介于机器人语言和自然语言之间的编程语言，常用来表示算法。

伴随着机器人的发展，机器人语言也相应得到发展和完善。机器人语言已成为机器人技术的一个重要部分。机器人的功能除了依靠机器人硬件的支持外，相当一部分依赖机器人语言来完成。早期的机器人由于功能单一、动作简单，可采用固定程序或示教方式来控制机器人的运动。随着机器人作业动作的多样化和作业环境的复杂化，依靠固定的程序或示教方式已满足不了要求，必须依靠能适应作业和环境随时变化的机器人语言编程来完成机器人的工作。

自机器人出现以来，美国、日本等较早发展机器人的国家也同时开始进行机器人语言的研究。WAVE 是一种机器人动作语言，即语言功能以描述机器人的动作为主，兼以对力和接触的控制，还能配合视觉传感器进行机器人的手、眼协调控制。

语言与高级计算机语言 ALGOL 结构相似，是一种编译形式的语言，带有一个指令编译器，能在实时机上控制，用户编写好的机器人语言源程序经编译器编译后对机器人进行任务分配和作业命令控制。AL 语言不仅能描述手爪的动作，而且可以记忆作业环境和该环境内物体和物体之间的相对位置，实现多台机器人的协调控制。美国IBM公司也一直致力于机器人语言的研究，取得不少成果。随后该公司又研制出另一种语言AUTOPASS语言，这是一种用于装配的更高级语言，它可以对几何模型类任务进行半自动编程。

它是在BASIC语言基础上扩展的一种机器人语言，因此，具有BASIC的内核与结构，编程简单，语句简练。VAL语言成功地用于PUMA和UNIMATE型机器人。VAL-Ⅱ语言除了含有VAL语言的全部功能外，还增加了对传感器信息的读取，使得可以利用传感器信息进行运动控制。

同时，麦道公司研制的MCL语言，是一种在数控自动编程语言（APT语言）的基础上发展起来的机器人语言。MCL特别适用于由数控机床、机器人等组成的柔性加工单元的编程。

机器人语言品种繁多，而且新的语言层出不穷。这是因为机器人的功能不断拓展，需要新的语言来配合其工作。此外，机器人语言多是针对某种类型的具体机器人而开发的，所以机器人语言的通用性很差，几乎一种新的机器人问世，就有一种新的机器人语言出现来与之配套。机器人语言可以按照其作业描述水平的程度分为动作级编程语言、对象级编程语言和任务级编程语言三类。

一、动作级编程语言

动作级编程语言是最低一级的机器人语言。它以机器人的运动描述为主，通常一条指令对应机器人的一个动作，表示从机器人的一个位姿运动到另一个位姿。动作级编程语言的优点是比较简单，编程容易。其缺点是功能有限，无法进行繁复的数学运算，不接受浮点数和字符串，子程序不含有自变量；不能接受复杂的传感器信息，只能接受传感器开关信息；与计算机的通信能力很差。典型的动作级编程语言为VAL语言，如VAL语言语句“MOVETO”（destination）的含义为机器人从当前位姿运动到目的位姿。动作级编程语言编程时分为关节级编程和末端执行器级编程两种。

1. 关节级编程是以机器人的关节为对象，编程时给出机器人一系列各关节位置的时间序列，在关节坐标系中进行的一种编程方法。对于直角坐标型机器人和圆柱坐标型机器人，由于直角关节和圆柱关节的表示比较简单，这种方法编程较为适用；而对具有回转关节的关节型机器人，由于关节位置的时间序列表示困难，即使一个简单的动作也要经过许多复杂的运算，故这一方法并不适用。关节级编程可以通过简单的编程指令来实现，也可以通过示教盒示教和输入示教实现。

2. 末端执行器级编程在机器人作业空间的直角坐标系中进行。它在直角坐标系中给出机器人末端执行器一系列位姿组成的位姿时间序列，连同其他一些辅助功能如力觉、触觉、视觉等的时间序列，同时，确定作业量、作业工具等，协调地进行机器人动作的控制。动作级编程语言的特点：允许有简单的条件分支，有感知功能，可以选择和设定工具，有时还有并行功能，并且数据实时处理能力强。

二、对象级编程语言

所谓对象，就是作业及作业物体本身。对象级编程语言是比动作级编程语言高一级的编程语言，它不需要描述机器人手爪的运动，只要由编程人员用程序的形式给出作业本身顺序过程的描述和环境模型的描述，即描述操作物与操作物之间的关系。通过编译程序机器人即能知道如何动作。典型例子有 AML 及 AUTOPASS 等语言。对象级编程语言的特点：

1. 具有动作级编程语言的全部动作功能。

2. 有较强的感知能力，能处理复杂的传感器信息，可以利用传感器信息来修改、更新环境的描述和模型；也可以利用传感器信息进行控制、测试和监督。

3. 具有良好的开放性，语言系统提供了开发平台，用户可以根据需要增加指令，扩展语言功能。

4. 数字计算和数据处理能力强，可以处理浮点数，能与计算机进行即时通信。对象级编程语言用接近自然语言的方法描述对象的变化。对象级编程语言的运算功能、作业对象的位姿时序、作业量、作业对象承受的力和力矩等都可以以表达式的形式体现。系统中机器人尺寸作业对象及工具等参数一般以知识库和数据库的形式存在，系统编译程序时获取这些信息后对机器人动作过程进行仿真，再进行实现作业对象合适的位姿、获取传感器信息并处理、回避障碍以及与其他设备通信等工作。

三、任务级编程语言

任务级编程语言是比前两类更高级的一种语言，也是最理想的机器人高级语言。这类语言不需要用机器人的动作来描述作业任务，也不需要描述机器人对象物的中间状态过程，只需要按照某种规则描述机器人对象物的初始状态和最终目标状态，机器人语言系统即可利用已有的环境信息和知识库、数据库自动进行推理和计算，从而自动生成机器人详细的动作、顺序和数据。例如，一装配机器人欲完成某一螺钉的装配，螺钉的初始位置和装配后的目标位置已知，当发出抓取螺钉的命令时，语言系统从初始位置到目标位置之间寻找路径，在复杂的作业环境中找出一条不会与周围障碍物产生碰撞的合适路径，在初始位置处选择恰当的姿态抓取螺钉，沿此路径运动到目标位置。在此过程中，作业中间状态中，作业方案的设计、工序的选择、动作的前后安排等一系列问题都由计算机自动完成。任务级编程语言的结构十分复杂，需要人工智能的理论基础和大型知识库、数据库的支持，还不是十分完善，是一种理想状态下的语言，有待进一步地研究。但可以相信，随着人工智能技术及数据库技术的不断发展，任务级编程语言必将取代其他语言成为机器人语言的主流，使机器人的编程应用变得十分简单。

根据机器人控制方法的不同，所用的程序设计语言也有所不同，比较常用的程序设计语言是C语言。

第六节　机器人技术的发展趋势

从机器人研究的发展过程来看，机器人的发展潮流可分为人工智能机器人与自动装置机器人两种。前者着力于实现有知觉、有智能的机械；后者着力于实现目的，研究重点在于动作的速度和精度、各种作业的自动化。智能机器人系统由指令解释、环境认识、作业计划设计、作业方法决定、作业程序生成与实施、知识库等环节及外部各种传感器和接口等组成。智能机器人的研究与现实世界的关系很大，不仅与智能的信息处理有关，还与传感器收集现实世界的信息和据此机器人做出的动作有关。此时，信息的输入、处理、判断、规划必须互相协调，以使机器人选择合适的动作。

构成智能机器人的关键技术很多，在考虑智能机器人的智能水平时，可将作业环境分为三类，依次为：设定环境、已知环境和未知环境；此外，按机器人的学习能力也可分为三类，依次为：无学习能力、内部限定的学习能力及自学能力。将这些类别分别组合，就可得出 3×3 矩阵状的智能机器人分类，研究得最多的是在已知环境中工作的机器人。从长远的观点来看，在未知环境中学习，是智能机器人的一个重要研究课题。

考虑到机器人是根据人的指令进行工作的，则不难理解以下三点对机器人的操作是至关重要的：

1. 正确地理解人的指令，并将其自身的情况传达给人，并从人身上获得新的知识、指令和教益（人 - 机关系）；

2. 了解外界条件，特别是工作对象的条件，识别外部世界；

3. 理解自身的内部条件（如机器人的臂角），识别内部世界。

上述第三项是相当容易的，因为它是伺服系统的基础，在各种自动机床或第一代机器人中已经实现。对于具有感觉的第二代机器人（自适应机器人），有待解决的主要技术问题是对外界环境的感觉，根据得到的外界信息适当改变自身动作。对于像玻璃那样透明的物体及像餐刀那样带有镜面反射的物体，均是人工视觉很难解决的问题。此外，对基于模式的操纵来说，像纸、布一类薄而形状不定的物件也相当难以处理。总之，如何将几何模型忽略的一些物理特征（如材质、色泽、反光性等）予以充分利用，是提高智能机器人认识周围环境水平的一个重要研究内容。

第三代机器人也称智能机器人，从智能机器人所应具有的知识着眼，最主要的知识是构成周围环境物体的各种几何模型，从几何模型的不同性质（如形状、惯性矩）分类，定出其阈值。搜索时逐次逼近，以求得最为接近的模型。这种以模型为：基础的视觉和机器人学是今后智能机器人研究的一个重要内容。

换言之，在软件方面，究竟什么是机器人的智能，它的智力范围应有多大，尚无法定论；硬件方面，采用哪一类的传感器，采用何种结构形式或材料的手臂、手抓、躯干等的机器人才是智能机器人所应有的外表，至少现在尚无人涉及。但是，将上述第二项功能扩大到三维自然环境，并建立第一项中提到的联络（通信）功能，将是第三代机器人研究的一个重要课题。第一代机器人、第二代机器人与人的联系基本上是单向的，第三代机器人与人的关系如同人类社会中的上、下级关系，机器人是下级，它听从上级的指令，当它不理解指令的意义时，就向上级询问，直至完全明白为止（问答系统）。当数台机器人联合操作时，每台机器人之间的分工合作及彼此间的联系也是很重要的，由于机器人对自然环境知识贫乏。因此，最有效的方法是建立人-机系统，以完成不能由单独的人或单独的机器人所能胜任的工作。

第六章　机电一体化检测传感技术

随着科学技术的高速发展，各种信息技术和产品应用到我国的企业中，为企业更好地发展提供了有力的保障。传感器技术的研究和应用在信息采集系统中的重要性越来越大。传感器能够把要求测量的非电量转换为能够被测量的电信号的部件，它是信息采集系统的前端单元，相当于人的感觉器官。机电技术中传感器技术的应用在时代的发展中不断更新，逐渐应用到各个领域中，给人们的生产和生活带来便利。

第一节　传感器的组成及分类

传感器是能感受规定的被测量（物理量、化学量、生物量等），并按照一定的规律转换成可用输出信号（通常的电量）的器件或装置。输出信号有不同的形式，如电压、电流、脉冲、频率等，以满足信号的传输、处理、记录、显示和控制的要求。在自动检测与控制系统中，传感器处于系统之首，其作用相当于人的五官，直接感应外界信息。因此传感器能否正确感受信息并将其按规律转换为所需信号，对系统质量起决定性的作用。自动化程度越高，系统对传感器的依赖性越大。各个传感器除有上述基本要求外，因为使用环境恶劣，对传感器的可靠性有着更高的要求。

一、传感器的定义

传感器是一种能感受规定的被测量件并按照一定的规律转换成可用信号的器件或装置，通常由敏感元件和转换元件组成。

传感器是一种以一定的精确度把被测量转换为与之有确定对应关系的、便于应用的某种物理量的测量装置。其有以下几个方面的含义：

1. 传感器是测量装置，能完成检测任务。

2. 它的输入量是某一被测量，可能是物理量，也可能是化学量、生物量等。

3. 输出量是某种物理量，这种量要便于传输、转换、处理、显示等，这种量可以是气、光、电量，但主要是电量。

4. 输入输出有对应关系，且应有一定的精确度。

二、传感器的组成

如图 6-1 所示，传感器的作用一般是把被测的非电量转换成电量输出，因此它首先应包含一个元件去感受被测非电量的变化。但并非所有的非电量都能利用现有手段直接变换成电量，而是需要将被测非电量先变换成易于变换成电量的某一中间非电量。传感器中完成这一功能的元件称为敏感元件（或预变换器）。例如，应变式压力传感器的作用是将输入的压力信号变换成电压信号输出，它的敏感元件是一个弹性膜片，其作用是将压力转换成膜片的变形。

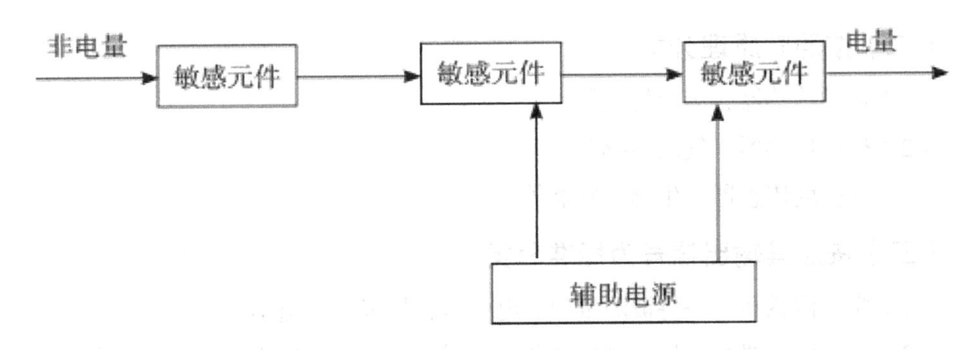

图 6–1　传感器的组成

传感器中将敏感元件输出的中间非电量转换成电量输出的元件称为转换元件（或转换器），它是利用某种物理的、化学的、生物的或其他的效应来达到这一目的的。例如，应变式压力传感器的转换元件是一个应变片，它利用电阻应变效应（金属导体或半导体的电阻随着它所受机械变形的大小而发生变化的现象），将弹性膜片的变形转换为电阻值的变化。

所以，敏感元件是能直接感受或响应被测量的部分；转换元件（transductionelement）是将敏感元件感受或响应的被测量转换成适于传输和测量的电信号部分。需要说明的是，有些被测非电量可以直接被变换为电量，这时传感器中的敏感元件和转换元件就合二为一了。例如，热电阻温度传感器利用铂电阻或铜电阻，可以直接将被测温度转换成电阻值的输出。

转换元件输出的电量常常难以直接进行显示、记录、处理和控制，这时需要将其进一步变换成可直接利用的电信号，而传感器中完成这一功能的部分称为测量电路。测量电路也称为信号调节与转换电路，它是把传感元件输出的电信号转换为便于显示、记录、处理和控制的有用电信号的电路。例如，应变式压力传感器中的测量电路是一个电桥电路，它可以将应变片输出的电阻值转换为一个电压信号，经过放大后即可推动记录、显示仪表的工作。测量电路的选择视转换元件的类型而定，经常采用的有电桥电路、脉宽调制电路、振荡电路、高阻抗输入电路等。

三、传感器的分类

（一）按照其用途分类

（1）压力敏和力敏传感器位置传感器。

（2）液面传感器、能耗传感器。

（3）速度传感器、加速度传感器。

（4）射线辐射传感器、热敏传感器。

（5）24GHz 雷达传感器。

（二）按照其原理分类

（1）振动传感器、湿敏传感器。

（2）磁敏传感器、气敏传感器。

（3）真空度传感器、生物传感器等。

（三）按照其输出信号为标准分类

（1）模拟传感器——将被测量的非电学量转换成模拟电信号。

（2）数字传感器——将被测量的非电学量转换成数字输出信号（包括直接和间接转换）。

（3）膺数字传感器——将被测量的信号量转换成频率信号或短周期信号的输出(包括直接或间接转换）。

（4）开关传感器——当一个被测量的信号达到某个特定的阈值时，传感器相应地输出一个设定的低电平或高电平信号。

（四）按照其材料为标准分类

在外界因素的作用下，所有材料都会做出相应的、具有特征性的反应。它们中的那些对外界作用最敏感的材料，即那些具有功能特性的材料，被用来制作传感器的敏感元件。从所应用的材料观点出发可将传感器分成下列几类：第一，按照其所用材料的类别分金属聚合物、陶瓷混合物；第二，按材料的物理性质分导体绝缘体、半导体磁性材料；第三，按材料的晶体结构分单晶、多晶、非晶材料。与采用新材料紧密相关的传感器开发工作，可以归纳为下述三个方向：第一，在已知的材料中探索新的现象、效应和反应，然后使它们能在传感器技术中得到实际使用；第二，探索新的材料，应用那些已知的现象、效应和反应来改进传感器技术；第三，在研究新型材料的基础上探索新现象、新效应和反应，并在传感器技术中加以具体实施。

现代传感器制造业的进展取决于用于传感器技术的新材料和敏感元件的开发强度。传感器开发的基本趋势是和半导体及介质材料的应用密切关联的。

（五）按照其制造工艺分类

（1）集成传感器

集成传感器是用标准的生产硅基半导体集成电路的工艺技术制造的。通常还将用于初步处理被测信号的部分电路也集成在同一芯片上。

（2）薄膜传感器

薄膜传感器则是通过沉积在介质衬底（基板）上的，相应敏感材料的薄膜形成的。使用混合工艺时，同样可将部分电路制造在此基板上。

（3）厚膜传感器

厚膜传感器是利用相应材料的浆料，涂覆在陶瓷基片上制成的，基片通常是 Al_2O_3 制成的，然后进行热处理，使厚膜成形。

陶瓷传感器采用标准的陶瓷工艺或其某种变种工艺（溶胶、凝胶等）生产。

完成适当的预备性操作之后，已成形的元件在高温中进行烧结。厚膜和陶瓷传感器两种工艺之间有许多共同特性，在某些方面，可以认为厚膜工艺是陶瓷工艺的一种变形。每种工艺技术都有自己的优点和不足。由于研究、开发和生产所需的资本投入较低，以及传感器参数的高稳定性等原因，采用陶瓷和厚膜传感器比较合理。

（六）根据测量目的不同分类

（1）物理型传感器是利用被测量物质的某些物理性质发生明显变化的特性制成的。

（2）化学型传感器是利用能把化学物质的成分、浓度等化学量转化成电学量的敏感元件制成的。

（3）生物型传感器是利用各种生物或生物物质的特性做成的，用以检测与识别生物体内化学成分的传感器。

传感器分类如表 6-1 所示。

表 6-1　传感器分类

传感器分类		转换原理	传感器名称	典型应用
转换形式	中间参量			
电参数	电阻	移动电位器角点改变电阻	电位器传感器	位移
		改变电阻丝或片的尺寸	电阻丝应变传感器、半导体应变传感器	微应变、力、负荷
		利用电阻的温度效应（电阻的温度系数）	热丝传感器	气流速度、液体流量
			电阻温度传感器	温度、辐射热
			热敏电阻传感器	温度
		利用电阻的光敏效应	光敏电阻传感器	光强
		利用电阻的湿度效应	湿敏电阻	湿度
	电容	改变电容的几何尺寸	电容传感器	力、压力、负荷、位移
		改变电容的介电常数		液位、厚度、含水量
	电感	改变磁路几何尺寸、导磁体位置	电感传感器	位移
		涡流去磁效应	涡流传感器	位移、厚度、含水量
		利用压磁效应	压磁传感器	力、压力
		改变互感	差动变压器	位移
			自速角机	位移
			旋转变压器	位移
	频率	改变谐振回路中的固有参数	振弦式传感器	压力、力
			振筒式传感器	气压
			石英谐振传感器	力、温度等
	计数	利用莫尔条纹	光栅	大角位移、大直线位移
		改变互感	感应同步器	
		利用拾磁信号	磁栅	
	数字	利用数字编码	角度编码器	大角位移
电能量	电势	温差电动势	热电偶	温度热流
		霍尔效应	霍乐传感器	磁通、电流
		电磁感应	磁电传感器	速度、加速度
		光电效应	光电池	光强
	电荷	辐射电离	电离室	离子计数、放射性强度
		压电效应	压电传感器	动态力、加速度

第二节 传感器特性与性能指标

一、传感器的静态特性及性能指标

传感器的静态及动态的特性可以反映它的工作特性，而静态特性是表示传感器在输入量的每个数值都处在稳定的状态的时候输入及输出之间的关系，能够很好地反映传感器的各项功能指标，其中包括传感器的滞后性、重复性、线性度及静态误差几个方面。

（一）传感器静态特性的性能指标

在检测控制系统的实验当中，需要各种参数来进行控制，如果要想有很好的控制性能，传感器就要能够感测被测量的变化，而且还要准确地把这些数值表示出来，传感器的基本特性分为动态特性和静态特性，本书主要介绍的是传感器的静态特性的性能指标。静态特性的性能指标主要包括灵敏度、重复性、迟滞、线性度、漂移、精度、分辨力和稳定性等。

灵敏度是一个很重要的指标，它的值就是输出量的增量与相应输入量的增量的比值，所表示的是单位输入量的变化所引起传感器输出量的变化，也就是灵敏度的数值越大，传感器就越加灵敏。重复性是传感器在输入量按照同一个方向做全量程的多次变化的时候所得到的特性曲线不一致的程度。迟滞是传感器在输入量从小到大及输入量从大到小变化期间输入输出特性曲线不重合的现象。也就是输入信号大小相同，传感器的正反行程的输出信号大小不同，迟滞差值就是这个差值。线性度是传感器输出量与输入量之间的实际关系曲线偏离拟合直线的程度。传感器的漂移是输入量不变，输出量随时间变化的现象。产生这种现象的原因有两个，一是传感器自身结构的参数，二是周围的温度及湿度等环境的影响。最常见的漂移就是温度的漂移，周围环境的温度变化引起了输出量的变化。传感器的精度是测量结果的可靠程度，能够综合反映测量当中各种误差，误差小，则表示精度高。它的数值等于量程范围内的最大基本误差与满量程输出的比值，基本误差是传感器在正常工作下的测量误差。分辨力是传感器能够检测到输入量最小变化量的能力。比如电位器式传感器在输入量连续变化的时候，输出量只做阶梯变化，那么分辨力就是每个阶梯所代表的输入量的大小。对数字式的仪表来说，分辨力就是最后一位数字所代表的数值。稳定性是传感器在一个比较长的时间内保持特性的能力。传感器的特性参数不可能不随时间变化，多数传感器的敏感元件会随着时间发生变化，影响传感器的稳定性。稳定性是在室温条件下经过一段时间后，传感器的输出与起始标定时候的输出之间的差异来表示，这是稳定性误差。

（二）传感器静态特性的计算

对一个传感器特性的循环实验来说，在测试当中为了保证数据的可靠性，需要取5个校准点，至少应该重复实验3个循环，记录25个测量值。通过这些数值来计算传感器的迟滞性、重复性、敏感度及静态误差。

对基于计算机的虚拟仪器的硬件来说，如果想测量传感器的特性指标，就必须在校准点给传感器输入校准的信号，然后测量输出信号，一般传感器的标准输出信号是4 ~ 20mA或者是1 ~ 5V，电流信号经过采样电阻可以转变为电压信号。目前是采用计算机加上A/D扩展板卡来测量并且记录传感器的输出信号，提高测量的准确度及速度，而且计算机的运算能力很强，有很高的性价比。

目前，PC机都具有3个以上PCI扩展插槽，而且基于PCI总线的工业级模拟信号采集板卡种类繁多，大多可采集 –10 ~ +10V范围内信号，而且采样精度从12位到16位、采样速度从每秒几万次到上百万次不等，作为工业产品其工作的稳定性和可靠性已成共识，现已在工业监控领域中得到了广泛应用。针对传感器测试精度高的特点，一般要求测试仪器精度应达到 5×10^{-4}。虚拟仪器采用普通PC计算机，扩展了台湾研华基于PCI总线的PCI-816模拟量采集板卡，板卡主要功能有16路模拟信号差分输入、分辨率为16位、最大采样速度为100kHz/s、信号采样范围宽且可软件编程设定、支持软硬件触发、可编程选择中断等级和DMA传送通道，另外，还具有16路数字量输入、输出。

虚拟仪器的软件可以决定仪器的操作是否方便、是否可以打印输出各种分析报表等。虚拟仪器软件运行后，可通过下拉式菜单或工具栏按钮来完成数据采集或输入、修改、计算、显示画面切换和结果打印输出等操作。为方便输入、修改各种数据，其中传感器名称、型号和循环试验次数可直接输入，而传感器各校准点设定值和试验中所测量数值则可按设定在新增和修改间变换输入。这样可在一个对话窗口内完成整个数据的采集、修改，大大提高了对数据的操作效率。

二、传感器的动态特性及性能指标

动态特性是指检测系统的输入为随时间变化的信号时，系统的输出与输入之间的关系。主要动态特性的性能指标有时域单位阶跃响应性能指标和频域频率特性性能指标。

传感器的输入信号是随时间变化的动态信号，这时就要求传感器能时刻精确地跟踪输入信号，按照输入信号的变化规律输出信号。当传感器输入信号的变化缓慢时，是容易跟踪的，但随着输入信号的变化加快，传感器随动跟踪性能会逐渐下降。输入信号变化时，引起输出信号也随时间变化，这个过程称为响应。动态特性就是指传感器对随时间变化的输入信号的响应特性，通常要求传感器不仅能精确地显示被测量的大小，而且还能复现被测量随时间变化的规律，这也是传感器的重要特性之一。

传感器的动态特性与其输入信号的变化形式密切相关,在研究传感器动态特性时，通常是根据不同输入信号的变化规律来考察传感器响应的。实际上传感器输入信号随时间变化的形式可能是多种多样的,最常见、最典型的输入信号是阶跃信号和正弦信号。这两种信号在物理上较容易实现，而且也便于求解。

对于阶跃输入信号，传感器的响应称为阶跃响应或瞬态响应，它是指传感器在瞬变的非周期信号作用下的响应特性。这对传感器来说是一种最严峻的状态，如传感器能复现这种信号，那么就能很容易地复现其他种类的输入信号，其动态性能指标也必定会令人满意。而对于正弦输入信号，则称为频率响应或稳态响应。它是指传感器在振幅稳定不变的正弦信号作用下的响应特性。稳态响应的重要性，在于工程上所遇到的各种非电信号的变化曲线都可以展开成傅里叶（Fourier）级数或进行傅里叶变换，即可以用一系列正弦曲线的叠加来表示原曲线。因此，当已知道传感器对正弦信号的响应特性后，也就可以判断它对各种复杂变化曲线的响应了。

为便于分析传感器的动态特性，必须建立动态数学模型。建立动态数学模型的方法有多种，如微分方程、传递函数、频率响应函数、差分方程、状态方程、脉冲响应函数等。建立微分方程是对传感器动态特性进行数学描述的基本方法。在忽略了一些影响不大的非线性和随机变化的复杂因素后，可将传感器作为线性定常系统来考虑，因而其动态数学模型可用线性常系数微分方程来表示。能用一、二阶线性微分方程来描述的传感器分别称为一、二阶传感器，虽然传感器的种类和形式很多，但它们一般可以简化为一阶或二阶环节的传感器（高阶可以分解成若干个低阶环节），因此一阶和二阶传感器是最基本的。

第三节　常用传感器及其应用

一、温度传感器及其应用

温度传感器，利用物质各种物理性质随温度变化的规律把温度转换为可用输出信号。温度传感器是温度测量仪表的核心部分，品种繁多。按测量方式可分为接触式和非接触式两大类。现代的温度传感器外形非常小，广泛应用在生产实践的各个领域中，为我们的生活提供了无数的便利和功能。

（一）温度的相关知识

温度是用来表征物体冷热程度的物理量。温度的高低要用数字来量化，温标就是温度的数值表示方法。常用温标有摄氏温标和热力学温标。摄氏温标是把标准大气压下，沸水的温度定为100℃，冰水混合物的温度定为0℃，在100℃和0℃之间有100等份，每一等份为1℃。热力学温标是威廉·汤姆森提出的，以热力学第二定律为基础，建立温度仪与热量有关而与物质无关的热力学温标。由于是开尔文总结出来的，所以又称为“开尔文温标”。

（二）温度传感器的分类

根据测量方式不同，温度传感器分为接触式和非接触式两大类。接触式温度传感器是指传感器直接与被测物体接触，从而进行温度测量，这也是温度测量的基本形式。其中接触式温度传感器又分为热电偶温度传感器、热电阻温度传感器、半导体热敏电阻温度传感器等。非接触式温度传感器是测量物体热辐射发出的红外线，从而测量物体的温度，可以进行遥测。

（三）温度传感器的工作原理

（1）热电偶温度传感器

热电偶温度传感器结构简单，仅由两根不同材料的导体或半导体焊接而成，是应用最广泛的温度传感器。热电偶温度传感器是根据热电效应原理制成的：把两种不同的金属A、B组成闭合回路，两接点温度分别为t1和t2，则在回路中产生一个电动势。热电偶也是由两种不同材料的导体或半导体A、B焊接而成，焊接的一端称为工作端或热端。与导线连接的一端称为自由端或冷端，导体A、B称为热电极，总称热电偶。测量时，工作端与被测物相接触，测量仪表为电位差计，用来测出热电偶的热电动势，连接导线为补偿导线及铜导线。从测量仪表上，我们观测到的便是热电动势，而要想知道物体的温度，还需要查看热电偶的分度表。为了保证温度测量结果足够精确，在热电极材料的选择方面也有严格的要求：物理、化学稳定性要高；电阻温度系数小；导电率高；热电动势要大；热电动势与温度要有线性或简单的函数关系；复现性好；便于加工等。根据我们常用的热电极材料，热电偶温度传感器可分为标准化热电偶和非标准化热电偶。铂热电偶是常用的标准化热电偶，熔点高，可用于测量高温，误差小，但价格昂贵，一般适用于较为精密的温度测量。铁 - 康铜热电偶为常用的非标准化热电偶，测温上限为 600℃，易生锈，但温度与热电动势线性关系好，灵敏度高。

（2）电阻式温度传感器

热电偶温度传感器虽然结构简单，测量准确，但仅适用于测量 500℃以上的高温。而要测量 –200℃到 500℃的中低温物体，就要用到电阻式温度传感器。电阻式温度传感器是利用导体或者半导体的电阻值随温度变化而变化的特性来测量温度的。大多数金属在温度升高 1℃时，电阻值要增加 0.4% ~ 0.6%。电阻式温度传感器就是要将温度的变化转化为电阻值的变化，再通过测量电桥转换成电压信号送至显示仪表。

（3）半导体热敏电阻

半导体热敏电阻的特点是灵敏度高、体积小、反应快，它是利用半导体的电阻值随温度显著变化的特性制成的。可分为三种类型：第一，NTC 热敏电阻，主要是 Mn、Co、Ni、Fe 等金属的氧化物烧结而成，具有负温度系数；第二，CTR 热敏电阻，用 V、Ge、W、P 等元素的氧化物在弱还原气氛中形成烧结体，它也是具有负温度系数的；第三，PTC 热敏电阻，以钛酸钡掺和稀土元素烧结而成的半导体陶瓷元件，具有正温度系数。也正是因为 PTC 热敏电阻具有正温度系数，也常制作成温度控制开关。

（4）非接触式温度传感器

非接触式温度传感器的测温元件与被测物体互不接触。目前最常用的是辐射热交换原理。这种测温方法的主要特点是可测量运动状态的小目标及热容量小或变化迅速的对象，也可用来测量温度场的温度分布，但受环境温度影响比较大。

（四）温度传感器的应用举例

（1）温度传感器在汽车上的应用

温度传感器的作用是测量发动机的进气、冷却水、燃油等的温度，并把测量结果转换为电信号输送给 ECU。对于所有的汽油机电控系统，进气温度和冷却水温度是 ECU 进行控制所必需的两个温度参数，而其他的温度参数则随电控系统的类型及控制需要而不尽相同。进气温度传感器通常安装在空气流量计或从空气滤清器到节气门体之间的进气道或空气流量计中，水温传感器则布置在发动机冷却水路、汽缸盖或机体上的适当位置。可以用来测量温度的传感器有绕线电阻式、扩散电阻式、半导体晶体管式、金属芯式、热电偶耦式和半导体热敏电阻式等多种类型，目前用在进气温度和冷却水温度测量中应用最广泛的是热敏电阻式温度传感器。

（2）利用温度传感器调节卫生间的温度

温度传感器还能调节卫生间内的温度，尤其是在洗澡的时候，能自动调节卫生间内的温度是很有必要的。通过温湿度传感器和气体传感器就能很好地控制卫生间的环境，从而使我们拥有一个舒适的生活。现在大部分旅馆和一些公共场所都实现了自动调节，而普通家庭的卫生间都还是人工操作，尚未实现自动调节。这主要是大多数人不知道能够利用传感器实现自动化，随着未来人们的进一步了解，普通家庭的卫生间也能实现自动调节。

二、光电传感器及其应用

光电传感器是采用光电元件作为检测元件的传感器，它首先把被测量的变化转换成光信号的变化，然后借助光电元件进一步将光信号转换成电信号。光电传感器一般由光源、光学通路和光电元件三部分组成。光电检测方法具有精度高、反应快、非接触等优点，而且可测参数多、传感器的结构简单、形式灵活多样。因此，光电式传感器在检测和控制中应用非常广泛。

（一）光电传感器的原理

光电传感器是通过把光强度的变化转换成电信号的变化来实现控制的。光电传感器在一般情况下由三部分构成：发送器、接收器和检测电路。

发送器对准目标发射光束，发射的光束一般来源于半导体光源、发光二极管（LED）、激光二极管及红外发射二极管。光束不间断地发射，或者改变脉冲宽度。接收器由光电二极管、光电三极管、光电池组成。在接收器的前面，装有光学元件如透镜和光圈等。在其后面是检测电路，它能滤出有效信号和应用该信号。此外，光电开关的结构元件中还有发射板和光导纤维。三角反射板是结构牢固的发射装置。它由很小的三角锥体反射材料组成，能够使光束准确地从反射板中返回，具有实用意义。

槽型光电传感器把一个光发射器和一个接收器面对面地装在一个槽的两侧的是槽型光电。发光器能发出红外光或可见光，在无阻情况下光接收器能收到光。但当被检测物体从槽中通过时，光被遮挡，光电开关便动作。输出一个开关控制信号，切断或接通负载电流，从而完成一次控制动作。槽形开关的检测距离因为受整体结构的限制一般只有几厘米。

对射型光电传感器若把发光器和收光器分离开，就可使检测距离加大。由一个发光器和一个收光器组成的光电开关就称为对射分离式光电开关，简称对射式光电开关。

它的检测距离可达几米乃至几十米。

反光板型光电开关把发光器和收光器装入同一个装置内，在它的前方装一块反光板，利用反射原理完成光电控制作用的称为反光板反射式（或反射镜反射式）光电开关。正常情况下，发光器发出的光被反光板反射回来被收光器收到；一旦光路被检测物挡住，收光器收不到光时，光电开关就动作，输出一个开关控制信号，它的检测头里也装有一个发光器和一个收光器，但前方没有反光板。正常情况下发光器发出的光收光器是找不到的。

（二）光电传感器的应用

（1）透射式光电传感器在烟尘浊度检测上的应用

防止工业烟尘污染是环保的重要任务之一。为了消除工业烟尘污染，首先要知道烟尘排放量，因此必须对烟尘源进行监测、自动显示和超标报警。

为了检测烟尘中对人体危害性最大的亚微米颗粒的浊度和避免水蒸气与二氧化碳对光源衰减的影响，选取可见光做光源。光检测器光谱响应范围为 400 ~ 600nm 的光电管，获取随浊度变化的相应电信号。为了提高检测灵敏度，采用具有高增闪、高输入阻抗、低零漂、高共模抑制比的运算放大器，对信号进行放大。刻度校正被用来进行调零与调满刻度，以保证测试准确性。显示器可显示浊度瞬时值。报警电路由多谐振荡器组成，当运算放大器输出浊度信号超过规定时，多谐振荡器工作，输出信号经放大后推动喇叭发出报警信号。

（2）漫射聚焦型传感器

漫射 - 聚焦型传感器是效率较高的一种漫射型光电传感器。发光器透镜聚焦在传感器前面固定的一点上，接收器透镜也是聚焦在同一点上。敏感的范围是固定的，取决于聚焦点的位置。这种传感器能够检测在焦点上的物体，允许物体前后偏离焦点一定距离，这个距离称作“敏感窗口”。当物体在敏感窗口以外，在焦点之前或者之后时便检测不到。敏感窗口取决于目标的反射性能和灵敏度的调节状况。因为反射出来的光能是聚焦在一个点上面，增益增大了很多，于是传感器很容易就检测到窄小的物体或者反射性能差的物体。

具有背景光抑制功能的漫射型光电传感器只能检测一定距离的目标物体，在这个距离以外的物体它检测不到。在各种漫射型光电传感器中，这种类型的传感器敏感目标物体颜色的灵敏度是最低的。这种传感器的一个主要优点是，它不会检测背景物体。而普通的漫射型光电传感器往往会把背景物体误认为是目标物体。

对于具有机械式背景光抑制功能的漫射型光电传感器，它里面有两个接收元件：一个接收来自目标物体的光，另一个接收背景光。目标接收器 E1 上的反射光的强度超过背景光接收器 E2 上的反射光时，便把目标检测出来，产生输出信号。当背景光接收器上的反射光的强度超过目标接收器上的反射光时，不检测目标，输出状态不发生变化。在距离可变的传感器中，焦点可以用机械的方法进行调节。

对于具有电子式背景光抑制功能的漫射型传感器，在传感器中使用一只位置敏感元件（PSD）而不是使用机械元件。发光器发出一束光线，光束反射回来，从目标物体反射回来的光线和从背景物体反射回来的光线到达位置敏感元件的两个不同位置。

（三）光电传感器的发展前景

光电式传感器可非接触地探测物体，广泛用于自动化领域，如管理系统、机械制造、包装工业等。当然，光电式传感器也有它的缺点，它是以光为媒介进行无接触检测，光是一种频率很高的电磁波，光干扰也算一种电磁干扰，它是导致传感器误动作的主要因素之一。环境光、背景光和周围其他光电式传感器所发出的光都是光干扰源。故设计时，采用偏振光及高频调制的脉冲光，采用同步检波方式，有利于抑制光干扰。

在各行业、各领域中，光电传感器都得到了广泛的应用，尤其是在电力、工业、军事、农业及生活领域，光电传感器的应用不达标有利于电力电子设备的升级与改造，而且客观促进了社会生产力水平的提高。随着现代科学技术的不断发展，光电传感器的应用展现了更为广阔的发展空间，我们应注重对国内外相关技术研究成果的积累和借鉴，并且加强与现代计算机技术、网络技术、电力电子技术的有机结合，从而不断拓展光电传感器的应用范围，更好地服务于现代社会的发展。

上文对光电传感器的检测技术和部分光电传感器的应用做了分析说明，在现代发展中，光电技术有很多种，同时工作方式也有很多种。基于多方面考虑，应该仔细地选择性能比较稳定、价格合适的技术和类型，实施好设计方案。

三、压敏电阻及其应用

压敏电阻器（VDR），简称压敏电阻，是一种电压敏感元件，其特点是在该元件上的外加电压增加到某一临界值（压敏电压值）时，其阻值将急剧减小。压敏电阻器的电阻体材料是半导体，所以它是半导体电阻器的一个品种。现在大量使用的“氧化锌”（ZnO）压敏电阻器，它的主体材料由二价元素（Zn）和六价元素氧（O）构成。所以从材料的角度来看，氧化锌压敏电阻器是一种“Ⅱ-Ⅵ族氧化物半导体”。

文字符号：“RV”或“R”。

结构：根据半导体材料的非线性特性制成。

（一）压敏电阻的特性及关键参数

（1）压敏电阻的特性

压敏电阻器的电压与电流不遵守欧姆定律，而成特殊的非线性关系。当两端所加电压低于标称额定电压值时，压敏电阻器的电阻值接近无穷大，内部几乎无电流流过；当两端所加电压略高于标称额定电压值时，压敏电阻器将迅速击穿导通，并由高阻状态变为低阻状态，工作电流也急剧增大；当两端所加电压低于标称额定电压值时，压敏电阻器又恢复为高阻状态；当两端所加电压超过最大限制电压值时，压敏电阻器将完全击穿损坏，无法自行恢复。

（2）压敏电阻的关键参数

① 压敏电压

压敏电压即击穿电压或阈值电压。一般认为在温度为 20℃时，在压敏电阻上有 1mA 电流流过的时候，相应加在该压敏电阻器两端的电压值。压敏电压是压敏电阻 I—U 曲线拐点上的非线性起始电压，是决定压敏电阻额定电压的非线性电压。为了保证电路在正常的工作范围内，压敏电阻正常工作，压敏电压值必须大于被保护电路的最大额定工作电压。

② 最大限制电压

最大限制电压是指压敏电阻器两端所能承受的最高电压值。通俗的解释是：当浪涌电压超过压敏电压时，在压敏电阻两端测得的最高峰值电压，也叫最大钳位电压。为了保证被保护电路不受损害，在选择压敏电阻时，压敏电阻的最大限制电压一定要小于电路额定最大工作电压（采用多级防护时，可另行考虑）。

③ 通流容量

通流容量也称通流量，是指在规定的条件（以规定的时间间隔和次数，施加标准的冲击电流）下，允许通过压敏电阻器上的最大脉冲（峰值）电流值。

通常产品给出的通流量是按产品标准给定的波形、冲击次数和间隙时间进行脉冲试验时产品所能承受的最大电流值。而产品所能承受的冲击数是波形、幅值和间隙时间的函数，当电流波形幅值降低 50%时冲击次数可增加一倍，所以在实际应用中，压敏电阻所吸收的浪涌电流应大于产品的最大通流量。

压敏电阻所吸收的浪涌电流幅值应小于手册中给出的产品最大通流量。然而从保护效果出发，要求所选用的通流量大一些好。在许多情况下，实际发生的通流量是很难精确计算的，则选用 2 ~ 20kA 的产品。如手头产品的通流量不能满足使用要求时，可将几只单个的压敏电阻并联使用，并联后的压敏电压不变，其通流量为各单只压敏电阻数值之和。要求并联的压敏电阻伏安特性尽量相同，否则易引起分流不均匀而损坏压敏电阻。

④ 电压比

电压比是指压敏电阻器的电流为 1mA 时产生的电压值与压敏电阻器的电流为 0.1mA 时产生的电压值之比。

⑤ 漏电流

漏电流也称等待电流，是指压敏电阻器在规定的温度和最大直流电压下，流过压敏电阻器的电流。漏电流越小越好。对于漏电流特别应强调的是必须稳定，不允许在工作中自动升高，一旦发现漏电流自动升高，就应立即淘汰，因为漏电流的不稳定是加速防雷器老化和防雷器爆炸的直接原因。因此在选择漏电流这一参数时，不能一味地追求越小越好，只要是在电网允许值范围内，选择漏电流值相对稍大一些的防雷器，反而较稳定。

（3）压敏电阻在电路设计中的典型应用

压敏电阻被广泛应用于电压保护、防雷、抑制浪涌电流、吸收尖峰脉冲、限幅、高压灭弧、消噪、保护半导体元器件等。以下是压敏电阻电路应用中的几个典型实例：

① 电路输入过压保护

大气过电压是由于雷击引起，大多数属于感应性过电压，雷击对输电线路放电产生的过电压，这种过电压的电压值很高，可达 100 ~ 10000V，造成的危害极大。因此必须对电气设备采取措施，防止大气过电压。可以采用压敏电阻器。一般与设备并联。如果电气设备要求残压很低时，可以采用多级防护。

② 防止操作过电压防护电路

操作过电压是电路工作状态突然变化时，电磁能量急剧转化、快速释放时产生的一种过电压，防止这种过电压可以用压敏电阻器保护各种电源设备、电机等。

③ 半导体器件的过压保护

为了防止半导体器件工作时由于某些原因产生过电压时被烧毁，常用压敏电阻加以保护，电路中，在晶体管发射极和集电极之间，或者在变压器的一次连接压敏电阻，能有效地保护过电压对晶体管的损伤。在正常状态下，压敏电阻呈高阻态，当承受过电压时，压敏电阻迅速变成低阻状态，过电压能量以放电电流的形式被压敏电阻吸收，浪涌电压消失以后，当电路或元件承受正常电压时，压敏电阻又恢复到高阻状态。对二极管和晶闸管来说，一般将压敏电阻和这些半导体元件并联或者与电源并联，而且应满足两个要求：一是重复动作的方向电压要大于压敏电阻的残压；二是非重复动作的反向电压也要大于压敏电阻的残压。

④ 接触器、继电器防护器

当切断含有接触器、继电器等感性负载的电路时，其过电压可以超过电源电压的数倍，过电压造成接点间电弧和火花放电，烧损触头，缩短设备寿命。由于压敏电阻在高电位的分流作用，从而保护了触点。压敏电阻和线圈并联时，触点间的过电压等于电源电压与压敏电阻残压之和，压敏电阻吸收的能量为线圈存储的能量，压敏电阻与触点串联时，触点的过电压等于压敏电阻的残压，压敏电阻吸收的能量为线圈存储能量的 1.2 倍。

（4）压敏电阻应用注意事项

① 压敏电阻的响应时间为 ns 级，比空气放电管快，比 TVS 管稍慢一些，一般情况下用于电子电路的过电压保护其响应速度可以满足要求。

② 压敏电阻的结电容一般在几百到几千 pF 的数量级范围内，很多情况下不宜直接应用在高频信号线路的保护中，应用在交流电路的保护中时，因为其结电容较大会增加漏电流，在设计防护电路时需要充分考虑。压敏电阻的通流容量比 TVS 管大，但比气体放电管小。

③ 压敏电压的参数选择。一般来说，压敏电阻器常常与被保护器件或装置并联使用，在正常情况下，压敏电阻器两端的直流或交流电压应低于标称电压，即使在电源波动情况最坏时，也不应高于额定值中选择的最大连续工作电压，该最大连续工作电压值所对应的标称电压值即为选用值。对于过压保护方面的应用，压敏电压值应大于实际电路的电压值，一般应使用下式进行选择：

$$UmA=a\times u/b\times c$$

式中，a 为电路电压波动系数，一般取 1.23；u 为电路直流工作电压（交流时为有效值）；b 为压敏电压误差，一般取 0.85（实际取值参照产品数据手册）；c 为元件的老化系数，一般取 0.9。

这样计算得到的 UmA 实际数值是最大直流工作电压的 1.5 ~ 2 倍，在正弦交流状态下还要考虑峰值，因此计算结果应扩大 1.414 倍。信号线 1.2 ~ 1.5 倍。

④ 必须保证在电压波动最大时，连续工作电压也不会超过最大允许值，否则将缩短压敏电阻的使用寿命。

⑤ 在电源线与大地间使用压敏电阻时，有时由于接地不良而使线与地之间电压上升，所以通常采用在线与线间大地使用场合采用更高标称电压的压敏电阻器。

⑥ 最大限制电压。选用的压敏电阻的残压最大允许电压一定要小于被保护物电路的最大承受电压耐压水平 Vo，否则便达不到可靠的保护目的，通常冲击电流 Ip 值较大。

压敏电阻是有效的过电压防护器件，随着压敏电阻的迅速发展而被广泛应用。本书通过介绍压敏电阻的特性及关键参数、典型应用和电路设计中的注意事项，使压敏电阻在电路设计应用中发挥最佳性能，有效解决电路瞬变干扰引起的过压问题，大大提高了电子设备的安全性和可靠性。

四、气敏传感器及其应用

近年来，气敏传感器在医疗、空气净化、家用燃气、工业生产等领域得到了普遍应用，气敏传感器主要包括半导体气敏传感器、接触燃烧式气敏传感和电化学气敏传感器等，其中用得最多的是半导体气敏传感器。气敏传感器最主要的作用是保障生产生活的安全，防止各种突发事件，可以检测酒精气体、瓦斯气体、一氧化碳、烷类气体、氧气等。

（一）气敏传感器

气敏传感器俗称“电子鼻”，是一种检测特定气体的传感器，它将气体种类及其与浓度有关的信息转换成电信号，获得待测气体在环境中的存在情况，从而可以进行检测、监控、报警。例如，在空气中出现酒精气体，酒精气体吸附在半导体表面，导致传感器电学特性发生变化，如电阻值发生变化。因此，利用半导体材料与气体相接触时，材料电阻发生变化的效应来检测气体的成分或浓度。

（二）气敏传感器的内部结构

由于气体种类繁多，性质各不相同，因此，能实现气 - 电转换的传感器种类很多，但它们结构大致相同，由金属引脚、塑料底座、烧结体即气敏元件、不锈钢防爆网、加热电极、工作电极构成。

（三）基本测试电路和检测电路模型

气敏传感器的测试电路包括两部分，即气敏元件的加热回路和测试回路。加热回路工作电压不高，3 ~ 10V 之间，但必须稳定。否则，将导致加热丝的温度变化幅度过大，使气敏元件的工作点漂移，影响检测准确性。测试回路是应用电路的主体部分。当电路上电、加热丝加热后，随着环境中气体浓度的增加，气敏元件的阻值下降，导致输出端电压的变化，利用此电压可以检测出气体的浓度。

典型的检测电路模型包括信号获取电路、信号驱动电路、报警电路，报警电路可以产生脉冲信号，去驱动蜂鸣器或者喇叭，产生声音报警，也可以驱动放光二极管，产生光报警，提示空气中出现被检测气体。

（四）气敏传感器的应用

气敏传感器应用十分广泛，在交通中的典型应用是酒精检测，典型产品是防酒后驾车控制器，也用于交通路口的酒驾检测。在车内也可在点火按钮和变速杆处设置酒精传感器，该装置可以在驾驶员启动汽车时，测试驾驶员手掌分泌的汗液是否含有酒精；在司机和乘客的座位上也安装了酒精传感器，用来监测汽车座舱内空气中的酒精含量。

五、霍尔传感器及其应用

（一）霍尔效应、霍尔元件、霍尔传感器

（1）霍尔效应

如图 6-2 所示，在半导体薄片两端通以控制电流 I，并在薄片的垂直方向施加磁感

应强度为 B 的匀强磁场，则在垂直于电流和磁场的方向上，将产生电势差为 UH 的霍尔电压，它们之间的关系为：UH=k·（IB/d）。图中 d 为薄片的厚度，k 称为霍尔系数，它的大小与薄片的材料有关。上述效应称为霍尔效应，是德国物理学家霍尔于 1879 年研究载流导体在磁场中受力的性质时发现的。

（2）霍尔元件

根据霍尔效应，人们用半导体材料制成霍尔元件。它具有对磁场敏感、结构简单、体积小、频率响应宽、输出电压变化大和使用寿命长等优点，因此，在测量、自动化、计算机和信息技术等领域得到广泛的应用。

（3）霍尔传感器

由于霍尔元件产生的电势差很小，故通常将霍尔元件与放大器电路、温度补偿电路及稳压电源电路等集成在一个芯片上，称为霍尔传感器。霍尔传感器也称为霍尔集成电路，其外形较小，图 6-3 所示是其中一种型号的外形图。

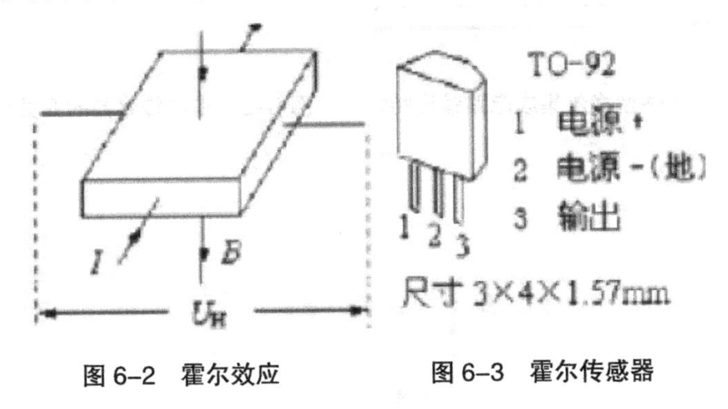

图 6–2　霍尔效应　　　　图 6–3　霍尔传感器

（二）霍尔传感器的分类

霍尔传感器分为线性型霍尔传感器和开关型霍尔传感器两种。

（1）线性型霍尔传感器由霍尔元件、线性放大器和射极跟随器组成，它输出模拟量。

（2）开关型霍尔传感器由稳压器、霍尔元件、差分放大、斯密特触发器和输出级组成，它输出数字量。

（三）霍尔传感器的特性

（1）线性型霍尔传感器的特性

输出电压与外加磁场强度呈线性关系，如图 6-4 所示，在 B1 ~ B2 的磁感应强度范围内有较好的线性度，磁感应强度超出此范围时则呈现饱和状态。

（2）开关型霍尔传感器的特性

如图 6-5 所示，其中 BOP 为工作点“开”的磁感应强度、BRP 为释放点“关”的磁感应强度。

当外加的磁感应强度超过动作点 BOP 时，传感器输出低电平；当磁感应强度降到动作点 BOP 以下时，传感器输出电平不变，一直降到释放点 BRP 时，传感器才由低电平跃变为高电平。BOP 与 BRP 之间的滞后使开关动作更为可靠。

另外还有一种“锁键型”（或称“锁存型”）开关型霍尔传感器，其特性如图 6-6 所示。当磁感应强度超过动作点 BOP 时，传感器输出由高电平跃变为低电平；而在外磁场撤销后，其输出状态保持不变（锁存状态），必须施加反向磁感应强度达到 BRP 时，才能使电平产生变化。

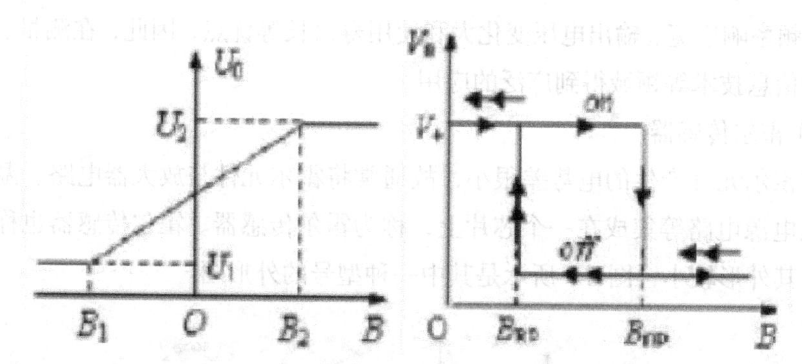

图 6-4 线性型霍尔集成电路输出特性　　图 6-5 霍尔传感器的开关型特性

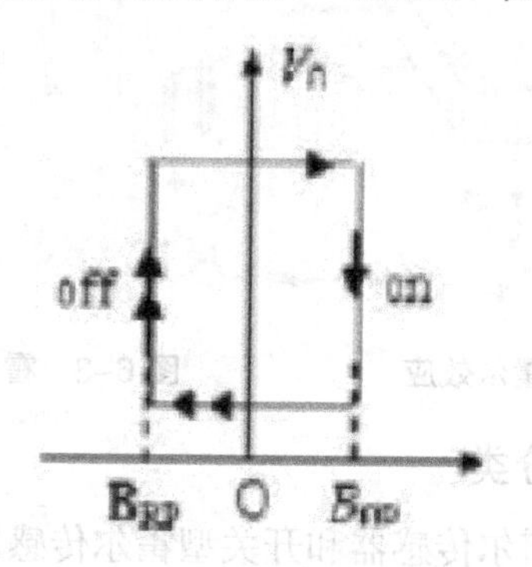

图 6-6 霍尔传感器的锁键型特性

（四）霍尔传感器的应用

按被检测对象的性质可将它们的应用分为直接应用和间接应用。前者是直接检测受检对象本身的磁场或磁特性；后者是检测受检对象上人为设置的磁场，这个磁场是被检测的信息的载体，通过它，将许多非电、非磁的物理量，如速度、加速度、角度、角速度、转数、转速及工作状态发生变化的时间等，转变成电学量来进行检测和控制。

（1）线性型霍尔传感器主要用于一些物理量的测量。

① 电流传感器

由于通电螺线管内部存在磁场，其大小与导线中的电流成正比，故可以利用霍尔传感器测量出磁场，从而确定导线中电流的大小。利用这一原理可以设计制成霍尔电流传感器。其优点是不与被测电路发生电接触，不影响被测电路，不消耗被测电源的功率，特别适合大电流传感。

霍尔电流传感器工作原理如图 6-7 所示，标准圆环铁芯有一个缺口，将霍尔传感器插入缺口中，圆环上绕有线圈，当电流通过线圈时产生磁场，则霍尔传感器有信号输出。

② 位移测量

如图 6-8 所示，两块永久磁铁同极性相对放置，将线性型霍尔传感器置于中间，其磁感应强度为零，这个点可作为位移的零点，当霍尔传感器在 Z 轴上做△ Z 位移时，传感器有一个电压输出，电压大小与位移距离大小成正比。如果把拉力、压力等参数变成位移距离，便可测出拉力及压力的大小，图 6-9 是按这一原理制成的力矩传感器。

（2）开关型霍尔传感器主要用于测转数、转速、风速、流速、接近开关、关门告知器、报警器、自动控制电路等。

如图 6-10 所示，在非磁性材料的圆盘边上粘一块磁钢，霍尔传感器放在靠近圆盘边缘处，圆盘旋转一周，霍尔传感器就输出一个脉冲，从而可测出转数（计数器），若接入频率计，便可测出转速。如果把开关型霍尔传感器按预定位置有规律地布置在轨道上，当装在运动车辆上的永磁体经过它时，可以从测量电路上测得脉冲信号。根据脉冲信号的分布可以测出车辆的运动速度。

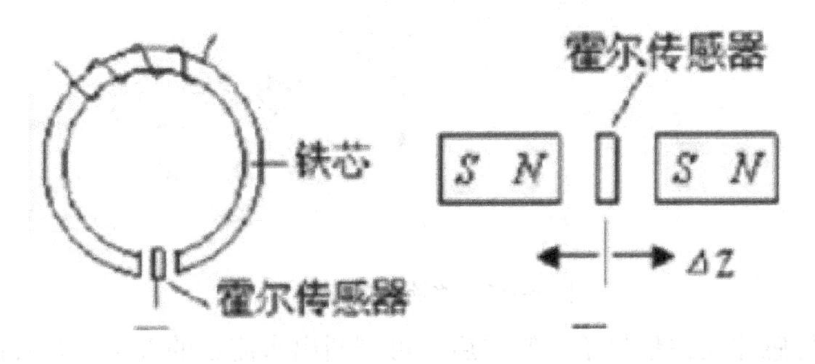

图 6–7　线性霍尔电流传感器测量磁场　　图 6–8 线性霍尔传感器测量位移

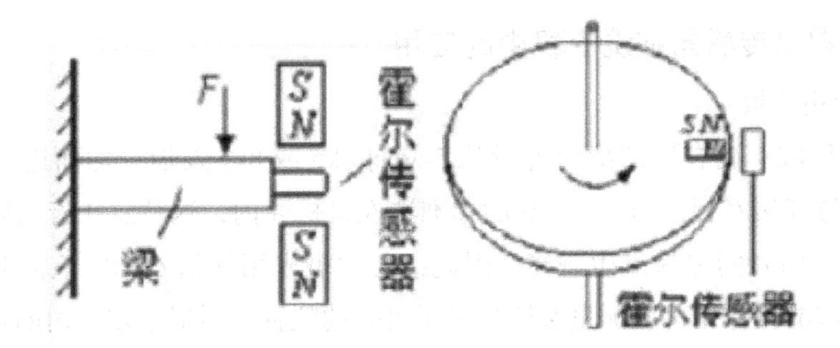

图 6–9　线性霍尔传感器测量压力、拉力传感器　　图 6–10　开关型霍尔传感器测转速或转数

（五）霍尔传感器在燃气热水器中的应用

（1）水流量传感器

水流量传感器是利用霍尔元件的霍尔效应来测量磁性物理量的传感器（图 6-11）。其主要由铜阀体、水流转子组件、稳流组件和霍尔传感器组成。装在热水器的进水端用于检测进水流量的大小及通断。

（2）工作原理

① 在霍尔元件的正极串入负载电阻，同时通上 5V 的直流电压并使电流方向与磁场方向正交。当水通过涡轮开关壳推动磁性转子转动时，产生不同磁极的旋转磁场，切割磁感应线，产生高低脉冲电平。

② 霍尔元件的输出脉冲信号频率与磁性转子的转速成正比，转子的转速又与水流量成正比，根据水流量的大小启动燃气热水器。

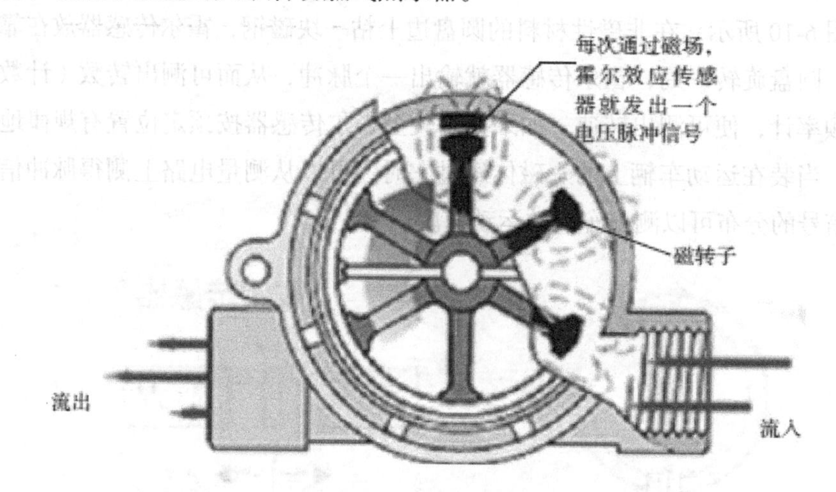

图 6-11　水流量传感器

③ 在霍尔传感器反馈信号给控制器后，可判断出水流量的大小，并根据燃气热水器的机型不同，选择最佳的启动流量，实现超低压（0.02MPa 以下）启动。

（六）霍尔传感器在洗衣机中的应用

（1）应用背景

在工业领域，洗衣机的滚筒容量从 5kg 向 7kg 或 8kg 发展，然而这些大容量滚筒却仍然能够安装在标准宽为 60cm 的标准洗衣机机壳内，这就意味着滚筒与机壳件的间隔更窄，两者间更易发生碰撞。因此，必须事先用该信号确定滚筒对机壳的影响及由此引起的反作用，以测量滚筒相对于机壳的位置。霍尼韦尔公司的霍尔传感器 SL353T 可用于检测洗衣机滚筒在三个维度中与机壳的相对位置。

（2）新型的 6-D 霍尔传感器专用集成电路（ASIC）

整个测量系统包括一固定在洗衣机滚筒上的磁体及装在机壳上的 6-D 霍尔传感器。

霍尔传感器测量磁场的方向及强度,从而确定磁体在三个维度中同时进行的相对运动,然后再将该信息传输到装在洗衣机上的微控制器上。最后,该微控制器再用此程序确定控制滚筒运动的方法。

霍尔传感器可以检测磁场及其变化,可在各种与磁场有关的场合中使用。霍尔传感器以霍尔效应为其工作基础,是由霍尔元件和它的附属电路组成的集成传感器。霍尔传感器在工业生产、交通运输和日常生活中有着非常广泛的应用。

第四节 检测信号处理技术

检测技术是现代化领域中很有发展前途的技术,它在国民经济中起着极其重要的作用,测试是人类认识世界和改造世界必不可少的重要手段。在科技发达的今天,检测技术已经进入我们平常人的生活中,检测生活中比如噪声、温度等都需要不同的传感器。传感器能把被测的非电量转换成电量的电信号器件,便于远距离传送和控制,可以实现对远距离的测试和自动控制。

一、传感器的检测技术分析

现代工业的发展,对工况参数的实时监测已显得越来越重要了,参数监测分电量和非电量两大类。对于非电量参数的测量,测量的成功与否决定于传感器的质量和对感应信号的提取。在各类非电量传感器中,电容传感器可以说是用得最普遍的一种了,在工业现场它作为流量、压力、位移、液位、速度、加速度等物理量的传感元件,应用已相当广泛。在煤炭行业,电容传感器在生产开采、安全监测及选煤自动化方面已大量应用,正确、及时地取得电容传感器的信号对监测监控有着重要的意义。

(一)电容传感器的特点

如图 6-12 所示,电容传感器主体由两个极板组成,结构简单,可组成平板、曲面、圆筒等多种形式,极板一般由金属做成,能经受很大的温度变化及辐射等恶劣环境条件。

图 6–12　电容传感器的组成

电容传感器由于受几何尺寸的限制，其容量都是很小的，一般仅几个 pF 到几十 pF。因 C 太小，故容抗很大，为高阻抗元件；由于电容小，需要作用的能量也小，可动的质量也小，因而它的固有频率很高，可以保证有良好的动态特性。传感器的视在功率 P=U20ωC，C 很小，P 也很小，这使它易受到外界的干扰，所以信号的提取比较困难。同时由于电容小，分布电容和寄生电容对灵敏度和测量精度都产生影响。

传统的测量方法采用模拟电路测量手段，主要有电桥电路（普通交流电桥、变压器电桥、双 T 二极管电桥）、脉冲宽度调制电路、调频电路等。模拟测量方法电路环节多，容易受零漂温漂的影响，尤其对小电容的测量，更难保证测量精度。

（二）数字化测量原理

数字化测量首先是将传感器的电容量变为频率信号，常用的有 LC 振荡和 RC 振荡。以 555 多谐振荡器为例，若被测电容为 Cx 其振荡频率为 f=1443/［（R1+2R2）Cx］，振荡器原理、线路结构简单，受电源等外界因素影响小，振荡频率稳定。

由电容传感器的作用原理可知，不管是其极板间距离 d 的改变、极板相对面积 S 的改变或是电容介质常数 ε 的改变，都表现为电容容量的改变。因 f 与 C 成反比，要测量 Cx 或 ΔCx，不能直接对 f 进行计算，用 Δf 计算 ΔCx 更是烦琐，然而振荡周期 T=1/f=KCx 与 Cx 成正比，所以，若定义一个可精确测量的参量 A，采取一定措施，使得 A=（1/K）T=Cx，则测出 A 即得到 Cx，算出 ΔA 也就等于算出 ΔCx。

目前流行的单片机都有外脉冲触发（INT0，INT1）功能和定时器（T0，T1）功能，利用有 Cx 参与振荡的脉冲触发定时器启动和停止，在软件的控制下便可得到与 Cx 相对应的 A。举例说明如下：

若要测量一个 Cx 为 1000pF 左右的电容，用 555 做成振荡电路，硬件调整时先用一个标准的 1000pF 电容替代 Cx，调整 R1 使输出脉冲频率为 2kHz。单片机初始化定义 INT0 为外部脉冲输入，上升沿触发并允许 INT0 中断；T0 为 16 位定时器，由

T0r 触发。系统时钟用 12MHz 晶振，则 T0 每隔 1μs 计数器加 1，16 位定时器计满为 65536μs，设计要求电容为 1000pF 时，参量 A 也为 1000，即 A 随 Cx 而变，分辨率为 1pF。

把振荡脉冲输入 INT0 端，在 INT0 的第 1 个中断里，启动 T0，共计 16 个脉冲周期，在第 17 个 INT0 中断时，停止 T0 计时，读取 TH0 和 T_L0 的值。当脉冲振荡频率为 2kHz 时，周期为 500μs，16 个周期为 8000μs，这也是 T0 的定时值，将 T0 结果除以 8，即 TH0、T_L0 右移 3 位，就可求得 A 值，即对应 Cx 的值。

电路标准频率的调整，可用频率计测量，也可运行测量程序进行读数，当得到 A=1000 时即可。1000pF 标准电容用稳定性好的独石电容，R1 用多圈精密电位器，调整完毕用 Cx 取代 C 即可进行测量。线路调整方便、性能稳定，检测精度 1000pF 时为 ±1pF。

（三）电容量微小变化的测量

在实际应用中，往往是要检测电容传感器容量的变化量 ΔC=Ct1–Ct0，由于传感器设计和安装的不同，基本电容（传感器的空载电容、连接导线电容和其他分布电容）较大，而 ΔC 则很小，倘若基本电容稳定，运用上述方法也能很好地测出 ΔC。但是，由于环境（介质温湿度、静电等）的变化，使基本电容（主要是连接导线电容和其他分布电容）发生较大变化，ΔC 被噪声淹没，一般方法较难测量 ΔC。

下面介绍一种借助比较电容来测量 ΔC 的方法。在传感器连接至变送器（555 振荡器）时，采用双芯屏蔽线，芯线 a 连至传感器电容的正极板，作为信号引线；芯线 b 连至尽量靠近传感器，其本身的导线电容等构成比较电容；屏蔽线连至传感器电容的负极板（一般为接地极）。芯线 a、b 通过模拟多路开关连至振荡器。工作时控制多路开关分别接通芯线 a 或芯线 b，测量得到某一时刻的 Ca、Cb，且 Ca=Cx+Ca′、Cb=Cb′（Cx 为传感器感应电容，Ca′、Cb′ 为芯线 a、b 对应的导线电容、分布电容等），由于芯线 a、b 完全在同一个环境里，故 Ca′=Cb′，计算 Ca－Cb=Cx，即得到不同时刻的 Cx，也就能算得 ΔC 了。

在一个用电容传感器进行物位检测的应用中，物料的有无电容变化为 30pF 左右，传感器基本电容为 1000pF，环境影响引起的电容变化为 0 ~ 200pF，利用比较电容法检测 ΔCx，准确地拾取到了有用信号。

（四）检测软件框

电容量 Cx 的采数软件框，用 MCS51 汇编语言编写。采用单片机系统，不仅可以精确测量 Cx 和 ΔCx，而且可使应用该传感器的系统实现智能化，采集软件可以作为整个系统的一个子程序来调用。

数字化测量电容传感器容量，可使信号在传感器就地转换为数字信号后，进行远距离传输，转换电路简单性能稳定。比较电容法检测 ΔCx，克服了导线电容分布电容等因环境变化造成的影响，使检测信号真实可靠，系统抗干扰能力大为增强。两种方法在电容式煤粉仓粉位传感器的具体检测应用中都取得了令人满意的效果。

二、机电一体化系统中传感器与检测技术的应用

机电一体化是一种整合型技术，由很多环节组成。意味着在微电子、传感器等技术发展的同时，机电一体化也能够获得长足进步。而在具体分析机电一体化关键技术前，应首先明确其组成结构，以消除一些人的误区。机电一体化是指将不同重要机电工作环节整合，以微型处理器和主机为操控中心，有序协调各环节工作。因此，其很多情况下会被称为机电一体化系统，由此完善地覆盖相关理念。但是，并不能由此忽视其他环节的重要性。如开发者创造出完美控制中枢，在传感器无法传输情况下，仍旧无法帮助生产者提升效率。

（一）传感器是机电一体化系统的关键技术

（1）传感器在测量模块中的应用

传感器是一种检测装置名称，也是当前数字化管理中最常使用的传输、存储、处理、记录设备。在机电一体化系统中，传感器便是控制中枢与各环节桥梁，主要实现两方面工作：第一，执行控制中枢请求指令。传感器在接收指令后，将其转化为非传输数据语言，进行分析和内容调配，再将结果转变为数据传输模式，传输到所要支配的环节。第二，负责将环节动态传递给控制中枢，以保证各环节有序进行。而在传输前传感器需要接收信息，并根据 SNMP 协议进行处理、转化。由此可以发现，传感器本身便是由复杂结构所构成的电子器械。其中主要包括检测、传输和处理三大层面，每个层面还会根据工作需求，配置不同元件。也可以从另一个方面来理解，将传感器比喻为人的头部，“大脑”负责处理数据，“眼睛”“鼻子”“耳朵”负责收集数据，“嘴”负责将数据传输出去，进而由人的“大脑”实现对其他人的支配或汇报。

（2）传感器的种类

传感器种类的划分，主要根据功能差异性实现。机电一体化应用环境不同、需求操作的环节不同，均会对传感器的功能造成影响。不过，在管理需求下，必须对传感器进行分类，以免一些问题的发生。根据其工作环境，可大体分为两个宽泛层面：

① 基于内部管理的传感器。传感器的工作内容中，部分包括对内部管理，如检测、收集信息等。同时，虽然任何类型传感器都会有数据处理能力，但是，针对内部数据处理和转化的算法，相比接收转化有一定差异。因此，内部数据处理传感器，也应纳入此类中。

② 基于外部环境的传感器。顾名思义，主要工作是针对接收数据信息。可以将此类传感器理解为控制中枢的“执行者”，用于获取控制中枢指令，并转化为工作环节可控指令。而除了从工作环境上进行分类，也可通过接触形式分类，如触碰式、压觉、温觉、声觉等。

（二）机电一体化中传感器与检测技术的运用

机电一体化系统主要工作内容在于设置指令、传输指令和完成指令三个方面。其中，传感器便是负责传输指令的唯一环节。不过，机电一体化仍旧存在局限性，会因为特殊形式或环境出现，导致数据传输的问题。

（1）有“感觉”的机器人

机电一体化发展过程中，出现了不同倾向。一些工业领域逐渐采取标准化作业，对于可控管理系统需求开始降低，转而将投入更多放在智能化、自动化生产领域。例如工业机械人生产技术，便是在机电一体化基础上创造的新型生产技术。其主要特性在于规律性、高精度工作方式，可以更有效地提升工业生产效率。不过，该工作方式无疑对传感器提出了更高要求。适合的传感器，必须准确地控制机器人各个部位，其中包括关节移动、力量控制等方面，只有传感器传达数据保证准确性、高效性，才能够让机器人实现理想工作状态。对此，必须采用接触式传感器，以确保不会出现数据丢失状况，如压觉传感器等。

（2）传感器在自动化机床领域的应用

自动化机床也是机电一体化的衍生领域。其特性在于完全自动化地操作所有生产内容。然而，自动化控制则需要传感器，将准确工作指令，按照规范逻辑和实效，传达各个生产环节。若出现问题，便需要人工调节，才能够持续生产。举例来看，较为著名的 CNC 机床，便是借助传感器检测控制，减少人工生产控制需求，不仅极大节约人力成本，同时也使生产效率有了显著提升；再如，切割工业领域，特别是采用金刚石切割机床，必须要借助传感器准确传达切割角度、压力等数值，进而确保切割成果达到预期。

（3）传感器的扩大渗透

随着传感器的发展，其检测技术将不仅应用在机电一体化生产领域。从现状来看，很多工业产品已然达到了“对传感器产生需求”的水准，如近年来 Apple、Google 等企业研发的无人驾驶汽车，必须依靠精准传感器才能够实现。而在传统汽车领域，传感器对于驾驶便捷性及安全性，也会产生较大的促进作用。

（三）我国传感器技术发展的若干问题及发展方向

传感器技术是实现自动控制、自动调节的关键环节，也是机电一体化系统不可缺少的关键技术之一，其水平高低在很大程度上影响和决定着系统的功能：其水平越高，系统的自动化程度就越高。在一套完整的机电一体化系统中，如果不能利用传感检测技术对被控对象的各项参数进行及时准确地检测并转换成易于传送和处理的信号，我们所需要的用于系统控制的信息就无法获得，整个系统就无法正常有效地工作。

我国传感器的研究主要集中在专业研究所和大学，始于20世纪80年代，与国外先进技术相比，我们还有较大差距，主要表现在几个方面：其一，先进的计算、模拟和设计方法；其二，先进的微机械加工技术与设备；其三，先进的封装技术与设备；其四，可靠性技术研究等方面。因此，必须加强技术研究和引进先进设备，以提高整体水平。传感器技术今后的发展方向有以下几个方面：

（1）加速开发新型敏感材料：通过微电子、光电子、生物化学、信息处理等各种学科，各种新技术的互相渗透和综合利用，可望研制出一批基于新型敏感材料的先进传感器。

（2）向高精度发展：研制出灵敏度高、精确度高、响应速度快、互换性好的新型传感器，以确保生产自动化的可靠性。

（3）向微型化发展：通过发展新的材料及加工技术实现传感器微型化将是近十年研究的热点。

（4）向微功耗及无源化发展：传感器一般都是非电量向电量的转化，工作时离不开电源，开发微功耗的传感器及无源传感器是必然的发展方向。

（5）向智能化、数字化发展：随着现代化的发展，传感器的功能已突破传统的功能，其输出不再是一个单一的模拟信号（如0～10mV），而是经过微电脑处理后的数字信号，有的甚至带有控制功能，即智能传感器。

三、机电一体化系统中传感器与检测技术的应用实例

（一）传感器技术在地铁机电一体化系统中的应用

作为地铁机电一体化系统中最为关键的结构，传感器技术在地铁机电一体化系统中扮演着重要的角色。传感器技术可以大大提高地铁机电一体化系统的运行质量，但是必须要确保传感器技术的可靠有效。

（1）传感器与地铁机电一体化的介绍及联系

① 传感器的概念

在工程作业中，能按照固定规律将一种量转换成同种或者不同种量值并且传输出去的工具，我们称它为传感器。传感器和人类的器官有相同点，并且在人类器官上有所延伸。在信息化的社会中，人们通常也利用传感器检测力、压力、速度、温度、流量、湿度、生物量及更多的非电量信息来促进生产力的发展。

② 地铁机电一体化的简介

日本机械振兴协会经济研究所对机电一体化做出的解释在国际上被首次认可，也可以说是机电一体化的初步定义："机电一体化是在机械的主功能、动力功能、信息功能和控制功能上引进微电子技术，并将机械装置与电子装置用相关软件有机融合而成的系统总称"。从它的定义上能看出，机电一体化技术涉及了很多方面，如机械制造技术、测试技术、人工智能技术、微电子技术等。

地铁的特点是人员密集、流动性大，一旦出现事故外部施救处理非常困难，必须依靠自身系统的可靠运作才能确保安全。因此对地铁车站通风空调及防排烟系统（简称环控系统）的要求要高于一般的民用系统。环控系统必须满足两个方面的要求：一是日常运营给乘客和设备提供舒适及适宜的环境；二是事故及灾害情况下进行通风、排烟、排毒、排热，起到生命保障及辅助灭火的作用。环控系统应确保上述两个方面的整体安全，不宜片面强调某一方面；但环控系统不是灭火系统。地铁环控系统主要有新风、送风、回排风、固定排风、间歇排风等功能。而地铁屏蔽门是一项集建筑、机械、材料、电子和信息等学科于一体的高科技产品，使用于地铁站台。屏蔽门将站台和列车运行区域隔开，通过控制系统控制其自动开启。地铁屏蔽门分为封闭式、开式和半高式，其中开式和半高式通常被叫作"安全门"，只起到安全和美观的作用。封闭式的通常才被人们叫作"屏蔽门"，也是最常用的一种。除了保障列车、乘客进出站时的绝对安全之外，地铁站台安装屏蔽门还可以大幅度地减少司机瞭望次数，减轻了司机的思想负担，并且能有效地减少空气对流造成的站台冷热气的流失，降低列车运行产生的噪声对车站的影响，提供舒适的候车环境，具有节能、安全、环保、美观等功能。地铁屏蔽门系统，使空调设备的冷负荷减少 35% 以上，环控机房的建筑面积减少 50%，空调电耗降低 30%，有明显的节能效果。

③ 传感器与地铁屏蔽门的联系

地铁在运行过程中，为了提高乘客安全性，一种可以隔绝轨道列车和站台乘客的装置——屏蔽门（或安全门），也应运而生。但轨道列车与安装的屏蔽门（或安全门）之间有 25 ~ 30cm 的间距，地铁门与屏蔽门（或安全门）之间的这个空隙大到可以容纳一个人，会出现乘客或者其他物体被夹在这个空间里的危险情况，导致在地铁列车启动时就造成人身伤害或车辆损坏。为了避免这类惨剧的发生，可靠判断屏蔽门（或安全门）之间障碍物的传感器装置就显得非常重要了。

（2）传感器在地铁机电一体化系统中的应用

① 传感器在地铁环控系统中的应用

在地铁的环境控制系统里，使用室内温湿度传感器、管道温湿度传感器及 CO_2 浓度传感器。在车站的站厅和站台区等公共区以及重要的设备房内设置室内温湿度传感器，以监测车站实时的温度及湿度。这些参数可以帮助运营人员对车站各系统工况进行合理的调整，以保持车站公共区始终处于较为舒适的环境，确保设备房一直处于合适的温度之下。室内温湿度传感器一般装在车站站厅、站台及设备房的墙面上或顶上。

② 传感器在地铁屏蔽门系统中的应用

采用 2 个 QS30EX 传感器在相距 217m 的对射距离内，可以检测位于光轴上，且直径大于 30mm 的不透明物体。对屏蔽门（或安全门）与列车车体之间，乘客或大件物品有意、无意被夹在屏蔽门 / 安全门与列车车体之间造成危险发出信号给控制器。

如图 6-13 所示，在站台的两端分别加装发射和接收，一旦有人闯入屏蔽门和列车车体之间的空隙，就会遮挡红外光线，判断出有障碍物，并及时输出声光报警信号（可选配 Banner 公司的高亮度 LED 指示报警灯），同时通知列车司机或车站管理人员。

关于曲线站台，可根据弯曲半径计算出最长的直线段，选择多套 QS18 短距离红外光电（对射距离 20m）拟合曲线工程解决方案。

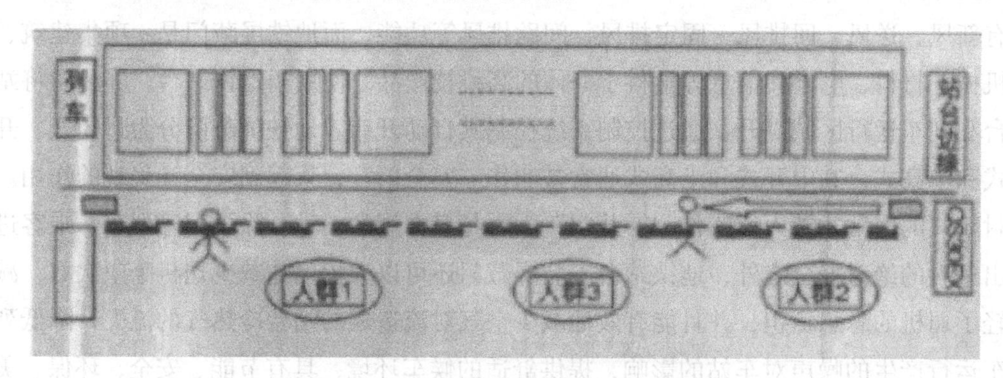

图 6-13　屏蔽门超远距离红外对射传感器

上海地铁某线延伸段工程案例（见图 6-14）所示。

图 6-14　上海地铁某线延伸段工程案例

传感器技术在地铁机电一体化系统中占据着重要的地位，因此，在地铁机电一体化的发展过程中，要更加重视传感器技术的应用，不断优化传感器的各项功能，以提高地铁机电一体系统的科学性。

（二）传感器在煤矿机电一体化中的运用与发展

传感器是一种能够感受并探测到外界信号、物理条件、化学组成，同时能将其所探测的信息传递给其他装置或系统。煤矿生产具有规模大、难度大及危险性高的特点，将传感器有效应用于煤矿的机电一体化系统中，可以在一定程度上确保机电一体化系统工作的可靠性和有效性。因此对于煤炭开采企业，充分了解并掌握传感器在机电一体化中的应用和发展具有重要意义。

（1）在煤矿机器人领域的应用

众所周知，煤矿作业具有较高的危险性，为此通过机器人探测、获取施工环境和信息成为目前煤矿高难度作业的主要途径。将传感器应用于机器人，就相当于将机器人变成了像人一样有触觉、视觉、听觉的真实的作业人员，传感器的应用将煤矿机电一体化产业向前推动了一大步，同时也为煤矿的安全作业提供了保障。

（2）在煤矿电液控制系统中的应用

液压支架在煤矿生产中占有重要地位，是实现模拟人工操作的关键性设备。具有传感器等多种支架控制单元组成的电液控制系统，与传统的手动操作、人为操作相比具有作业效率高、安全性高和操作性便捷等优势。传感器在煤矿电液控制系统中的应用，实现了矿井下无人作业的局面，从而有效地保护了施工人员的人身安全。

（3）在煤矿安全生产监控系统中的应用

① 煤尘测量。煤矿生产过程中，煤尘是威胁生产安全的主要因素之一，而传感器在煤矿中的应用则为安全生产提供了有力保障。光纤传感器在煤尘测量中的工作原理，即光向后散射法，而后将获取的信息传送给计算机，再由计算机操作人员及时管理和控制。

② 瓦斯爆炸。瓦斯爆炸是煤矿安全生产的最大威胁，瓦斯主要成分为甲烷，为此加强对煤矿甲烷气体的监控、检测至关重要。光纤气体传感器的原理为，矿井瓦斯中不同气体的分子结构所对应的吸收光谱不同，并且同一种气体在不同浓度时，同一吸收峰所吸收的强度也有所不同，由此通过对气体特定波长光吸收程度的检测和信息反馈，就可以确定矿井中气体的成分和浓度状况。传感器在此处的应用，做到了对矿井中瓦斯所含气体类别和浓度的实时检测和监控，有效保证了矿井施工作业的安全性。

（4）传感器在煤矿机电一体化系统中的发展

到目前为止，传感器在煤矿机电一体化系统中的应用已取得了一定程度的进步。然而随着煤矿中机电一体化系统的不断发展与完善，传感器在煤矿机电一体化系统中的应用也应该向着技术化、微型化、智能化及数字化方向发展。

首先可集中目前传感器所能感受到的对象，如生物学、光电子及微电子等；其次根据上述集中的信息感受对象，不断研究并开发出创新型的敏感材料，从而有利于研制出高科技、应用范围广的新型传感器；再次积极提高传感器的灵敏度和精度，以有效保证煤矿机电一体化系统的及时性、可靠性；最后提倡煤矿机电一体化系统数字化和智能化。传统煤矿中应用的传感器不过是一个单一的模拟信号，而伴随着社会的发展，传统传感器应挣脱传统束缚，将单一的模拟信号改变为已处理好的数字信号，以满足智能传感器的需求。

煤矿机电一体化系统中传感器的应用，为煤矿开采和作业施工提供了有力的保障。虽然我国传感器在煤矿机电一体化系统中的应用越来越普遍，但是随着社会需求的发展与变化，煤矿机电一体化系统中传感器应不断探索、不断总结，以研究、发现质量更好的传感器新型材料，从而为煤矿机电一体化系统提供更高的检测水平，以确保煤矿机电一体化系统在煤矿生产作业过程的安全性和可靠性，并推动我国煤矿业的快速发展。

第五节　传感器接口技术

机电一体化系统可分为机械和微电子系统两大部分，各部分必须具备一定条件才能连接，这个联系条件通常称为接口。各分系统又由各要素（子系统）组成。

一、机电接口

由于机械系统与微电子系统在性质上有很大差别，两者间的联系必须通过机电接口进行调整、匹配、缓冲，因此机电接口起着非常重要的作用：首先，进行电平转换和功率放大。一般微机的I/O芯片都是TT_L电平，而控制设备则不一定，因此必须进行电平转换；另外，在大负载时还需要进行功率放大。其次，抗干扰隔离。为防止干扰信号的串入，可以使用光电耦合器、脉冲变压器或继电器等把微机系统和控制设备在电器上加以隔离。最后，进行A/D或D/A转换。当被控对象的检测和控制信号为模拟量时，必须在微机系统和被控对象之间设置A/D和D/A转换电路，以保证微机所处理的数字量与被控的模拟量之间的匹配。

（一）模拟信号输入接口

在机电一体化系统中，反映被控对象运行状态信号是传感器或变送器的输出信号，通常这些输出信号是模拟电压或电流信号（如位置检测用的差动变压器，温度检测用的热偶电阻、温敏电阻，转速检测用的测速发电机等），计算机要对被控对象进行控制，必须获得反映系统运行的状态信号，而计算机只能接收数字信号，要达到获取信息的目的，就应将模拟电信号转换为数字信号的接口——模拟信号输入接口。

（二）模拟信号输出接口

在机电一体化系统中，控制生产过程执行器的信号通常是模拟电压或电流信号，如交流电动机变频调速、直流电动机调速器、滑差电动机调速器等。而计算机只能输出数字信号，并通过运算产生控制信号，达到控制生产过程的目的，应有将数字信号转换成模拟电信号的接口——模拟信号输出接口。任务是把计算机输出的数字信号转换为模拟电压或电流信号，以便驱动相应的执行器，达到控制对象的目的。模拟信号输出接口一般由控制接口、数字模拟信号转换器、多路模拟开关和功率放大器几部分构成。

（三）开关信号通道接口

机电一体化系统的控制系统中，需要经常处理一类最基本的输入/输出信号，即数字量（开关量）信号，包括开关的闭合与断开、指示灯的亮与灭、继电器或接触器的吸合与释放、电动机的启动与停止、阀门的打开与关闭等。这些信号的共同特征是以二进制的逻辑“1”和“0”出现的。在机电一体化控制系统中，对应二进制数码的每一位都可以代表生产过程中的一个状态，此状态作为控制依据。

（1）输入通道接口

开关信号输入通道接口的任务是将来自控制过程的开关信号、逻辑电平信号及一些系统设置开关信号传送给计算机。这些信号实质是一种电平各异的数字信号，所以开关信号输入通道又称为数字输入通道（DI）。由于开关信号只有两种逻辑状态“ON”和“OFF”或数字信号“1”和“0”，但是其电平一般与计算机的数字电平不相同，与计算机连接的接口只需考虑逻辑电平的变换及过程噪声隔离等设计问题，它主要由输入缓冲器、电平隔离与转换电路和地址译码电路等组成。

（2）输出通道接口

开关信号输出通道的作用是将计算机通过逻辑运算处理后的开关信号传递给开关执行器（如继电器或报警指示器）。它实质是逻辑数字的输出通道，又称数字输出通道（DO）。DO 通道接口设计主要考虑的是内部与外部公共地隔离和驱动开关执行器的功率。开关量输出通道接口主要由输出锁存器、驱动器和输出口地址译码电路等组成。

二、人机接口

人机接口是操作者与机电系统（主要是控制微机）之间进行信息交换的接口。按照信息的传递方向，可以分为输入与输出接口两大类。一方面，机电系统通过输出接口向操作者显示系统的各种状态、运行参数及结果等信息；另一方面，操作者通过输入接口向机电系统输入各种控制命令，干预系统的运行状态，以实现所要求的功能。

（一）输入接口

（1）拨盘输入接口

拨盘是机电一体化系统中常见的一种输入设备，若系统需要输入少量的参数，如修正系数、控制目标等，采用拨盘较为方便，这种方式具有保持性。拨盘的种类很多，作为人机接口使用最方便的是十进制输入、BCD 码输出的 BCD 码拨盘。BCD 码拨盘可直接与控制微机的并行口或扩展口相连，以 BCD 码形式输入信息。

（2）键盘输入接口

键盘是一组按键集合，向计算机提供被按键的代码。常用的键盘有以下几种：

① 编码键盘，自动提供被按键的编码（如 ASCII 码或二进制码）；

② 非编码键盘，仅仅简单地提供按键的通或断（“0”或“1”电位），而按键的扫描和识别，则由设计的键盘程序来实现。

前者使用方便，但结构复杂、成本高；后者电路简单，便于设计。

（二）输出接口

在机电一体化系统中，发光二极管显示器（LED）是典型的输出设备，由于 LED 显示器结构简单、体积小、可靠性高、寿命长、价格便宜，因此使用广泛。常用的 LED 显示器有 7 段发光二极管和点阵式 LED 显示器。7 段 LED 显示器原理很简单，是同名管脚上所加电平高低来控制发光二极管是否点亮而显示不同字形的。点阵式 LED 显示器一般用来显示复杂符号、字母及表格等，在大屏幕显示及智能化仪器中有广泛应用。

接口技术是研究机电一体化系统中的接口问题，使系统中信息和能量的传递和转换更加顺畅，使系统各部分有机地结合在一起，形成完整的系统。接口技术是在机电一体化技术的基础上发展起来的，随着机电一体化技术的发展而变得越来越重要；同时接口技术的研究也必然促进机电一体化的发展。从某种意义上讲，机电一体化系统的设计，就是根据功能要求选择了各部分后所进行的接口设计。接口的好与坏直接影响着机电一体化系统的控制性能，以及系统运行的稳定性和可靠性，因此接口技术是机电一体化系统的关键环节。

三、传感器接口故障快速排查

（一）传感器测量的基本过程

一个典型的非电量电测过程，一般包括传感器、变送器，综合录井仪的传感器包含变送器、接口电路、A/D 变换等几个主要部分，如图 6-15 所示：

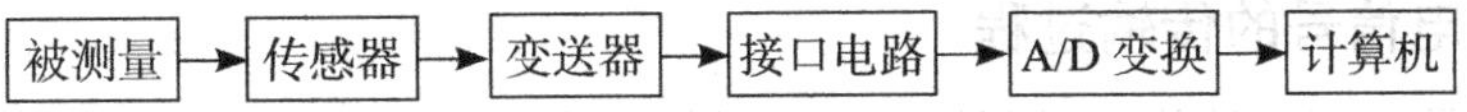

被测量 → 传感器 → 变送器 → 接口电路 → A/D 变换 → 计算机

图 6–15　传感器测量过程

传感器是一种能把物理量或化学量转变成便于利用的电信号的器件。传感器是测量系统中的一种前置部件，它将输入变量转换成可供测量的信号。传感器的分类方法比较多，在综合录井仪器上我们根据输出信号可将传感器分为模拟传感器和数字传感器。传送传感器采集信号的叫变送器，分两种情况，即变送器前传递和变送器后传递。综合录井仪的信号传送均采取变送器后传送。接口电路是为了实现电信号与计算机的连接而设置的。广义地讲，接口电路是指计算机与外部设备连接时所需的电路，如 A/D 板、I/O 板等均可看作接口电路的一种。综合录井仪中接口电路专指为实现计算机处理而设计的前端信号调理电路，包括传感器接口电路和色谱通道电路等。在传感器的模拟信号和二进制代码之间需要做一个变换，这就是 A/D 变换器的作用。最后将二进制信息传入计算机，这就是综合录井仪传感器测量的一个基本过程。

（二）传感器信号传输方式

通常情况下，传感器的敏感元件所产生的电信号是很微弱的，称为小信号。小信号很容易受到来自外界的干扰，不适合做长距离的传送。为了保证测量的精度，必须将小信号变换成适合传送的大信号然后进行传输。变送器传输信号的方式有电流信号和电压信号的区分。如为电压信号，除传送信号的两根线外，还需两根电源线，称为四线制传送；如为电流信号，只用两根导线就够了，因此又称为二线制。由于电压信号易受导线电阻和干扰信号的影响，综合录井仪均采用变送器后的二线制传送，即电流信号传送，电流传输方式所接收的信息不会受传输线压降、接触电势和接触电阻以及电压噪声等因素的影响，采用电流信号的原因是不容易受干扰。并且电流源内阻无穷大，导线电阻串联在回路中不影响精度，在普通双绞线上可以传输数百米。在录井现场具有独特的优点。因此综合录井仪选用 4 ~ 20mA 电流来传送传感器信号，上限取 20mA 是因为防爆的要求：20mA 的电流通断引起的火花能量不足以引燃瓦斯。下限没有取 0mA 的原因是为了能检测断线：正常工作时不会低于 4mA，当传输线因故障断路，环路电流降为 0，常取 2mA 作为断线报警值。

电流型变送器将物理量转换成 4 ~ 20mA 电流输出，必然要有外电源为其供电。最典型的是变送器需要两根电源线，加上两根电流输出线，总共要接四根线，称为四线制变送器。当然，电流输出可以与电源共用一根线（共用 VCC 或者 GND），可节省一根线，称为三线制变送器。

其实 4 ~ 20mA 电流本身就可以为变送器供电。变送器在电路中相当于一个特殊的负载，特殊之处在于变送器的耗电电流在 4 ~ 20mA 之间根据传感器输出而变化。这种变送器只需外接两根线，因而被称为两线制变送器。

（三）电信号的传输过程

A. 传感器将现场的物理量测量出来，并转变为电信号。

B. 变送器将传感器信号放大并进行传输。

C. 将电流信号转换成电压信号。

D. 多路开关。现场要测量的信号很多，但相对于A / D变换来说其变化是缓慢的，没有必要每个信号都单独使用一个A / D变换器。一是造价昂贵，二是不易维护。因此用多路开关来选择被测量的信号。

E. 采样 / 保持电路。因为现场的信号总是变化的，而A / D变换的过程需要输入在一段时间内保持不变，所以需要采样 / 保持电路。

F. A / D变换器用来将采样保持的电压转换为二进制代码。

在综合录井仪中，D、E、F三步是由通信板或节点或者插在计算机中的数据采集卡来完成的。

（1）取样电压的生成

从整体结构来看，两线制变送器由三大部分组成，即传感器、调理电路、两线制V/I变换器。传感器将温度、压力等物理量转化为电参量，调理电路将传感器输出的微弱或非线性的电信号进行放大、调理、转化为线性的电压输出。两线制V/I变换电路根据信号调理电路的输出控制总体耗电电流；同时从环路上获得电压并稳压，供调理电路和传感器使用。除了V/I变换电路之外，电路中的每个部分都有其自身的耗电电流，两线制变送器的核心设计思想是将所有的电流都包括在V/I变换的反馈环路内。如图6-16，采样电阻Rs串联在电路的低端，所有的电流都将通过Rs流回到电源负极。从Rs上取到的反馈信号，包含了所有电路的耗电。

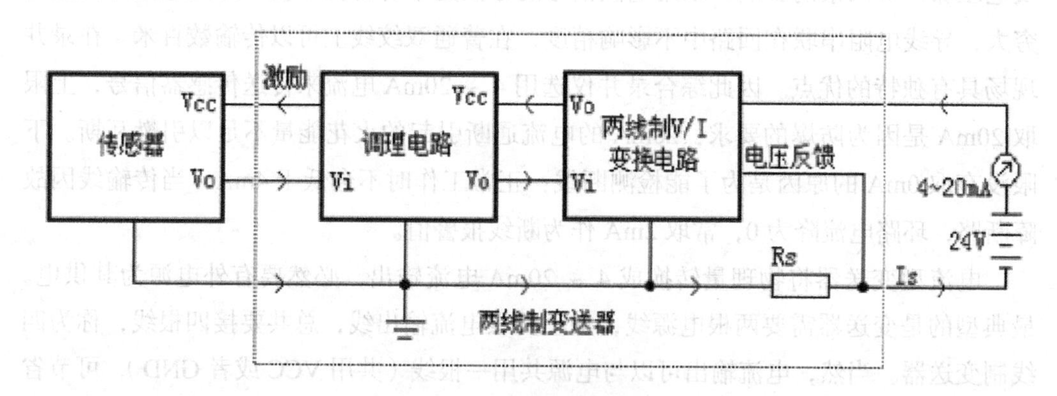

图6–16　变送器原理图

敏感元件的信号经变送器（前置电路）调理后转换为（4 ~ 20mA）的电流信号。接口电路再将电流信号处理为0 ~ 5V或0 ~ 10V的电压信号供计算机采集和处理。综合录井仪的接口电路采用精密电阻作为电流信号的负载。在负载电阻两侧，4 ~ 20mA

的电流信号被取为 ui=RL*Io，通过测量 ui，可以直接判断传感器信号的正确性。因为综合录井仪有多个传感器，相应得到多个大小不同的变化电压，下面分析这些电压是如何转变为二进制信息的：由于 4 ~ 20mA 变送器输出 4mA 时，在取样电阻上的电压不等于 0，直接经模拟数字转换电路转换后的数字量也不为 0，单片机无法直接利用。因此一般的处理方法是通过硬件电路将 4mA 在取样电阻上产生的电压降消除，再进行 A/D 转换。这类硬件电路首推 RCV420，是一种精密的 i/v 转换电路。还有应用 lm258 自搭的 I/V 转换电路，这个电路由两线制电流变送器产生的 4 ~ 20mA 电流与 24V 以及取样电阻形成电流回路，从而在取样电阻上产生一个 1 ~ 5V 压降，并将此电压值输入到放大器 lm258 的 3 脚。电阻分压电路用来在集成电路 lm258 的 2 脚产生一个固定的电压值，用于抵消在取样电阻上 4mA 电流产生的压降。所以当两线制电流变送器为最小值 4mA 时，lm258 的 3 脚与 2 脚电压差基本为 0V。lm258 与其相连接的电阻构成可调整电压放大电路，将两线制电流变送器电流在取样电阻上的电压值进行放大并通过 lm258 的 1 脚输出至模拟 / 数字转换电路。

（2）A/D 变换

传感器信号被调理成一定量程范围的电压或电流信号，A/D 变换器完成模拟量向数字量的转换。计算机可处理的信息是以二进制代码为基础的数字信息。为了实现计算机的采集和处理，需将电信号量转化为数值量，这个过程称为 A/D 变换，又称为采集。A/D 变换器的输入为电压信号，输出为二进制代码。

地址锁存器：ALE 地址锁存信号输入端，高电平有效，某一刻，CP 脉冲发生器开始工作，在该信号的上升沿将选择线的状态锁存，多路开关开始工作。

采样保持电路：在输入逻辑电平控制下处于“采样”或“保持”两种工作状态。“采样”状态下电路的输出跟踪输入模拟信号，在“保持”状态下电路的输出保持前次采样结束时刻的瞬时输入模拟信号，直至进入下一次采样状态为止。最基本的采样 / 保持器由模拟开关、存储元件（保持电容）和缓冲放大器组成。

当 Vc 为采样电平时，开关 s 导通，模拟信号 Vi 通过 S 向 CH 充电，输出电压 Vo 跟踪模拟信号的变化；当 Vc 为保持电平时，开关 S 断开，输出电压 Vo 保持在模拟开关断开瞬间的输入信号值。高输入阻抗的缓冲放大器的作用是把 CH 和负载隔离，否则保持阶段在 CH 上的电荷会通过负载放掉，无法实现保持功能。

A/D 变换电路：脉冲发生器输出的脉冲将寄存器的最高位置“1”，经数 / 模转换为相应的模拟电压 Ua 送入比较器与待转换的输入电压 Ui 进行比较，若 Ua > Ui，说明数字量过大，将高位“1”除去，而将次高位置“1”；若 Ua < Ui，说明数字量还不够大，将高位置“1”，还要将次高位置“1”，这样一直比较下去，寄存器的逻辑状态就是对应于输入电压的输出数字量。

（四）数字量传感器传输方式

数字量是离散的、变化不连续的信号，综合录井仪数字量传感器测量系统包括三部分，测量原理是将传感器输入信号进行整形滤波、鉴相倍频，然后根据鉴相倍频信号进行计数并输出。

以绞车传感器为例说明数字量传感器的传输过程。由于绞车探头自身的原因及施工现场环境等因素的影响，绞车传感器的输出信号并不是标准的方波信号，信号的边沿处为斜坡形式，在高低电平上还叠加有干扰信号，为了满足信号准确处理的要求，需要对绞车的输出信号进行滤波整形，通常采用光电隔离器件对信号进滤波整形，然后对信号进行鉴相、倍频、计数。

绞车传感器接口电路的作用是对绞车传感器输出的信号做预处理以满足录井采集的需要。

信号 A 和信号 B 是来自绞车传感器的相位差 90 的两路脉冲信号，先经过第一次施密特整形，抑制现场干扰和线路衰减引起的脉冲波形畸变，转换为标准的脉冲信号；然后经数字隔离器进行电气隔离，隔离电路一方面对后面的电路起保护作用，另一方面起电压变换的作用，将信号转换为 3.3V 标准电压的脉冲信号；再经过第二次施密特整形电路进行整形，此次整形的主要目的是将两路脉冲信号的波形进行变换，产生 A、B、AA（A 的反相）和 BB（B 的反相）四路信号。经第二次整形后，A、B 两路信号经过单稳态触发器，在其上升沿和下降沿处分别进行触发，得到四个窄脉冲信号 AU、AD、BU、BD。

得到的 A、B、AA、BB、AU、AD、BU、BD 共 8 路信号输入 CPLD（Complex Programmable Logic Device，是一种用户根据各自需要而自行构造逻辑功能的数字集成电路）进行倍频、鉴相和计数等处理，并在计算机的控制下对数据进行输出或清零。

（五）传感器接口故障部位快速排查

综合录井仪的传感器分为模拟量传感器（悬重传感器、立套压传感器、扭矩传感器、硫化氢传感器、体积传感器、流量传感器、温度传感器、密度传感器、电导率传感器）和数字量传感器（绞车传感器、泵冲传感器、转盘转速传感器）。按传输方式分为两线制和三线制（硫化氢传感器和电扭矩）。

（1）模拟量传感器

电流型传感器一般为二线制（①电源 +；②信号输出），输出信号范围为 4 ~ 20mA；在录井仪器中的信号传输方式大致如图 6-17 所示：

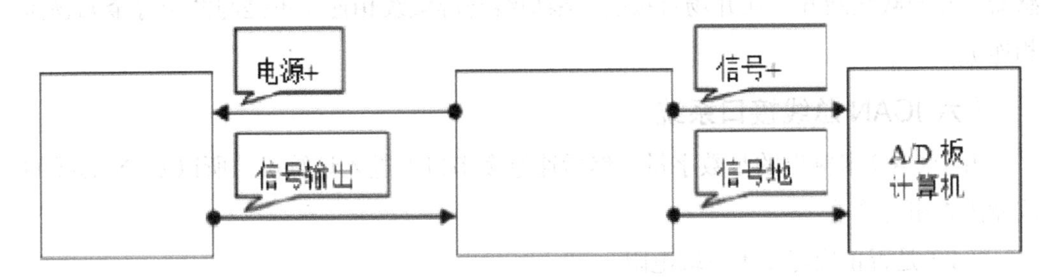

图 6–17　传感器传输信号

当综合录井仪某一路传感器信号出现问题时可以通过以下方法，在现场可简单快速地判断故障的位置所在：

首先用万用表测一下到传感器的快速接头的 2、3 脚（电源 + 端和信号输出端，注意各个厂家的航空插头每个管脚的定义可能不一样）之间是否有 15 ~ 24V（各个厂家的供电电压可能不一样，一般为 15V 或 24V）的电压。若没有则先查看信号线是否有短路或断路现象，若信号线和电压源正常，则可用电阻箱的 10 ~ 1000Ω 档串联一个万用表，使用电流挡，再串接电源 + 端和信号输出端之间，调节电阻箱阻值，观察有无电流在 4 ~ 20mA 之间变化，如无变化，说明传感器有问题；如果有变化，检查取样电阻、通信板、I/V 转换板，并对连接线、芯片进行紧固。

我们也可以使用上海中油或神开生产的 4 ~ 20mA 电流型传感器模拟器，它能非常精确地模拟 4 ~ 20mA 的信号，现场使用非常方便。

（2）数字量传感器通道

对于数字量通道的故障部位排查可按以下方法：

① 平常先准备两个好的数字量传感器（一个绞车、一个泵冲，这两个传感器检验方法可以采用上海中油或神开生产的数字量传感器模拟器，旋转绞车，可观察模拟器上的两只红灯，应有同时亮、同时灭、一亮、一灭四种状态，泵冲有金属物体接近时，有明灭两种状态）。

② 测量传感器供电电压是否正常，若不正常，检查线路、接口板、绞车电源板；若供电电压正常，把使用中的绞车传感器从绞车轴卸下，电缆线仍连接着。拆开航空插头，用万用表测量 3、4 脚，应有直流 5V 电压，旋转传感器，分别测量 1、4 脚或 2、4 脚，应有 0V 和 5V 的变化；若无，则传感器有故障。

③ 更换已经准备好的传感器，检测是否正常，若大钩单向变化，更换绞车板。

（3）使用电驱钻机需注意，井深或脉冲单向增加或减少可能是信号干扰造成的。处理方法如下：一是打开信号电缆两端密封接头，首先将接传感器一端屏蔽线断开，然后将仪器房一端屏蔽线也打开，并焊至密封接头 4 脚（接至电源地上）；二是将传感器一端屏蔽线断开，在井场直接引一根地线与屏蔽线相连（不是与井架等金属物体相连）。

（六）CAN 总线接口系统

由于 CAN 卡输出的是数字量，然后通过多串口卡进入计算机，所以 CAN 总线的故障排查相对简单。

（1）是否正确配接了终端电阻

终端电阻主要是吸收信号线的多余能量，防止反射形成信号混淆，断开 CAN 总线与适配卡的连接，测量航空插座的 4、5 两脚，应有 125Ω 的电阻。

（2）总线电压是否正常

CAN 总线规范规定总线电压为 24V，由于电流传输有压降损耗，如果 CAN 节点获得工作电压低于 19V，就会导致总线通信不稳定现象，需要更换电源。

（3）主干电缆是否有松动现象

某一个传感器有超时现象，通信时好时坏，应检查对应节点插头有无线头螺丝未上紧现象。

传感器故障，可将传感器安装在显示正常的节点上来判断传感器的好坏。

第七章　机电一体化系统设计

本章通过对机电一体化系统设计一般步骤与方法、系统功能设计、系统结构设计及控制系统设计方法等内容的介绍，使读者对机电一体化系统设计方法有一个总体了解，为后续内容的学习奠定基础。

第一节　总体设计的一般步骤与方法

机电一体化系统设计要求设计者要以系统的、整体的思想来考虑设计过程中的许多综合性技术问题，为了避免不必要的经济损失，开发机电一体化产品应该遵循一定的科学原则，通常包括市场调查、初步设计和详细设计三个主要步骤。下面就对机电一体化总体设计的一般步骤加以介绍。

一、市场调查

机电一体化产品的设计是涉及多学科、多专业的复杂的系统工程，开发一种新型的机电一体化产品，要消耗大量的人力、物力、财力，要想开发出市场对路的产品，对市场进行调查是非常关键的。

所谓市场调查就是运用科学的方法，系统、全面地收集有关市场需求和营销方面的资料。在市场调查的基础上，通过定性的经验分析或定量的科学计算，对市场未来的不确定因素和条件做出预测，为企业决策提供依据。

市场调查的内容很广泛，一般包括消费者的潜在需要、用户对现有产品的反应、产品市场寿命周期要求、竞争对手的技术挑战、技术发展的推动作用及社会的需要等，从产品与技术开发方面看，市场与用户的需求信息是形成一项设计任务的主要推动因素。

（一）消费者的潜在需求

各个消费阶层、各种消费群体都有潜在的需要，挖掘、发现这种需要，创造一种产品予以满足，是产品创新设计的出发点。20 世纪 50 年代，日本的安藤百福看到忙碌的人们在饭店前排长队焦急地等待吃热面条，而煮一次面条需要20min左右的时间，于是他经过努力创造了一种用开水一泡就可以吃的方便面条，这一发明不仅解决了煮面时间长的问题，也引发了一个巨大的方便食品市场。随着社会的发展与进步，人们迫切需要加强信息交流，今天手机产品之所以能够取得巨大的成功，其主要原因是有巨大的市场需求。

（二）用户对现有产品的反应

现有产品的市场反应，特别是用户的批评和期望，是市场调查的重点。桑塔纳轿车问世后，用户对制动系统、后视镜、行李舱、座椅等提出不少意见，于是推动了桑塔纳2000轿车、桑塔纳3000轿车的问世；波音737客机推入市场后，甚至是通过对几次空难事故的分析，方才发现客机存在的问题，并做出相应的改进设计，从而出现了波音747客机、波音757客机等。

（三）产品市场寿命周期产生的阶段要求

当已有产品进入市场寿命周期的不同阶段后，必须不断地进行自我调整，以适应市场。如今，一种新产品在市场上的稳定期仅为2～4年，制造商必须不断地做出改进，推出新机型，才能保持自己的市场占有率。

（四）竞争对手的技术挑战

市场上竞争对手的产品状态和水平是企业情报工作的重心，美国福特汽车公司建有庞大的实验室，能同时解体16辆轿车，每当竞争对手的新车一上市，便马上购来，并在10天之内解体完毕，研究对方技术特点，特别是对领先于自己企业的技术做出详尽的分析，使自己的产品始终保持技术领先地位。

（五）技术发展的推动

新技术、新材料、新工艺对市场上的老产品具有很大的冲击力。例如，数字电视、薄型和超薄型等离子电视及液晶电视新技术替代了传统模拟电视技术，企业如果盲目地在老技术水平上扩大生产传统技术产品，必将在市场竞争中处于被动地位。我国机床行业正因为在数控技术方面落后于国外一步，所以陷入今天的困境。

（六）社会的需要

日本开发的经济型轿车，开始并不引人注目，但到石油危机爆发时，这类轿车成为全世界用户的抢手货，使日本汽车工业产量一跃成为世界第一。环境保护问题已成为全世界共同关注的问题，很多会给环境造成污染的产品发展受到限制，而像电动汽车、无氟冰箱、静声空调等绿色产品则被不断地设计开发出来。

为掌握市场形势和动态，必须进行市场调查和预测，除了对现有产品征求用户意见外，还应通过调查和预测为新产品开发建立决策依据。

二、初步设计

在市场调查的基础上就可以开展产品的初步设计，初步设计的主要任务是建立产品的功能模型，提出总体方案、投资预算，拟定实施计划等，其主要工作内容包括以下几点：

（一）方案设计

在机电一体化产品设计程序中，方案设计是机电一体化产品设计的前期工作。它根据功能要求，首先构建出满足功能要求的产品简图，其中包括结构类型和尺度的示意图及相对关系，这就勾画出产品的方案，可作为构型设计的依据。机器方案设计的关键是确定产品运动方案，通常又称为机构系统设计方案。

产品运动方案设计通常下列步骤：

（1）进行产品功能分析；

（2）确定各功能元的工作原理；

（3）进行工艺动作过程分析，确定一系列执行动作；

（4）选择执行机构类型，组成产品运动和机构方案；

（5）根据运动方案进行数字建模；

（6）通过综合评价，确定最优运力和机构方案。

（二）创新设计

重视产品的创新设计是增强机电一体化产品竞争力的根本途径，产品的创新设计就是通过设计人员运用创新设计理论和方法设计出结构新颖、性能优良和高效的新产品，照搬照抄是不可能进行创新设计的。当然，创新设计本身也存在着创新多少和水平高低之分；判断创新设计的关键是新颖性，即原理新、结构新、组合方式新，构思一种新的工作原理就可创造出一类新的产品。例如，激光技术的应用，产生了激光加工机床，创造一种新结构的执行机构就可造就一种新的机器。又如，通过在抓斗机上采用多自由度的差动滑轮组和复式滑轮机构创造发明了“异步抓斗”，采用新的组合方式也可创造出一种新的机器；美国阿波罗 13 号飞船在没有重新设计和制造一件零部件的情况下，通过选用现有的元器件及零部件组合而成，这就是组合创新。由此可见，创新设计的含义是十分广泛的，产品创新设计的内容一般应包括以下三个方面：

（1）功能结构的创新设计。这属于方案设计范畴，其中包括新功能的构思、功能分析和功能结构设计、功能元的理解创新、功能元的结构创新等。从机电一体化产品方案创新设计角度来看，其中最核心的部分还是运动和结构方案的创新和构思。所以，有不少设计人员把运动和结构方案创新设计看成机电产品创新设计的主要内容。

（2）零部件的创新设计。产品方案确定以后，产品的构型设计阶段也有不少内容可以进行创新设计，如对零部件进行新构形设计以提高产品工作性能、减小尺寸重量；又如采用新材料以提高零部件的强度、刚度和使用寿命等，所有这些都是机电产品创新设计的内容。

（3）工业产品艺术造型的创新设计。为了增强机电产品的竞争力，还应该对机电产品的造型、色彩、面饰等进行创新设计，机电产品的工业艺术造型设计得法，可令使用者心情舒畅、爱不释手，同时也可使机电产品功能得到充分的体现。因此，工业产品艺术造型的创新也是机电产品创新设计的重要内容。

（三）概念设计

人们对于概念设计的认识和理解还在不断地深化，不论哪一类设计，它的前期工作均可统称为概念设计。例如，很多汽车展览会展示出概念车，就是用样车的形式体现设计者的设计理念和设计思想，展示汽车设计方案；一座闻名于世的建筑，它的建筑效果图就体现出建筑师的设计理念和建筑功能表达，这是属于概念设计范畴的。

概念设计是设计的前期工作过程，其结果是产生设计方案。但是，概念设计不只局限于方案设计，概念设计应包括设计人员对设计任务的理解、设计灵感的表达、设计理念的发挥，还应充分体现设计人员的智慧和经验。因此，概念设计前期工作应允许设计人员充分发挥他们的形象思维，概念设计后期工作则将较多的注意力集中在构思功能结构、选择功能工作原理和确定机械运动方案等方面，与传统的方案设计没有多大区别。由于概念设计内涵广泛，可使设计人员在更大范围内进行创新和发明。

三、详细设计

详细设计主要是对系统总体方案进行具体实施步骤的设计，其主要依据是总体方案框架，从技术上将其细节逐步展开，直至完成试制产品样机所需的全部技术图纸和文档。机电一体化产品的详细设计主要应包括以下内容：

（一）机械本体设计

这里所说的机械本体主要是指用于支撑机械传动部件和电气驱动部件的支撑件，如轴承座、机架等机械本体，为保证机械系统的传动精度和工作稳定性，在设计中常对机械本体提出强度、刚度、稳定性等要求。

（二）机械传动系统设计

机械传动的主要功能是完成机械运动，主要包括齿轮传动、带传动、链传动、连杆传动、凸轮传动、绕性传动、间隙传动等，严格地说机械传动还应该包括液压传动、气动传动等其他形式的机械传动。一部机器必须完成相互协调的若干机械运动，每个机械运动可由单独的电动机驱动、液压驱动、气动驱动，也可以通过传动件和执行机构相互协调驱动。在机电一体化产品设计中，这些机械运动通常由控制系统来协调与控制，这就要求在机械传动系统设计时要充分考虑到机械传动控制问题。

随着机电一体化技术的发展，如今的机械传动装置，已不仅仅是变换转速和转矩的变换器，而成为伺服系统的组成部分，要根据伺服控制的要求来进行选择设计。近年来，由控制电动机直接驱动负载的技术得到了很大的发展。但是，对于低转速、大转矩传动系统，还不能取消减速传动链。影响机电一体化系统中传动的主要因素一般有以下几个：

（1）负载的变化。负载包括工作负载、摩擦负载等，要合理选择驱动电动机和传动链，使之与负载变化相匹配。

（2）传动链惯性。惯性既影响传动链的启停特性，又影响控制系统的快速性、定位精度和速度偏差的大小。

（3）传动链固有频率。固有频率影响系统谐振和传动精度。

（4）间隙、摩擦、润滑和温升。它们影响着传动精度和运动平稳性。

（三）传感器与检测系统设计

传感器的种类很多，而在机电一体化产品中，传感器主要用于检测位移：速度、加速度、运动轨迹及机器操作和加工过程参数等机械运动参数。

传感器一般由敏感元件、转换元件、基本转换电路三部分组成。

敏感元件是能直接感受被测量，并以确定关系输出某一物理量的元件，如弹性敏感元件可将力转换为位移或应变；转换元件可将敏感元件输出的非电物理量转换成电路参数量；基本转换电路可将电路参数量转换成便于测量的电信号，如电压、电流、频率等。

传感器可以按不同的方式进行分类，如按被测物理量、工作原理、转换能量、输出信号的形式（模拟信号、数字信号）等进行分类。

按传感器作用可分为检测机电一体化系统内部状态的信息传感器和检测外部对象及外部环境状态的外部信息传感器。

内部信息传感器包括检测位置、速度、力、力矩、温度及变换的传感器，外部信息传感器包括视觉传感器、触觉传感器、力觉传感器接近觉传感器、角度觉（平衡觉）传感器等。因此，传感器是产品机电一体化的重要标志之一。

传感器的特性主要是指输入与输出的关系，当传感器的输入量为常量或随时间做缓慢变化时，传感器的输出与输入之间的关系为静态特性；当传感器的输出量相应随时间变化时，输入量的响应称为传感器的动态特性。

传感器的基本参数为量程、灵敏度、静态精度和动态精度，在传感器设计选型时，应根据实际需要，确定其主要性能参数，有些指标可要求低些或可以不予考虑，既使传感器成本降低又能达到较高的精度。一般选用传感器时，主要应考虑的因素是精度和成本，通常应根据实际要求合理确定静态、动态精度和成本的关系。

（四）接口设计

机电一体化系统由许多要素或子系统构成，各要素和子系统之间必须能顺利进行物质、能量和信息的传递与交换，为此，各要素和各子系统相接处必须具备一定的联系条件，这些联系条件就可称为接口（interface）。从系统外部看，机电一体化系统的输入 / 输出是与人、自然及其他系统之间的接口；从系统内部看，机电一体化系统是由许多接口将系统构成要素的输入 / 输出联系为一体的系统，其各部件之间、各子系统之间往往需要传递动力、运动、命令或信息，这都是通过各种接口来实现的。

从这一观点出发，系统的性能在很大程度上取决于接口的性能。各要素和各子系统之间的接口性能就成为综合系统性能好坏的决定性因素，机电一体化系统是机械、电子和信息等功能各异的技术融为一体的综合系统，其构成要素或子系统之间的接口极为重要。从某种意义上讲，机电一体化系统设计就是接口设计。

机械本体各部件之间、执行元件与执行机构之间、检测传感元件与执行机构之间通常是机械接口；电子电路模块相互之间的信号传送接口、控制器与检测传感元件之间的转换接口、控制器与执行元件之间的转换接口通常是电气接口。根据接口用途的不同，又有硬件接口和软件接口之分：

广义的接口功能有两种：一种是输入 / 输出；另一种是变换 / 调整。

根据接口的输入 / 输出功能，可将接口分为以下 4 种：

（1）机械接口。根据输入 / 输出部位的形状、尺寸、精度、配合、规格等进行机械连接的接口。例如，联轴器、管接头、法兰盘、万能插口、接线柱、插头与插座及音频盒等。

（2）物理接口。受通过接口部位的物质、能量与信息的具体形态和物理条件约束的接口，称为物理接口。例如，受电压、频率、电流、电容、传递扭矩的大小、气体成分（压力或流量）约束的接口。

（3）信息接口。受规格、标准、法律、语言、符号等逻辑、软件约束的接口，称为信息接口。例如，GB、ISO、ASCII 码、RS232C、FORTRAN、C、C++ 等。

（4）环境接口。对周围环境条件（温度、湿度、磁场、水、火、灰尘、振动、放射能）有保护作用和隔绝作用的接口，称为环境接口。例如，防尘过滤器、防水连接器、防爆开关等。

根据接口的变换 / 调整功能，可将接口分为以下 4 种：

（1）零接口。不进行任何变换和调整，输出即为输入，仅起连接作用的接口，称为零接口。例如，输送管、插头、插座、接线柱、传动轴、导线、电缆等。

（2）无源接口。只用无源要素进行变换、调整的接口，称为无源接口。例如，齿轮减速器、进给丝杠、变压器、可变电阻器及透镜等。

（3）有源接口。含有有源要素、主动进行匹配的接口，称为有源接口。例如，电磁离合器、放大器、光电耦合器、D/A 转换器、A/D 转换器及力矩变换器等。

（4）智能接口。含有微处理器，可进行程序编制或可适应性地改变接口条件的接口，称为智能接口。例如，自动变速装置，通用输入 / 输出 LSI（8255 等通用 I/O LSI）、GP-IB 总线、STD 总线等。

大部分硬件接口和软件接口都已标准化或正在逐步标准化，硬件设计时可以根据需要选择适当的接口，再配合接口编写相应的程序。

（五）微控制器设计

单片机应用系统亦称微控制器或嵌入式微处理器，微控制器设计包括硬件设计和软件设计。其一般设计步骤如下：

（1）制定控制系统总体方案，控制总体方案应包括选择控制方式、传感器、执行机构和计算机系统等，最后画出整个系统方案图。

（2）选择单片机及其扩展芯片，选择单片机及其扩展芯片应遵循如下原则：单片机及其扩展芯片应是主流产品，市场有售，另外尽量选择那些自己比较熟悉的芯片，可以缩短开发周期。同时，应兼顾性价比，程序存储器和数据存储器应适当留有余量。

（3）硬件系统设计，画出单片计算机应用系统逻辑电路原理图，有多种电子电路 CAD 软件可供选用，画好后可通过打印机或绘图机输出。

（4）绘制印刷线路图，可由 Protel200 等在电路原理图的基础上自动形成连接数据文件，然后布置封装器件。按照连接数据文件自动布线，自动布线一般可完成 60% ~ 90% 的工作，其余不能自动布线的部分，可通过键盘或鼠标来完成，印刷线路板的设计直接影响系统的抗干扰能力，一般需要一定的实践经验。

（5）制作印刷线路板（PCB），印刷线路板一般由专门厂家来制作。

（6）焊接芯片插座及其他电子元器件，并组装成单片机应用系统。

（7）微控制器软件设计，单片机控制系统软件一般可分为系统软件和应用软件两大类。系统软件不是必需的，根据系统复杂程度，可以没有系统软件。但应用软件是必需的，要由设计人员自己编写，近年来随着单片机应用技术的发展，应用软件也开始模块化和商品化。

（8）微控制器硬件调试，微控制器样机制作完成后，即可进入硬件调试阶段，调试工作的主要任务是排除样机故障，其中包括设计错误和工艺性故障。

（9）软件调试，将样机与开发系统联机调试，借助开发机进行单步、断点和连续运行，逐步找出软件错误。同时，也可发现在硬件调试时未能发现的故障，或软件与硬件不相匹配的地方，反复修改和调试。

（10）现场调试，软件经调试无故障后，可移至现场做进一步调试，经现场调试无故障后，即可将应用软件固化，然后脱机运行，做长时间运行考察，考察其运行的可靠性。

第二节 系统功能设计

系统功能分析是方案设计的出发点，是产品设计的第一道工序。机械产品的结构如同人体结构，人是一部世界上最复杂的机器，人有头部、胸、腹、四肢等解剖结构件，机器有齿轮、轴、连杆、螺钉、机架等结构件；人有消化、呼吸、血液循环等功能件，机器有动力、传动、执行、控制等功能件。这种人、机比较，有助于加深对机器功能的理解。机电一体化产品的功能设计是从结构件设计开始的，而功能分析是从对产品结构的思考转为对它的功能的思考，从而做到不受现有结构的束缚，以便形成新的设计构思，提出创造性方案。

一、功能的概念

功能用于抽象地描述机械产品输入量和输出量之间的因果关系，对具体产品来说，功能是指产品的效能、用途和作用。人们购置的是产品功能，人们使用的也是产品功能。比如，运输工具的功能是运物载客；电动机的功能是把电能转换为机械能；减速器的功能是传递转矩，变换转速；机床的功能是把坯料变成零件等。功能还可表述为：功能 = 条件 × 属性。其含义是在不同的条件下利用不同的属性，同一物体可实现不同的功能。

按照重要程度，功能分为两类，即基本功能和辅助功能。基本功能是实现产品使用价值必不可少的功能。辅助功能即产品的附加功能。例如，洗衣机的基本功能是去污，其辅助功能是脱水；手表的基本功能是计时，其辅助功能是防水、防震、防碰、夜光等。

在采用功能分析法进行方案设计时，可按下列步骤进行工作：

1. 将设计任务抽象化，确定总功能，抓住本质，扩展思路，寻找解决问题的多种方法。

2. 将总功能逐步分解为简单的分功能，一直分解到不能再分解的功能元，形成功能树。

3. 寻求分功能（功能元）的解。

4. 原理解组合，形成多种原理设计方案。

5. 方案评价与决策。

必须指出，功能原理方案设计是个动态优化过程，需要不断地补充新信息。因此，功能原理方案设计过程是一个反复修改的过程，必要时要对功能原理方案进行试验研究。

二、确定总功能

（一）设计问题抽象化

从抽象到具体、从定性到定量是产品设计的战略思想方法。所谓抽象化，就是将设计要求抽象化，而不是像常规设计那样，一接到任务就开始具体设计。

抽象化的目的确定产品总功能。例如，采煤机可抽象为物料分离和移位的设备；载重汽车可抽象为长距离运输物料的工具；洗碗机可抽象为除去餐具上污垢的装置；设计和改进一个迷宫式密封，可将其抽象为不与轴接触元件的密封。

在设计任务书中，列出许多要求和愿望，在抽象过程中要抓住本质，突出重点，淘汰次要条件，将定量参数改为定性描述，对主要部分充分地扩展，只描述任务，不涉及具体解决办法。但是在具体设计时要根据设计任务的具体情况对上述步骤做适当删减。

又如砸开核桃壳取出果仁的功能描述，若用“砸”则已暗示了解法，而用较抽象的表达才可能得到思路更开阔的解答。

（二）黑箱法

对于要解决的问题，设计人员难以立即认识，犹如对待一个不透明、不知其内部结构的“黑箱”，利用对未知系统的外部观测分析该系统与环境之间的输入和输出关系，通过输入和输出的转换关系确定系统的功能、特性，进一步寻求能实现该功能特性所需具备的工作原理与内部结构，这种方法称为黑箱法。金属切削机床黑箱中左右两边输入和输出都有能量、物料和信号三种形式，也有周围环境（灰尘、温度和地基震动）对机床工作性能的干扰、机床工作时对周围环境的影响。如散发热量、产生振动和噪声、通过输入、输出的转换，达到足以将毛坯加工成所需零件的机床总功能。

三、总功能分解

系统的总功能可以分解为分功能，如称一级分功能、二级分功能等，分功能可再分解为功能元（最小单位）。所以，功能是有层次的，是能逐层分解的。

（一）功能元

功能元是功能基本单位，在机电一体化产品设计中常用的基本功能元有物理功能元、逻辑功能元和数学功能元。

（1）物理功能元

它反映系统中能量、物料、信号变化的物理基本动作。常用的有变换—复原、放大—缩小、连接—分离、传导—绝缘、存贮—提取。

"变换—复原"功能元，主要包括各种类型能量之间的转变、运动形式的转变、材料性质的转变、物态的转变及信号种类的转变等；

"放大—缩小"功能元，是指各种能量信号向量（力、速度等）或物理量的放大及缩小，以及物料性质的缩放（压敏材料电阻随外压力的变化而变化）；

"连接—分离"功能元，包括能量、物料、信号同质或不同质数量上的结合，除物料之间的合并、分离外，流体与能量结合成压力流体（泵）的功能也属此范围；

"传导—绝缘"功能元，反映能量、物料、信号的位置变化，传导包括单向传导、变向传导，绝缘包括离合器、开关、阀门等；

"存贮—提取"功能元，体现一定时间范围内保存的功能，如飞轮、弹簧、电池、电容器、录音带、磁鼓等分别反映了能量、声音、信号的贮存。

（2）数学功能元

它反映数学的原理，如加和减、乘和除、乘方和开方、积分和微分。数学功能元主要用于机械式的加减机构和除法机构，如差动轮系、计算机、求积仪等。

（3）逻辑功能元

包括"与""或""非"三元的逻辑动作，主要用于控制功能。

（二）功能结构

类似于电气系统线路图，分功能的关系可以用图来描述。表达分功能关系的图为功能结构图，功能结构图是结合初步工作原理或简单构型设想而建立的，常用功能结构有以下三种：

（1）串联结构

串联结构又称顺序结构，它反映分功能之间的因果关系或时间、空间顺序关系，如台虎钳的施力与夹紧两个分功能就是串联关系。

（2）并联结构

并联结构又称选择结构，几个分功能作为手段共同完成一个目标或同时完成某些分功能后才能继续执行下一个分功能，则这几个分功能处于并联关系，如车床需要工件与刀具共同运动来完成加工物料的任务。

（3）环形结构

环形结构又称循环结构，输出反馈为输入的结构为循环结构，按逻辑条件分析，满足一定条件而循环进行的结构。

（三）建立功能结构图的要求

功能结构图的建立是使技术系统从抽象走向具体的重要环节之一。通过功能结构图的绘制，明确实现系统总功能所需要的分功能、功能元及其顺序关系，这些较简单的分功能和功能元，可以比较容易地与一定物理效应及实现这些效应的实体结构相对应,从而得出实现所定总功能需要的实体解答方案。建立功能结构图时应注意以下要求:

（1）体现功能元或分功能之间的顺序关系，这是功能结构图与功能分解图之间的区别；

（2）各分功能或功能元的划分及其排列要有一定的理论依据、物理作用原理或经验的支持，以确保分功能或功能元有明确解答；

（3）不能漏掉必要的分功能或功能元，要保证得到预期的结果；

（4）尽可能简单明了，但要便于实体解答方案的求取。

（四）功能结构图的变化

实现同一功能的功能结构可有多种，改变功能结构常可开发出新的产品，改变的方法有以下几种：

（1）功能的进一步分解或重新组合。

（2）顺序的改变，能量进入系统以后，其转换与传递顺序不同，实体解答方案亦将不同。

（3）分功能连接形式改变。

（4）系统边界的改变，必要时可扩大或缩小系统的功能，以求得更合理的解答方案，提高系统机械化、自动化程度是其重要方面。

（五）建立功能结构图的步骤

（1）通过技术过程分析，划定技术系统的边界，定出系统总功能。

（2）划分功能及功能元，通常首先考虑所应完成的主要工作过程的动作和作用，具体做法可参见功能分解。

（3）建立功能结构图，根据其物理作用原理、经验或参照已有的类似系统，首先排定与主要工作过程有关的分功能或功能元的顺序，通常先提出一个粗略方案，其次检验并完善其相互关系，补充其他部分。为了选出较优的方案，一般应同时考虑几个不同的功能结构。

（4）功能结构方案的评比。进行评比的方面是：实现的可能性，复杂程度，是否获得解答方案，是否满足特定要求。通常可取少数较好的方案进一步具体化，直至实体解答完全确立。

四、功能元（分功能）求解

功能（功能元）求解是原理方案设计中的关键步骤。功能元求解就是将所需执行动作，用合适的执行机构形式来实现。功能元载体的求解可根据解法目录找到，再通过运动链抽象、变异得到更佳的机构解，也可由创新技法构思出一个新型机构来实现。几种功能元求解方法如下：

（一）直觉法

直觉思维是人对设计问题的一种自我判断，通过它往往可非逻辑地、快速地直接抓住问题的实质，但它又不是神秘或无中生有的，而是设计者通过长期思考突然获得的一种认识上的飞跃。日本富士通电气公司职工小野，一次雨后散步，在路旁发现一张湿淋淋展开的卫生纸。由此激发了他的灵感：天晴时，废纸收缩变成一小团，而被雨水淋湿后自动伸展开来，他利用“废纸干湿卷伸原理”，研制成功了“纸型自动控制器”，获得一项日本专利。

（二）调查分析法

设计师通过对当前国内外技术发展状况的调查研究，加上掌握的专业知识和最新研究成果，构成解决设计问题的方案。

调查分析同类机电产品，对其进行功能和结构分析，研究哪些是先进可靠的，哪些是陈旧落后、需要更新改进的等，都对开发新产品、构思新方案、寻找功能原理解有所帮助。

（三）设计目录法

设计目录是设计信息的存储器、知识库，它以清晰的表格形式把设计过程中所需的参考解决方案加以分类、排列，供设计者查找和调用。它提供给设计师的不是零件设计计算方法，而是分功能或功能元的原理解，给设计者以具体启发。

（四）TRIZ 理论

TRIZ 是俄文“Teorijz Rezhenija Izobretatel skich Zfldach”的词头缩写，含义即发明问题解决理论，其英文缩写为 TIPS(Theory of Invention Problem Solving)。

TRIZ 理论中最重要的是具有普遍用途的 40 个发明原理。40 个发明原理开启了一扇发明问题、解决问题的天窗，将发明从魔术推向科学，让被认为只有天才才可以从事的发明工作，成为一种人人都可以从事的职业，使原来被认为不可能解决的问题获得突破性的解决。当前，40 个发明原理已经从传统的工程领域扩展到计算机、材料、微电子、医学、管理、文化教育等各个领域。40 个发明原理的广泛应用，产生了不计其数的专利发明。

下面重点介绍阿奇舒勒对40个发明原理的经典解释和传统举例，以帮助读者通俗易懂地理解和掌握每条发明原理。

工件传送系统（Workpiece Transport System，WTS）是工厂实现生产自动化的重要组成部分，传输的方式有很多种，在车间内部长距离地传输，通常使用自动引导小车（Automatic Guide Car，AGV），对于物料的配送非常合适，但仍然需要机械手或人工进行上下料，相应的运行空间也较大，对于生产车间高度集中的地方，AGV具有非常大的局限性，不能有效地施展工作。当前在机床加工领域实现了使用工业机器人来取放工件，达到了单机的上下料自动化，由此每台机床仍然需要配备相应的人员来搬运加工前和加工后的工件，这个工作量对大型的加工厂来说仍然是非常大。在中国制造2025的背景下，以实现工厂自动化为出发点，将各个加工单元进行有效串联，构建一个智能的无人车间，采用工件自动传送系统成为首要任务。

1. 系统介绍

传送系统的构成：

（1）辊道输送机构

辊道输送机构用于传送工件，采用变频器加电机控制各个区间的辊道运行。由于传送区间较长，达20m，采用6个电机传动。

（2）挡料机构

挡料机构是在工件上料时，将后方的来料阻挡，以腾出上料的空间提供给机械手上料的一种机构。该机构由工件检测传感器、前阻挡气缸和后阻挡气缸及气缸的上下限位传感器组成。当传感器检测到有工件，且没有上料信号时，后阻挡气缸下降，下降到位，前阻挡气缸上升，放出一个工件。当接收到机械手放料信号时，前阻挡气缸不动作，待放料区间的传感器检测到没有工件时；发出一个可放料信号，机械手执行放料；放料完成后，机械手提供放料完成信号，传送带重新启动工件，工件传送恢复正常。

（3）上料机械手

上料区域控制由阻挡工件进行控制，当需要空出上料区域时，通过阻挡机构将区域空出，以便提供给机械手上料使用。机械手采用三轴桁架结构，采用伺服系统控制，实现上料、下料的自动化。

（4）工件判别机构

工件判别是指由于车间是同时操作生产不同的工件，组合机床工件输送到下一工位时，需要判别工件的类型，采用大小与高低作为工件的识别特征。通过气缸的限位传感器，能有效识别出工件的特征。工件机构采用横向和纵向两个气缸，分别判别工件的大小和高低，通过组合来识别工件的种类。

（5）储道分流机构

传送系统末端有不同的分流道，工件识别后根据垢分流到相应的料道，进行再加工。分流机构设计为阻挡机构和拨料机构，将不同的工件分向两个不同的储料道，分流机构采用传感器检测到位，气缸执行拨料的工作方法。

2. 电气控制系统设计

WTS 的控制器采用的是三菱 Q 系列 PLC。Q 系列 PLC 是三菱的中、大型 PLC 系列产品，采用模块化架构，根据需要选择模块，其性能优秀，可以适用于各种复杂机械、自动生产线的控制。它具有可扩展性强、节省成本、安装方便、集成功能强、设备兼容性强等特点。

三轴机械手采用 QD77MS4 定位控制模块，三菱 Q 系列 PLC 采用的是模块化设计，其组成由电源模块、基板、CPU 模块，以及输入 / 输出模块组成，每一个模块都需要安装在基板上进行使用。根据整个传送系统的控制需求对 CPU 模块进行选型。

保证施焊；提高生产率，降低成本；操作方便、省力、安全；具有良好的工艺性，便于制造、维修和保养。

焊接变位机一般由翻转机构和焊接夹具组成。

（1）焊接夹具

焊接夹具的设计主要是确定夹具的结构形式，主要内容有以下方面：

定位基准的选择。定位可靠、精度高、便于装配和焊接，有利于简化夹具结构。斗杆变位机以斗杆两端的销轴孔定位，定位简单、可靠，并且便于工件的装卸。

骨骼形式的选择。夹具骨骼是整个夹具的基础，所有定位件及夹紧件均安装在骨架上，同时，还要支撑整个焊接件的质量，故夹具的骨骼形式非常重要。设计时不仅要考虑骨骼的支承能力，还要考虑良好的开敞性，以降低结构质量，便于操作，获得较高的装焊工作效率。斗杆变位机的骨架采用简单的支架结构，结构刚度好、质量轻且制作简单方便。

骨架与夹具的连接。夹具和骨架的连接主要从便于安装调整定位夹紧点，满足各种型号（LG120、LG230、LG210 等）挖掘机工件需求及便于操作等方面考虑。斗杆变位机采用在从动侧调整夹具的位置来达到满足不同型号产品的需要。从动侧的夹具利用滑轨实现高度和水平方向的位移，高度方向利用螺纹的自锁定位，水平方向利用活动的定位销定位。

夹紧器。根据批量大小选择夹紧器形式。如果批量小，可选择快速夹紧的螺旋夹紧器；如果批量大，优选气动夹紧机构。由于斗杆的焊接时间长，工件的更换不是太频繁，所以采用具有正反螺纹的螺旋夹紧器夹紧，夹紧简单、方便、可靠。

（2）翻转机构

翻转机构一般由主动翻转机构和被动翻转机构组成，主动翻转机构由电机、减速器和辅助支承等组成。

为减少驱动力矩，通过理论计算及采用偏心调整装置尽可能使夹具和工作合成的纵向重心线与输出轴的轴线相重合。这样使翻转夹具基本平衡，电机仅需克服辅助支承轮盘与轴承间摩擦力矩和翻转部分的偏心力矩。夹具翻转时，转动速度不能太快，如采用普通齿轮减速器和蜗轮蜗杆减速器，则结构太庞大，为缩小夹具整体尺寸，应优选结构紧凑的摆线针轮减速器。

变位机采用电动机与减速器直联，通过齿轮内啮合传动带动辅助支承，使骨架转动。电动机与减速器直联进一步缩小了夹具的整体尺寸。通过调整从动翻转机构上的配重铁的数量使工作总成的纵向重心线与夹具的输出轴的轴线重合，以减小电机的扭矩损失。

第三节　系统结构设计

所谓结构设计，就是将工程设计的设想具体化为工程图样的过程，在这一过程中要兼顾到各种技术、经济和社会要求，并且应该充分考虑各种可能的方案，从中优选出符合具体产品实际条件的最佳方案。宏观地看，结构设计大致有以下三方面内容：

1. 功能设计。以各种具体的结构实现机电一体化系统的功能要求。

2. 质量设计。兼顾各种要求和限制，提高机电一体化系统的质量和性能。

3. 优化设计和创新设计。充分应用现代设计方法系统地构造设计优化模型，用创造性设计思维方法进行机电一体化系统设计的优化和创新。

在进行结构设计时，不应急于联想和参考同类产品的具体结构，首先要全面地研究所需要执行的各种功能，把需要解决的问题做抽象处理，把各种基本功能和主要的约束条件进行仔细整理，以便集中于主要问题，方便求解。其次要在详细调查研究的基础上列举出能实现这些功能的各类工作原理，以及完成这些工作原理的各种具体结构，分析它们在力学和运动、制造工艺、材料、装配、使用、美观、成本、安全等诸方面的性能。最后要考虑环境与系统之间的影响，在结构方案的构思中，应尽量以简图或示意图的方式来表达设计思维，不必考虑每一个具体的结构、材料、尺寸等细节，找出问题所在，以便重点突破和解决。

一、结构设计的基本过程

虽然结构设计的最终产品是工程图样，但它并不只是简单地进行具体的设计制图，现代技术产品的竞争焦点往往不是该产品的某种工作原理，而是其具有特色的先进技术指标，在现代产品的设计中，后者显得越来越重要。那种只需满足主要技术功能要求，只解决“有”“无”的时代已经过去了。

人们对产品质量提高的要求是永无止境的市场的竞争日益激烈，需求也在向个性化方向发展。因此，优化结构设计的内容包括确定零部件形状、数量、空间位置、选材、尺寸，以及进行各种计算，按比例绘制结构方案图等。若有几种方案，则需进行评价决策。

在进行结构设计时，还要充分考虑现有的各种条件，如加工条件及现有材料、各种标准零部件、通用件等。结构设计是从定性到定量、从抽象到具体、从粗略到精细的设计过程，对其每个步骤的内容叙述如下：

1. 确定设计任务书对结构设计的要求，它一般包括功率、转矩、传动比、生产率、连接尺寸、相互位置、耐腐蚀性、抗蠕变性、规定的工件材料和辅助材料、空间大小、安装限制、制造和运输问题等方面。

2. 初步确定主要功能载体的结构，主要功能载体是指承受主要功能的元件（零件或部件）。如减速箱中的齿轮和轴，初步结构设计是指对这些零部件结构形状进行初步确定，主要凭经验或粗略估算确定其几何尺寸和空间位置。

3. 初步确定辅助功能载体结构，辅助功能是指支承、密封、连接、防松和冷却等，其载体如齿轮轴的轴承，输出输入轴的密封、箱体和端盖等，辅助功能载体确定后，就可以确定初步的结构形式。

4. 检查主、辅助功能载体结构的相互影响及配合性，即结构形状、几何尺寸和空间位置是否相互干涉，以保证各部分结构之间合理联系。

5. 详细设计主辅功能载体结构，确定两种结构的零部件几何尺寸、相互位置等。设计人员要充分运用自己所掌握的知识及现代设计方法，并要考虑工艺性和成本。

二、结构设计的基本原理

（一）结构方案设计基本原则

在结构设计中，设计者要从承载能力、寿命、强度、刚度、稳定性、磨损和腐蚀等方面来提高产品性能，获得最优方案。确定和选择结构方案时应遵循三项基本原则，即明确、简单和安全可靠。

（1）明确

所谓明确，是指产品设计中所应考虑的问题都应在结构方案中获得明确的体现与分担。

1）功能明确，所确定的结构方案应能明确地体现产品或结构所要求的各种功能的分担情况，既不能遗漏，也不应重复，对每个具体结构件来说，应能明确、可靠地实现其所分担的功能。

2）工作原理明确，对所依据的工作原理应预先考虑到可能出现的各种物理效应，以免出现载荷、变形或磨损超出允许范围的情况。

3）使用工况及承载状态明确，材料选择及尺寸计算要依据载荷情况进行，不应盲目采用双重保险措施。如轮毂与轴的连接中，若同时采用过盈配合和平键，则应注意给轴向装配造成的困难。平键只起周向定位作用或辅助承载作用，此时，不能按承受载荷来确定平键的尺寸。

（2）简单

在确定结构方案时，应使其所含零件数目和加工工序数量与类型尽可能减少，零件的几何形状力求简单，尽量减少或简化零件的机械加工面、机械加工次数及热处理程序。简单的好处在于不但降低了产品的制造成本，而且还提高了产品工作的可靠性。比如，由于面、圆柱、圆锥、圆球或其他对称形状所构成的零件很容易加工、检验，因此可用较少的工时，获得较高的精度，并确保其功用的实现。

（3）安全可靠

安全技术可分为直接的、间接的和提示性的三种类型。直接在结构中满足安全要求，使其不存在危险性的技术称为直接安全技术。

安全可靠主要从构件的可靠性、功能的可靠性、工作的安全性和环境的安全性等方面来衡量。所谓安全可靠，也就是说在规定的载荷下，在规定的使用条件和时间内，构件不产生过度变形、过度磨损、不丧失稳定或不发生破坏，机器在其规定的使用期限内、在规定的条件下，不丧失其功能，不产生对人体及环境的危害。

1）直接安全技术，首先要确保构件的可靠性，正确地进行分析和计算，必要时通过试验确定构件受力情况和应力状态，避免出现应力过于集中，防止出现断裂；还应充分估计辐射、腐蚀、老化、温度、介质、表面涂层及加工过程对材料的影响。

当破坏无法避免时，应将破坏引导到特定的次要部位。比如采用特定的功能零件，当出现危险时该零件首先被破坏，从而避免了整机或其他重要部位的损坏，更不至于造成人身伤害事故。如机械中常用易于剪断的安全销来连接某些运动件，如车床的丝杠，一旦载荷达到危险程度时，安全销就被剪断，从而保护了整机或丝杠的安全。

对于在发生事故时会造成重大损失的系统，可采用冗余配置来保证系统的安全可靠。例如，电站的备用机组、坦克中的备用发电机、飞机的双操纵设计等，一旦主功能载体失效，便可启用备用装置。当运动阻力过大时，离合器之间通过弹性系统的作用，使两部分打滑而实现过载保护。

2）间接安全技术，其主要实现方式是使用防护系统和防护装置，防护系统应能防止机器在超负载下工作，可使机器在超载时自动脱险。例如，液压、气动系统或锅炉系统中的安全阀，电动机驱动系统的热继电器，机床中的安全离合器等就是这种在系统出现超负载时自动降低或切断负载的防护装置，安全离合器及安全阀等则是不引起任何破坏的安全装置。

3）提示性安全技术，在由于技术上或经济上的原因不能采用上述两种安全技术而又可能出现不安全情况时，可采用提示性安全技术，在即将出现危险情况时通过指示灯、警报声等给予提示，以便使用者及时停止机器并排除故障。

（二）结构方案设计原理

在结构设计中常应用下述各项原理：

（1）等强度原理

对同一个零件来说，各处应力相等，各处寿命相同，叫等强度。在等强度情况下，材料得到充分利用，经济效益提高。图 7-1（a）所示结构强度不等，而且强度差；图（b）所示结构强度不等；图（c）为适用于铸铁的等强度结构；图（d）为适用于钢的等强度结构，等强度原理在机械设计中得到了广泛的应用。

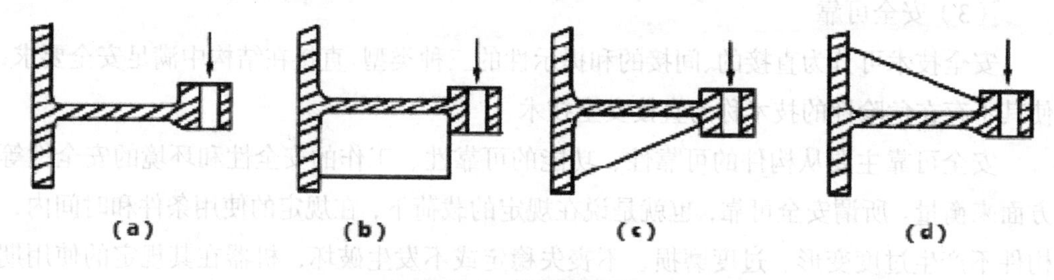

图 7–1　等强度原理

（2）力传递原理

机械结构设计要完成能量、物料和信号的转换。力是能量的基本形式，完成力的形成、传递、分解、合成、改变和转换是结构设计的主要任务，其中最重要的是完成力的接受和传递力在构件中的传递轨迹就像电场中的电力线、磁场中的磁力线、水流中的水流线一样，力按力流路线传递，力线的密集程度反映力的大小，力线和力流方向用箭头表示，力线和力流在连续物体中传递，数量不变，且连续不断，还可以封闭。

（3）自补偿原理

通过技术系统的本身结构或相互配置关系，产生加强功能、减载和平衡作用，称为自补偿或自助。在自补偿结构中，总效应是由初始效应和辅助效应共同产生的，初始效应保证系统初始状态可靠，辅助效应在力的作用下使功能得以加强，常见的自补偿原理的应用形式有自增强、自平衡、自保护三种。

自增强。在正常工作状态下，辅助效应与初始效应的作用方向相同，总效应为两者之和。

自平衡。自平衡是在工作状态下，辅助效应和初始效应作用方向相反并达到平衡状态，取得满意的总效应。

自保护。自保护是指技术系统在超载工作时，其结构中元件产生保护效应，使系统免于受损。

（4）结构设计变元

结构设计方案空间简称为解空间，是结构创新、设计与优化设计的重要前提。在超载保护结构设计例子中，得到结构设计巨大的解空间的可能性已被证明，关键问题是如何得到大的解空间，仅凭设计师个人的经验是很难提出超载保护结构设计例子中那么多可能性结构方案的，所以在实际中设计师只有很少的可能性方案供优选，往往是先想到什么，就采用什么，显然这具有很大的偶然性和局限性，结构设计变元这一概念就是为解决这一问题而提出的。

结构设计变元有两层含义：其一，什么是机械构造的基本元素；其二，如何系统地有规律地改变这些元素，从而产生多个可能性设计方案。

点是线的基本元素，线是面的基本元素，面是构件、零件的基本元素，构件零件是部件的基本元素，部件继而组成机械设备，机械设备可进一步组成更复杂的技术系统。这些基本元素可用数量、大小、形状、方位、相互连接方式、表面特性、材料和工艺等来描述。因此，结构设计解空间的构造可以通过对基本元素的变元进行变化及组合来实现。

提出新的结构设计方案是一种从无到有的创造性思维。它需要想象、联想、灵感，结构设计变元是一种系统化的、逻辑推理性的思维方法，它虽不能取代创造性思维方式及灵感，但可以有力地促进它们提出大量可能性的供选择的结构设计新方案，是结构设计创造发明及结构优化设计的关键问题。下面分别对结构设计变元的变化性质及其应用做专门的论述。

数量变元，通过改变结构基本元素（如线、面、零部件的数量）可以改变产品的功能和性能。例如，通过减少被加工面的数量，可以达到降低制造成本的目的；通过增加扳手内圈正多边形边数，可以提高它的结构强度，从而减小外圈的尺寸。

形状变元，改变构件棱边或表面的形状也能得到多种可能性结构设计方案，表面形状种类繁多，如平面、柱面、球面、锥面、环面、椭圆面、双曲面、抛物面、渐开面、摆线曲面、螺旋面和各种自由面。在机械结构中，平面和柱面使用得最多，因为它们加工方便。

材料变元。材料变元有两类：一是改变材料的物性；二是改变材料相对于工作面的位置。改变材料的物性，即选用不同的工程材料，往往同时伴随着加工工艺的变化。

图 7-2 是用三种不同的材料（木材、塑料、金属）制作的夹子，由于三种材料性能差别很大，因此其结构形状相差甚远。

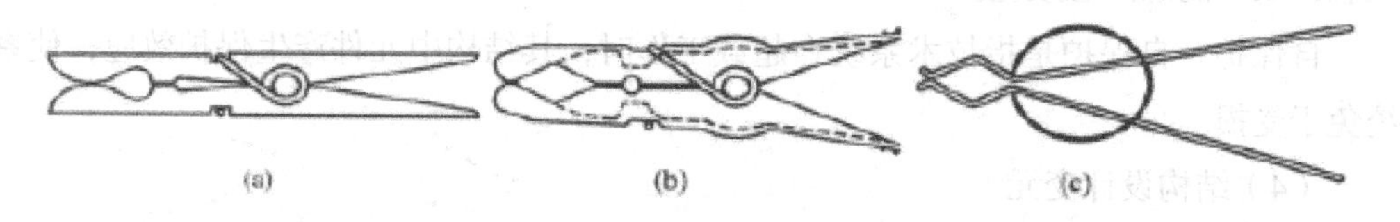

图 7–2　三种不同的材料（木材、塑料、金属）制作的夹子

图 7-3 是铰链结构的例子，左边铰链由金属制成，右边由塑料制成，两者功能相同，但结构形状完全不一样，钢的弹性模量比塑料大得多，所以同样柔度的弹簧结构上区别很大。

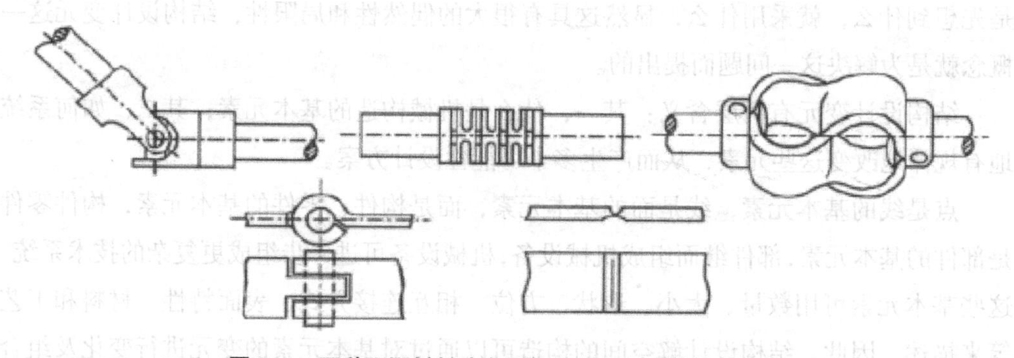

图 7–3　两种不同材料（金属与塑料）制成的铰链结构

顺序变元，通过改变结构元素的排列顺序，可以得到若干新的结构设计方案。例如，改变构件轮廓线顺序可以得到新的构件设计方案，通过改变压力锤、打印头、色带和纸的顺序，可以得到不同的设计方案。

（5）力平衡原理

为了实现总功能，各机构或零件需要传递做功的力和力矩，如圆周力、驱动力矩等，这种力（矩）称为有功力（矩）。与此同时，常常伴随产生一些无功力，如斜齿轮的轴向力、惯性力等，这些无功力使轴和轴承等零件负荷增大，并且造成附加的摩擦损失，降低机器的传动效率。

（6）稳定性原理

所谓系统结构稳定性，是指倾翻力与恢复力平衡，或者恢复力大于、等于倾翻力时，系统处于稳定状态。图 7-4 中，图（a）使活塞偏斜，是不稳定结构；图（b）的气缸压力能使活塞有恢复到垂直位置的倾向，达到稳定工作状态。图 7-5 是几种加强结构稳定性的措施。

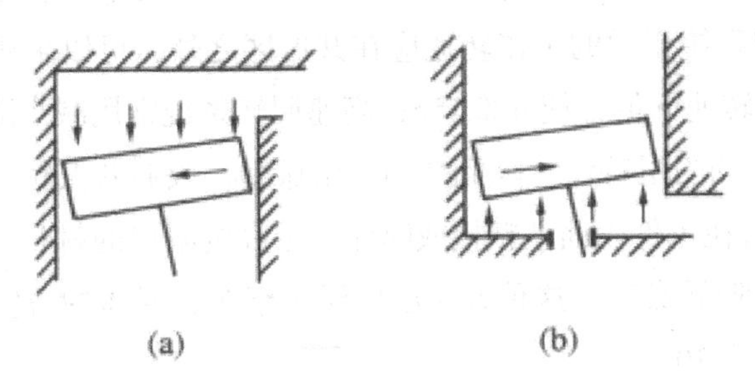

图 7–4　活塞不稳定性结构

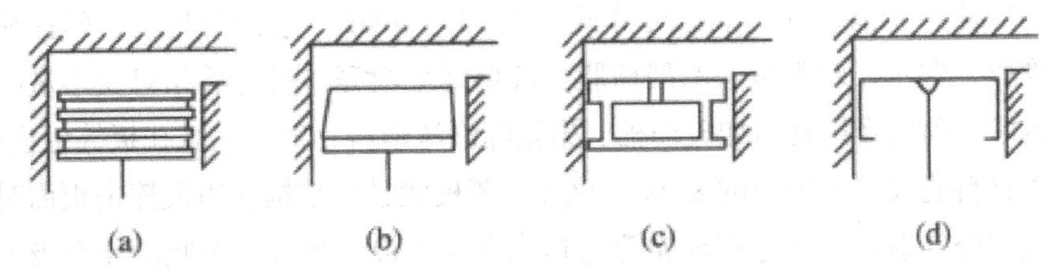

图 7–5　保持活塞稳定的结构

（7）降低噪声原理

机械振动引起噪声，过大的噪声影响人的身心健康。噪声引起操作者疲劳，可能导致事故发生。噪声是机器质量的重要评价指标之一。

根据我国《工业企业噪声卫生标准》的规定，生产车间和作业场地噪声不得超过 85dB(90dB)，机床噪声应小于 75 ~ 85dB，小型电机应小于 50 ~ 80dB，汽油发动机应小于 80dB，家用电器如电冰箱应控制噪声小于 45dB，而洗衣机噪声则应小于 65dB。

机械噪声是由固体振动产生的，在冲击、摩擦、交变载荷和磁应力作用下，各零部件产生振动，发出噪声，其表现为：运动噪声，各运动零部件旋转或做往复运动时，因质量不平衡，产生惯性力，发生自振，引起噪声，如电机由于旋转磁场变化产生电磁噪声;接触噪声，机器零件因滚动、滑动和敲击而产生噪声，如齿轮啮合、滚动轴承、离合器、制动器等产生的噪声；传动力噪声，机器零件因力的传递不均匀产生振动而发出噪声，如链传动杠杆机构等产生的噪声。降低噪声的主要方法是减少机器中振源的振动，降低噪声源是控制噪声最有效的方法，如采用较平稳的传动机构，以带传动、涡轮传动代替齿轮传动，以齿形链代替套筒滚子链等。火车轨道接缝之间因考虑热膨胀量都留有间隙，火车行走时不可避免地会产生振动，现在采用长钢轨的新技术，每 1 000m 左右才有一个接头，因而大大降低了振动和噪声。

提高运动部件的平衡精度，可减小旋转件由于质量不均匀、重心偏离回转中心而引起的不平衡噪声。例如，家用电风扇的叶片经过专用的风扇叶动平衡机平衡后，可以将不平衡振动控制，使噪声明显下降。

系统的工作振动频率与其自振频率一致而产生共振现象，会导致强烈振动并产生很大的噪声，回传系统正常的工作转速应在共振区之外，可以采用控制系统刚性的办法来控制共振临界转速 n 值，使 n<0.75n；高速回转系统常用减小刚性、降低 n 的方法使 n>1.2n 提高机构的阻尼特性，降低结构自由振动，减弱共振频率附近的振动，可达到降低噪声的目的，在工件表面上粘接或喷涂一层高内阻尼的材料，如塑料、橡胶、软木、沥青等，能减振和降低噪声。这种方法已广泛用于车、船体的薄壁板上，涂层材料的重量约为板材重量的 30%。

控制噪声的传播也是减振的主要措施之一，可利用隔振材料或采用隔振结构降低振动源的固体声传播，通过隔振可降低噪声 10 ~ 30dB。隔振材料是指弹性材料，如塑料、橡胶、软木、塑料板、酚醛树脂、玻璃纤维板等，受力后相对变形量越大，隔振效果越好，利用吸声材料如玻璃棉、聚氨酯泡沫塑料、毛毡、微孔板等可进行吸声。好的吸声材料能吸收入射声的 80% ~ 90%，薄板状吸声结构在声波撞击板面时产生振动，吸收部分入射声，并把声能转化为热能微穿孔板一个或两个腔的复合吸声结构利用声波通过的空气在小孔中来回摩擦消耗声能，且用腔的大小来控制吸声器的共振频率，腔越大，共振频率越低。还可利用隔声罩、隔声间、隔声门等结构，用声反射的原理隔声，简单的隔声屏能降低噪声 5 ~ 10dB；用 1mm 钢板做隔声门时，隔声量约为 30dB，而好的隔声间可降低噪声 20 ~ 45dB。

将消声器、消声箱放在电机、空气动力设备及管道的进出口处，噪声可下降 10 ~ 40dB，响度下降 50% ~ 93%，主观感觉有明显效果。

变被动控制为主动控制是今后噪声控制的主要发展方向之一。设计低噪声产品及零部件时必须分析产品中各部件的原理和结构对低噪声的影响，从而从根本上采取措施降低噪声。

三、部件结构设计

（一）机床上下料装置的作用

（1）提高劳动生产率和设备利用率

据统计，大型零件的上下料辅助时间约占整个生产辅助时间的 50% ~ 70%，中小零件的上下料辅助时间约占整个生产辅助时间的 20% ~ 70%。实现上下料的自动化可以减少生产辅助时间，从而提高劳动生产率和设备利用率。

（2）减轻工人劳动强度

上下料的自动化可以减轻工人的手工操作劳动强度，改善劳动条件。

（3）减少生产事故的发生

据有关部门资料统计，多数生产事故都发生在上下料过程中，自动上下料，减少人的参与，可以减少生产事故的发生。

（4）为实现自动化生产创造条件

机床上下料自动化是实现整个生产自动化的必然要求，没有机床上下料自动化，就无法实现生产过程全自动化。

（二）机床上下料装置的分类

机床自动上下料装置可按毛坯或零件的形式和自动化程度分类。

（1）按毛坯形式分类

按毛坯形式不同，有板料、卷料、条料、件料上料装置。由于毛坯料形状简单、结构单一，板料、卷料、条料毛坯的自动上料装置，已成为冲剪设备自动机床的组成部分。件料毛坯外形、形状差异较大，故件料自动上下料装置类型较多，结构差异大。

（2）按结构形式和自动化程度分类

按结构形式和自动化程度不同，机床自动上下料装置可分为料仓式上料装置、料斗式上料装置和工业机械手上下料装置。

料仓式上料装置。料仓式上料装置是一种半自动上料装置，需要人工定期将一批工件按规定方向和位置依次排列在料仓里，由送料器自动地将工件送到机床夹具中。

料斗式上料装置。料斗式上料装置是全自动上料装置，工人将一批工件倒入料斗中，料斗的定向机构能将杂乱无章的工件自动定向，按规定方位整齐排列有序，以一定的生产节拍自动送到加工位置上。

工业机械手上下料装置。工业机械手比料斗式或料仓式灵活，适用于体积大、结构复杂的单件毛坯或劳动条件较恶劣的场合，广泛应用于柔性制造系统。

当工件的尺寸较大，而且形状复杂难以自动定向时，可采用料仓式上料装置。料仓式上料装置是一种半自动上料装置，其特点是工件需要由人工按一定的方向和位置预先装入料仓内，然后由送料机构自动地将其送到机床的夹具中。料仓式上料装置主要用于大批量生产，所运输的工件可以是锻件、铸件或由棒料加工而成的毛坯件或半成品。由于料仓式上料装置需要手工加料，对于加工时间较短的工件，人工加料将使工人十分紧张，影响劳动生产率。因此，料仓式上料装置适用于加工时间较长的工件，便于实现一人多机床操作，这样可以明显地提高劳动生产效率。

料仓式上料装置主要由料仓、隔料器、上料器几部分组成。

1. 料仓

料仓用于存储工件，料仓的大小取决于工件的尺寸及工作循环的长短。为了使工人能同时看管多台机床，工件的存储量应能保证机床连续工作 10 ~ 30 min。根据工件形状、尺寸和存储量的大小及上料机构的配置方式的不同，料仓具有不同的结构形式。

（1）靠毛坯自重进行送进的料仓。这类料仓靠毛坯自身的重力驱动着毛坯的导向槽滑落到上料器中。

（2）强制送进的料仓。当毛坯的质量较轻，不能保证靠自重可靠地落到上料器中，或毛坯的形状较复杂不能靠自重送料时，可采用强制送进的料仓。

2. 隔料器

隔料器的作用是把待加工的毛坯（通常是一个）从料仓中的许多毛坯中隔离出来，使其自动地进入上料器。比较简单的上料装置中，隔料器直接将毛坯送到加工位置，即隔料器兼有上料器的作用。当毛坯质量较大或垂直料槽中毛坯数量较多时，为了避免毛坯的全部质量都压在送料器中，要设置独立的隔料器。

3. 上料器

上料器是把料仓经输料槽送来的毛坯，送到机床加工位置的装置。

料斗式上料装置主要用于形状简单、尺寸较小的毛坯件的上料，广泛地应用于各种标准件厂、工具厂、钟表厂等大批量生产厂家。料斗式上料装置与料仓式上料装置的主要不同点在于，后者只是将已定向整理好的工件由储料器向机床供料；而前者则可对储料器中杂乱的工件进行自动定向整理再送给机床。料斗式上料装置具有自动定向机构，能实现上料过程完全自动化。

料斗式上料装置主要由装料机构和储料机构组成。装料机构由料斗、搅动器、定向器、剔除器、分路器、送料槽、减速器等组成。储料机构由隔离器、上料器组成。

料斗式上料装置可分为机械传动式料斗装置和振动式料斗装置两大类。

1. 机械传动式料斗装置

机械传动式料斗装置形式多样，按定向机构的运动特征可分为回转式、摆动式和直线往复式等，所采用的定向机构主要有钩式、销式、圆盘式、管式和链带式等。

工件定向方法主要有抓取法、槽隙定向法、型孔选取法和重心偏移法。抓取法用定向钩子抓取工件的某些表面，如孔、凹槽等，使之从杂乱的工件堆中分离出来并定向排列；槽隙定向法用专门的定向机构搅动工件，使工件在不停地运动中落进沟槽或缝隙，从而实现定向；型孔选取法利用定向机构上具有一定形状和尺寸的孔穴对工件进行筛选，只有位置和截面与型孔对应的工件，才能落入孔中而获得定向；重心偏移法是对一些在轴线方向重心偏移的工件，使其重端倒向一个方向实现定向。

2. 振动式料斗装置

振动式料斗装置借助于电磁力产生的微小振动，依靠惯性力和摩擦力的综合作用驱使工件向前运动，并在运动过程中自动定向。

振动式料斗的优点：

（1）送料和走箱过程中没有机械搅拌、撞击和强烈的摩擦作用，因而工作平稳；

（2）结构简单，易于维护，经久耐用；

（3）适用性强，送料速度可任意调节。

其缺点：

（1）工作过程中噪声较大，不适于传送大型工件；

（2）料斗中不洁净，会影响送料速度和工作效果。

机械手是一种能够模仿人手的某些工作技能，抓取和搬运工件，或完成某些劳动作业的机械化、自动化的装置。自动线上的机械手能完成简单的抓取、搬运工作，尤其适合几何形状不规则、不对称的工件，通过选取合适的手爪，可选用较少的抓取和输送基准面而保持上下料及输送的稳定性和可靠性。

1. 工业机械手的组成

工业机械手由主体、驱动系统和控制系统 3 个基本部分组成。

（1）主体，即机座和执行机构，主要包括臂部、腕部和手部；

（2）驱动系统，包括动力装置和传动机构，用以使执行机构发生相应的动作；

（3）控制系统，按照输入的程序对驱动系统和执行机构发出指令信号，并进行控制。

2. 工业机械手的类型

机械手可分为专用机械手和通用机械手。

（1）专用机械手

这种机械手一般仅由手爪、腕部和手臂构成，是附属于机床的辅助设备。其动作必须与机床的工作循环相配合，多数动作由机床控制系统来完成，大多数生产线的机械手都属于专用机械手。

（2）通用机械手

通用机械手是一种独立的自动化装置。工业机器人就是一种通用机械手，又称为工业机械手。其功能完善，自由度较多，能模仿人的某些工作机能与控制机能，能够实现多种工件的抓取、定向和搬运工作，并能使用不同工具完成多种劳动作业。

按臂部运动的形式可分为 4 种。

直角坐标型臂部，可沿三个直角坐标移动；

圆柱坐标型臂部，可做升降、回转和伸缩动作；

球坐标型臂部，能做回转、俯仰和伸缩动作；

关节型臂部有多个转动关节。

按执行机构运动的控制机能可分为点位型和连续轨迹型。点位型只控制执行机构由一点到另一点的准确定位，适用于机床上下料、点焊和一般搬运、装卸等作业；连续轨迹型可控制执行机构按给定轨迹运动，适用于连续焊接和涂装等作业。

按照机械手是否移动可分为固定式和行走式两类。

固定式机械手由于本体是固定的，它只能借助其臂部在可活动范围内进行上下料作业，它的传送距离受到一定限制。如果能自动更换手部，它就可以抓取工件、刀具或夹具等，实现多种操作，是一种具有较大柔性的传送装备。固定式机械手可分为服务于多台机床与固定机床两类。

行走式机械手又称为移动式机械手，具有较大的活动范围。有许多车削中心和双主轴加工中心机床自带这种移动式上下料机械手，通过更换手爪可以适应不同形状工件的加工。

工件抓取输送机构是模仿人手的部分动作，按照一定的要求实现自动抓取、搬运和操作的机械装置，能够按照给定的轨迹和要求实现输送动作。以最快的速度对工件抓取输送装置进行机构设计与优化是关键。

传统的图解法和解析法进行机构设计不仅效率低、劳动强度大，而且精度差、参数调整困难，不能实现参数化、可视化设计。有一些软件可以对机构进行设计和优化，但是一般都要借助一些数值分析方法进行代码编程实现，十分复杂，而且只能针对特定位置的运动学进行分析，如需其他位置分析，还需重新求解和编程。而参数化设计是将模型所有尺寸定义为参数形式的一种设计方法。用户可以定义各参数之间的相互关系，这样使得特征之间存在依存关系。当修改某一单独特征的参数时，会牵动其他与之存在依存关系的特征进行变更，以保持整体的设计意图。基于Pro/E的骨架模型的设计方法，是在Pro/E中建立工件抓取输送机构的骨架模型，通过添加关系式驱动骨架模型尺寸实现参数化设计。利用骨架模型的分析优化仿真功能，可以建立一个合理的工件抓取输送装置的参数化设计与仿真系统。

骨架模型是自顶向下设计方法强有力的工具之一，而自顶向下的设计方法是顶层的产品结构传递设计规范到所有相关子系统，有效地把组件设计信息传递给各个子组件或零件，实现组件的参数化设计。将骨架模型作为沟通桥梁，使所有设计人员有相同的参考依据，再分成不同的小组同步进行产品开发，所完成的结果也能反映至最上层组件，这样便于及时发现问题。骨架模型包含了用以控制全部零件的设计需求，在装配中提供零件或子装配的设计参照，使设计信息集中在骨架模型中，并通过修改骨架模型实现对整个产品的控制。当骨架发生变化时，与之相连的实体模型也将发生变化。因此，在机构设计与优化过程中，合理设计骨架模型，可使机构优化更加快捷、准确和直观。

对工件抓取输送机构进行设计时综合考虑抓取输送动作要求及工艺条件等，确定机构的性能、组成和实现方式，同时，根据功能要求，确定机构设计方案，然后创建骨架模型进行参数化设计，最后根据对所建立的骨架模型进行分析和运动仿真，修改不符合要求的参数要素，最终完成总体性能最优的模型设计。

根据给出的工件抓取输送机构的设计要求，利用Pro/E软件，通过建立骨架模型，对机构进行设计、分析和优化。根据初步的功能设计方案所给出的凸轮机构的参数和各个杆的初始值，在Pro/E软件下建立骨架模型，骨架模型是由一些赋予连接形式和设计参数关系的点线面基准特征组成。

骨架模型类似于其机构运动简图，与机构运动简图相比较，又有一些可变化、可运动、可优化分析、可测量和可实体化的优点。它经参数化设计而成，改变参数的数值就可以改变骨架模型，而且可以按照给定运动规律要求运动起来，同时，可对其进行敏感度分析、可行性分析和优化设计，最终找到达到优化目标的最佳方案；还可以对各个零件进行几何测量和运动学测量，达到对机构进行分析的目的，最后按照最佳方案，生成各个构件的三维实体，并将它们组成三维组件，对组件进行运动仿真和分析，验证所设计的机构是否满足设计要求。

第四节 控制系统设计

机电一体化产品与非机电一体化产品的本质区别在于前者具有计算机控制的伺服系统，计算机作为伺服系统的控制器，将来自各传感器的检测信号与外部输入命令进行集中、存储、分析、转换，根据信息处理结果，按照一定的程序和节奏发出相应的指令，控制整个系统有目的地运行。同模拟控制器相比，计算机能够实现更加复杂的控制理论和算法，具有更好的柔性和抗干扰能力，数字计算机与控制技术的结合产生数字控制系统，计算机的强大信息处理能力使得控制技术提高到一个新的水平，计算机的引入对控制系统的性能、结构及控制理论都产生了深刻的影响，控制系统作为机电一体化产品的核心，必须具备以下基本条件：

1. 实时的信息转换和控制功能

和普通的信息处理系统及用作科学计算的信息处理机不同，机电一体化产品的计算机系统应能提供各种数据实时采集和控制功能，即稳定性好、反应速度快。

2. 人机交互功能

一般的控制器都具有输入指令、显示工作状态的界面，较复杂的系统还有程序调用、编辑处理等功能，以利于操作者方便地用接近自然语言的方式来控制机器，机器的功能也更加完善。

3. 机电部件接口的功能

这些机电部件主要是被控制对象的传感器和执行机构，接口包括机械和电气的物理连接，按信号的性质分为开关量、数字量和模拟量接口；按接口的功能分为主要完成信息连接传递的通信接口和能独立完成部分信息处理的智能接口；按通信方式又可分为串行接口和并行接口等。控制器必须具有足够的接口以满足与被控制机电设备的运动部件、检测部件连接的需要。

4. 对控制软件运行的支持功能

简单的控制器经常采用汇编语言实现控制功能，控制器的微处理器可以采用裸机形式。即全部运行程序均以汇编形式编写固化，对于较复杂的控制要求，需要有监控程序或操作系统支持，以利于充分利用现有的软件产品，缩短开发周期，完成复杂的控制任务。由于机电一体化技术的应用范围很广，复杂程度也不一样，因此，有各种各样的控制器。一般来讲，机电一体化控制系统的形式有以下4种：

过程控制系统：根据生产流程进行设备的状态数据采集与巡回检测，然后根据预定的控制规律对生产过程进行控制。过程控制系统一般都是开环系统，在轻工、食品、制药、机械等行业广泛应用。

伺服系统：要求输出信号能够稳定、快速、准确地复现输入信号的变化规律，输入信号是数字或电信号，输出的则是位移、速度等机械量。

顺序控制系统：按照动作的逻辑次序来安排操作顺序。

数字控制系统：根据零件编程或路径规划，由计算机生成数字形式的指令，再驱动机器运动，如果系统的控制器使用计算机，则称为计算机数控系统。

一、控制系统设计内容和步骤

计算机控制系统的设计内容主要包括硬件电路设计和软件设计，选择不同的控制器，硬件设计和软件设计的工作量不同，设计的步骤也有差异。总体来讲，控制系统的设计要遵照下面的步骤进行：

（一）确定系统的总体方案

首先应根据用户的要求，构思控制系统的整体方案，用流程图或文字描述控制过程和控制任务，编制任务说明书，确定系统设计参数和性能指标。在系统的方案设计中，首先考虑系统的组成形式是开环控制还是闭环控制，如果是闭环控制，要选择检测元件，系统的执行元件通常采用电动、气动、液动及其组合形式，对不同的传动形式进行比较，确定最佳方案。在选择元件或部件时，除了考虑技术指标外，经济性也不容忽视。

（二）建立数学模型并确定控制算法

对任何一个具体控制系统进行分析、综合或设计，首先应建立该系统的数学模型，确定其控制算法。所谓数学模型，就是系统动态特性的数学表达式，它反映了系统输入、内部状态和输出之间的数量和逻辑关系，计算机控制就是按照规定的控制算法进行控制。因此，控制算法的正确与否直接影响控制系统的品质，甚至决定整个系统的成败。随着控制理论和计算机控制技术的不断发展，控制算法越来越多。例如，数控机床中常使用的逐点比较法和数字积分法等。对于有些问题，建立数学模型很难，或者计算机难以实现，这时可以采用神经网络、专家系统、模糊控制等智能控制算法。

（三）控制系统的总体设计

控制系统的总体设计是将总体方案进行细化，包括确定控制器类型和外围接口，分配软、硬件所承担的功能，明确课题组成员的分工和时间进度，确立人机界面的形式，选择开发工具及进行系统的经济性分析等。

（四）控制系统的软、硬件设计

在软、硬件设计阶段，需具体实施总体方案所规定的各项设计任务，硬件设计任务包括接口电路设计、操作控制台设计、电源设计和结构设计等。在软件设计工作中，最重要的任务是应用程序设计，正确的软件思想和方法是效率和正确性的前提。由此来看，软件设计大体遵循以下两种方式：

（1）模块化设计

微机控制系统大体上可以分为数据处理和过程控制两个基本类型。数据处理主要是数据的采集、数字滤波、标度变换以及数值计算等；过程控制主要是使微机按照一定的方法（如 PID 或直接数字控制）进行计算，然后再输出，以便控制生产过程。因此，在进行软件设计时，通常将任务进行划分，每个子任务就是一个模块，用于完成一个具体的、独立的功能，每个模块独立编写和调试，最后将各个模块组合起来，形成一个完整的控制程序。

（2）结构化设计

结构化程序设计方法给程序设计施加一定约束，它限定采用规定的结构类型和操作顺序，因此，能编写出操作顺序分明、便于查找错误和纠正错误的程序，常用的结构有顺序结构、条件结构、循环结构。它们的特点是易于用程序框图描述，易于构成模块，操作顺序易于跟踪，便于查找错误和测试。

（五）系统调试

控制系统的硬件和软件设计完成后，要对整个系统进行调试。调试步骤为：硬件调试 + 软件调试 + 系统调试，硬件调试包括对元件的筛选、优化，印刷电路板制作，元器件的焊接和试验，安装完毕后要经过连续开机运行；软件调试主要是指在微机上把各模块分别进行调试，使其正确无误，然后将程序固化在 EPROM 中；系统调试主要是指把硬件与软件组合起来，进行模拟实验，正确无误后进行现场试验，直至正常运行为止。

二、控制器选型

电子元器件、大规模集成电路和计算机技术的每一次最新进展，都极大地促进了机电一体化技术的发展，为机电一体化产品打上时代发展的烙印。在计算机发展的初期，机电一体化系统或产品只能使用单板机，如简易数控机床的改造，随着 PC 功能的增强、价格的下降，逐渐出现由 PC 作为控制器的微机控制系统。为了改进普通 PC 在恶劣环境下的适应性，于是出现了工业 PC，为了替代传统的继电逻辑器件，发展了工业可编程序控制器（PLC）。随着半导体器件集成度的提高，集成有 CPU、ROM、RAM 和大量丰富外围接口电路的单片机的发展，使单片机在机电一体化产品中得到广泛的应用。

在进行机电一体化产品的控制系统方案设计时，正确选择控制界面成为控制系统设计成败的一个重要因素。面对众多的控制器，首先要了解每种控制器的特点，然后根据被控对象的特点、控制任务的要求、设计周期等进行合理的选择，控制系统的设计需要权衡各种因素，是综合运用各种知识和经验的过程，选择控制器不仅要考虑字长、运行速度、存储容量、外围接口，还要考虑市场的供应、价格等诸多因素。下面将简单介绍广泛使用的控制器的特点和应用范围。

（一）单片机

随着大规模集成电路的出现，在一个小的单片机内集成了 CPU、RAM/ROM、I/O 口以及其他丰富的外围设备，单片机的发展经过了 4 位机、8 位机、16 位机、32 位机、64 位机、128 位机的阶段，但 8 位、16 位、32 位单片机仍在市场中占据主流地位，特别是随着嵌入式控制系统的兴起，世界各大半导体生产厂商都将注意力转移到 16 位、32 位单片机上，16 位、32 位单片机也向低功耗、高速度、集成又先进的模拟接口和数字信号处理器的方向发展，其功能不断增强，单片机没有自开发能力，必须借助 PC 和专用仿真开发系统对其进行开发。

今天单片机已经渗透到我们生活的各个领域，几乎很难找到哪个领域没有单片机的踪迹。导弹的导航装置、飞机上各种仪表的控制，计算机的网络通信与数据传输，工业自动化过程的实时控制和数据处理，广泛使用的各种智能 IC 卡，民用豪华轿车的安全保障系统，录像机、摄像机、全自动洗衣机的控制及程控玩具、电子宠物等，都离不开单片机，更不用说自动控制领域的机器人、智能仪表、医疗器械及各种智能器械了。因此，单片机的学习、开发与应用将造就一批计算机应用与智能化控制的科学家、工程师。

（二）工业 PC

单片机作为嵌入式控制器，在小型机电一体化产品中得到广泛的应用，但单片机的开发需要专用开发工具，硬件电路需要自己设计和制作，其质量难以保证。而且开发周期长、成本高，个人 PC 具有丰富的硬件和软件资源，如果利用这类微机系统的标准总线与接口进行系统扩展，只需增加少量接口电路，就可以组成功能齐全的测控系统，而且在实际应用中有多种商品化的接口板成品，如数字量 I/O 板，模拟量 A/D、D/A 板，定时器、计数器板，通信板及存储器板等可供选用。人们将商业应用的 PC 经过加固、元器件筛选、接插件结合部强化设计及改造电源，使 PC 对强电磁干扰、电源波动、振动冲击、粉尘等有一定的防护作用，具有较好的抗干扰性、可靠性，近年发展起来的全新小母板结构、接插件的工业 PC，采用工控 PC 组成控制系统，一般不需要自行开发硬件，软件通常都与选用的接口模板相配套，接口程序可根据接口板提供的示范程序用高级语言编制完成。

高性能工业计算机，一般采用工业级主板、工业级内存、工业级硬盘。

（三）可编程序控制器

可编程序控制器使用 8 位、16 位、32 位、64 位等微处理器，不同的控制功能通过编制软件实现，可编程序控制器采用梯形图编程语言，形象直观，适合从事逻辑电路设计的工程技术人员学习和使用。

了解各种控制器的特点后，在选择控制器之前还需要考虑是采用专用控制器还是通用控制器，以及硬件和软件如何协调工作这两个问题。

专用控制器适合大批量生产或已经定型的机电一体化产品。在开发新产品时，如果对产品的体积、重量、价格等有严格的要求，只有考虑使用嵌入式控制器，专用控制器的设计，需要从电路板制作、电子元器件选购、安装调试等做起，对设计人员的要求高，开发周期长，开发成本高且风险大。

对于多品种、中小批量机电一体化产品的生产，特别是对于现有设备的改造（由于其还在不断地被改进过程中，结构还不十分稳定），采用通用控制器比较合理，设计通用控制器时，应合理选择微机的机型，设计与其执行元件和检测传感器之间的接口，并在系统软件的支持下编制相应软件，选择通用控制器，硬件设计简单，开发周期短，可供利用的资源多，但是产品的成本相应较高、体积大。

不管是采用通用控制器还是专用控制器，都存在硬件和软件的平衡问题。对数字控制系统而言，软件硬化和硬件软化都是可能的。因此，在具体选择控制器及其外围设备时要仔细考虑，采用硬件方案，增加系统的成本和体积，但可靠性和运行速度有所提高；采用软件方案，系统的成本和体积都有所下降。控制系统的柔性增加，抗干扰能力增强，对于系统的维护有利，但在某些情况下实时性较差，如何权衡硬件和软件的利弊，需要设计者根据自己的知识和经验来决定，没有现成的答案可供选择。

三、总线技术

所谓总线，是指一组信号线的集合，是一种按规定协议传送信息的公共通道，通过它可以把各种数据和命令传送到需要的地方。对硬件结构来说，由于引进了总线，使各模块的接口芯片相对独立化，各模块只要求达到接口功能即可，而不必强调物理结构上的一致，这样不同厂家生产的产品可以做到互相兼容。总线结构是系统扩展的重要基础，系统总线可通过接插件将信号线和电源线分配给其他模板，这样就可以根据需要，选用不同的模板。例如，把存储器、串并行 I/O、视频和图像跟踪、模拟量 I/O、语言和识别、音乐合成等模板挂在总线上，即可迅速变化或扩展系统的功能。总线一般由以下四个部分组成：

（一）数据总线

数据总线用于双向传输数据，但在任何给定时刻，数据只能单方向传送，即读入或输出，数据的流向由地址总线和控制总线决定，数据总线位数决定了数据总线的规模。

（二）地址总线

地址总线是单向的，地址总线的位数决定了总线能寻址的范围。如 16 位总线可以寻址，1M 字节的内存空间，每一个存储单元或外部设备都有一个唯一的地址，微处理器无论与哪一个所希望的外部设备通信，该设备的地址均要连接到地址线上。

（三）控制总线

控制总线是最灵活和功能最强的一组总线。有些功能是由控制总线完成的，如对电源故障的处理、对中断过程的处理、向量的传送、多主控设备使用总线时的仲裁、数据传输时的信号变换等，与这些功能相适应的控制线少则几条，多则可有几十条。

（四）电源总线

电源总线信号是总线信号中最简单的一组信号，但如果在底板设计上和系统对于电源的要求上缺乏周密的考虑，它就很可能成为系统故障的根源。系统总线都需要大电流的直流供电电源，电压至少应是 +5V、+12V、–5V、–12V，有些系统还采用几组同样的电压分别供给不同的地方以减少干扰。

由于对于总线在电气和机械结构方面有严格规定，不同厂家只要按照总线规格生产插件板就能够保证系统的兼容性。用户可根据自己的需要选购总线的插件板，建立自己的系统，用户可以按照上述标准自己设计研制专用模板。

四、PC总线工控机

PC采用的总线主要有PC104总线、ISA总线、PCI总线、EISA总线和CmpactP-CI总线等。

1.PC104总线采用Intel 8088处理器的结构，为8位扩展总线。工作频率为4.77MHz，最大传输率为2.39Mbit/s。

2.ISA总线就是AT总线（XT总线的扩展），也称为PC总线，它是在XT总线的基础上扩充设计的16位工业标准结构总线，其寻址空间最大为16MB，操作频率为8MHz，数据传输速率为16Mbit/s。

3.PCI总线中文称为局部总线，Intel公司推出定义局部总线的规范，允许在计算机内安装多达10个遵守PCI规范的扩展卡，支持开发CPU和总线主控部件操作，支持64位奔腾处理器。

4.EISA总线是以Compad为代表的包括HP、AST、Epson、NEC、OLivetti、Tandy、Wyse及ZDS 9家公司联合推出的一种新的系统总线标准，它不仅具有MCA的全部功能，还保持了与传统ISA百分之百兼容。由于EISA的开放性，到目前为止已有上百种EIAS Add-on卡相继问世，使得EISA在应用领域得到充分发展。

5.CmpactPCI总线是一种基于标准PCI总线的小巧而坚固的高性能总线技术，该技术由PICMG提出来，它定义了更坚固耐用的PCI版本，CompactPCI在电气、逻辑和软件方面与PCI兼容。

CmpactPCI总线工控机为高可靠性而设计的，具有可靠性高、价位低、可热切换的特点，被认为是继STD和IPC之后的第三代工控技术。

只要容积发生变化，就可以实现泵的功能，从而成为液体或气体的压缩机。所有的机构都具有容积变化的条件，所以都可以制造成压缩机，这些压缩机在输出压力高低、压力脉动程度、输出流量大小、制造的复杂性、成本与工作寿命上存在差异。

容积式泵是指利用泵缸内容积的变化来输送液体的泵，如往复泵、转子泵等。

（一）往复泵

往复泵是利用活塞的往复运动来输送液体的泵，靠活塞的往复运动将能量直接以静压能的形式传送液体。由于液体是不可压缩的，所以在活塞压送液体时，可以使液体承受很高的压强，从而获得很高的扬程。

（二）转子泵

转子泵由静止的泵壳和旋转的转子组成，它没有吸入阀和排出阀，靠泵体内的转子与液体接触的一侧将能量以静压力形式直接作用于液体，并借旋转转子的挤压作用排出液体，同时在另一侧留出空间，形成低压，使液体连续吸入。转子泵的压头较高，流量通常较小，排液均匀，适用于输送黏度高，具有润滑性，但不含固体颗粒的液体。类型有齿轮泵、螺杆泵、滑片泵、挠性叶轮泵、罗茨泵、旋转活塞泵等，其中齿轮泵和螺杆泵是最常见的转子泵。

螺杆泵属于转子泵的一种，与往复泵相比具有以下优点：

（1）具有离心泵运转的平稳性，无噪声（仅听到电机声），无漏油现象，不需污油回收装置及水冷却等附属设备。

（2）具有容积式泵效率高的特点，且压力变化时排量恒定（定速）。

（3）泄漏点少、维护量小、维修费用低、维修时间短。但是螺杆泵主要用于输送高黏度的油品，输送稀油的效率比较低，且出口压力不能过高，否则内漏增加，影响泵的安全使用；同时，螺杆泵对流量的变化适应差，对于流量变化大的管道需要设置变频器等额外设备来调整泵流量。

容积泵的工作特点：

（1）理论流量与管路特征无关，只取决于泵本身；

（2）容积泵提供的压力只决定于管路特征，与泵本身无关；

（3）泵的轴功率随排除压力的升高而增大，泵的效率随之提高，但压力如果超过额定值，由于内泄量的增大，效率会有所下降；

（4）随着液体黏度增大和含气量的增加，泵的流量下降，效率下降；

（5）容积泵一般要装安全阀；

（6）容积泵的流量不能采用出口调节阀来调节，一般采用的方法有旁路调节，转速调节和行程调节；

（7）容积泵启动前务必打开出口阀。

（三）作用功效

容积泵：容积泵是利用工作容积周期性变化来输送液体，主要有活塞泵、柱塞泵、隔膜泵、齿轮泵、滑片泵、螺杆泵等。因为这些也存在负压输送问题，所以容积泵在工作时需先将管道中的空气排出，然后才能抽送液体，遇到管道长、管径大的情况，抽送气体的时间会很长，造成电能浪费。还存在负压输送问题，容易造成管线局部窝气，形成油气混输，致使设备效率降低。

而潜油泵是将泵体浸入油罐底部，直接通过其中的叶轮给油品增压，将油品推送至目标贮油器，实现付油或零位罐向立罐输油。由于是正压输送油品，大流量潜油泵不会产生气阻，也没有吸程问题。解决这一问题的核心技术——潜没电机或屏蔽电机，电机的定子和转子之间有一个大约相当于一张 A4 纸厚度的缝隙，油品从中间流过，起到两种作用：一是给电机降温，几乎所有的电机只能在电机外部让液体流过来达到降温的效果，从而保障电机寿命。而潜油泵电机内部过液的特点，使这种电机的寿命成倍增长。二是液体从定子和转子之间的缝隙流过，对轴承起到很好的润滑作用。电机和轴承的问题都得到了有效解决，从而使潜油泵不需要维护，故障率极低。

第八章　机电一体化系统驱动模块设计

机电一体化设备的进给伺服系统，大多是以运动部件的位置和速度作为控制量。对数控机床来说，进给伺服系统的主要任务是，接受插补装置生成的进给脉冲指令，经过一定的信号变换及功率放大，驱动执行元件（伺服电动机，包括交、直流伺服电动机和步进电动机等），从而控制机床工作台或者切削刀具的运动。

第一节　步进电机

我国正在使用的步进电动机多为反应式步进电动机，可将步进电动机分为轴向和径向两种。它是一种能够把电脉冲转化为角位移的执行元件。步进电动机每通电一次，它就使步进电机转子转过一个固定的角度（称为“步距角”），转子的旋转是以固定的角度一步步转动的。可以通过步进电动机的定子绕组的通电状态，使其转过一个固定的角度来实现对它精确控制的；也可以通过控制通电和断电的频率来控制电机转动的转速，这样我们就可以对它进行调速。步进电机可以作为一种控制用的特种电机，因为它有一个特殊的特点就是没有积累误差,所以它广泛使用在各种开环伺服系统中。

反应式步进电动机因为是三相的，所以能够输出较大的转矩，步进角一般为 1.5°，但也带来了不利的因素，造成它的噪声和振动都很难消除并且影响很大。反应式步进电机的转子磁路由软磁材料制成，定子上有多相励磁绕组，利用磁导的变化产生转矩。混合式步进电机是指混合了永磁式和反应式的优点。而这种电动机又有两种，分别是两相和五相：两相步距角一般为 1.8°，而五相步距角一般为 0.72°。混合式步进电机具有更多的功能和优点，所以其应用也非常多，如何选用还要了解它的一些基本参数，这样不但能够完成需要的工作还节约了成本，避免造成不必要的浪费。

一、混合式步进电机的基本参数

（1）电动机固有步距角

它表示电动机每收到一个脉冲信号，转子转动的角度。电动机在出厂后铭牌上会写出步距角的值，如 86BYG250A 型电机给出的值为 0.9°　/1.8°（表示半步工作时为 0.9°、整步工作时为 1.8°），这个步距角就是我们说的“电机固有步距角”，它并不是实际电动机的步距角，而实际步距角受驱动器的影响。

（2）步进电动机的相数

步进电动机的相数是指电机内部的线圈组数，目前常用的有二相、三相、四相、五相步进电机。电机相数不同，其步距角也不同，一般二相电机的步距角为 0.9°　/1.8°、三相的为 0.75°　/1.5°、五相的为 0.36°　/0.72°。在没有细分驱动器时，用户主要靠选择不同相数的步进电机来满足自己对步距角的要求。如果使用细分驱动器，则“相数”将变得没有意义，用户只需在驱动器上改变细分数，就可以改变步距角。

（3）保持转矩

保持转矩是指步进电机通电但没有转动时，定子锁住转子的力矩。它是步进电机最重要的参数之一，通常步进电机在低速时的力矩接近保持转矩。由于步进电机的输出力矩随速度的增大而不断衰减，输出功率也随速度的增大而变化，所以保持转矩就成了衡量步进电机最重要的参数之一。比如，当人们说 2N.M 的步进电机，在没有特殊说明的情况下是指保持转矩为 2N.M 的步进电机。

二、步进电机的特点

（1）一般步进电机的精度为步进角的 3% ~ 5%，且不累积，步距角越小对数控机床的控制精度就越高。

（2）步进电机外表允许的最高温度。步进电机温度过高首先会使电机的磁性材料退磁，从而导致力矩下降乃至于失步，因此电机外表允许的最高温度应取决于不同电机磁性材料的退磁点；一般来讲，磁性材料的退磁点都在 130℃以上，有的甚至高达 200℃以上，所以步进电机外表温度在 80℃ ~ 90℃完全正常。

（3）步进电机的力矩会随转速的升高而下降。当步进电机转动时，电机各相绕组的电感将形成一个反向电动势；频率越高，反向电动势越大。在它的作用下，电机随频率（或速度）的增大而相电流减小，从而导致力矩下降。

（4）步进电机低速时可以正常运转，但若高于一定速度就无法启动，并伴有啸叫声。步进电机有一个技术参数：空载启动频率，即步进电机在空载情况下能够正常启动的脉冲频率，如果脉冲频率高于该值，电机不能正常启动，可能发生丢步或堵转。在有负载的情况下，启动频率应更低。如果要使电机达到高速转动，脉冲频率应该有加速过程，即启动频率较低，然后按一定加速度升到所希望的高频（电机转速从低速升到高速）。

三、进给伺服系统的分类

进给伺服系统一般包括控制模块、速度控制模块、伺服电动机、被控对象、速度检测装置，以及位置检测装置等。

（1）根据进给伺服系统实现自动调节方式的不同分类

① 开环伺服系统

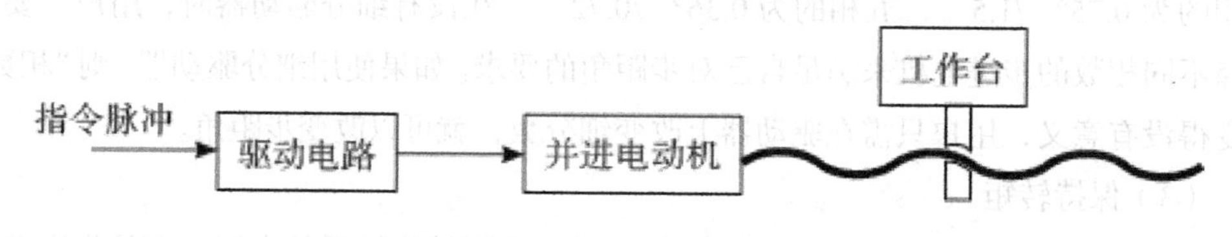

图 8–1　开环伺服系统结构图

如图 8-1 所示，这类系统的驱动元件主要是步进电动机或电液脉冲马达。系统工作时，驱动元件将数字脉冲转换成角度位移，转过的角度正比于指令脉冲的个数，转动的速度取决于指令脉冲的频率。系统中无位置反馈，也没有位置检测元件。开环伺服系统的结构简单、控制容易、稳定性好，但精度较低，低速有振动，高速转矩小。一般用于轻载或负载变化不大的场合，比如经济型数控机床上。

② 闭环伺服系统

如图 8-2 所示，这类系统是误差控制伺服系统，驱动元件为交流或直流伺服电动机，电动机带有速度反馈装置，被控对象装有位移测量元件。由于闭环伺服系统是反馈控制，测量元件精度很高，所以系统传动链的误差、环内各元件的误差，以及运动中造成的随机误差都可以得到补偿，大大提高了跟随精度和定位精度。

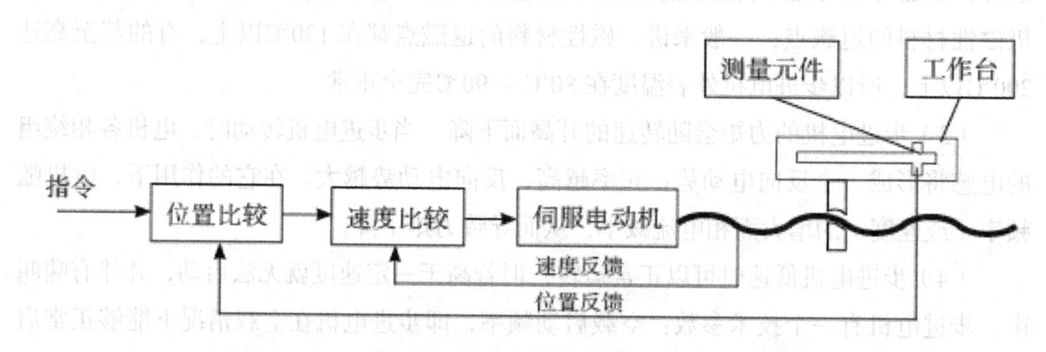

图 8–2　闭环伺服系统结构图

③ 半闭环伺服系统

如图 8-3 所示，这类系统的位置检测元件不是直接安装在进给系统的最终运动部件上，而是经过中间机械传动部件的位置转换，称为间接测量。半闭环系统的驱动元件既可以采用交流或直流伺服电动机，也可以采用步进电动机。该类系统的传动链有一部分处在位置环以外，环外的位置误差不能得到系统的补偿，因而半闭环系统的精度低于闭环系统，但调试比闭环系统方便，所以仍有广泛应用。

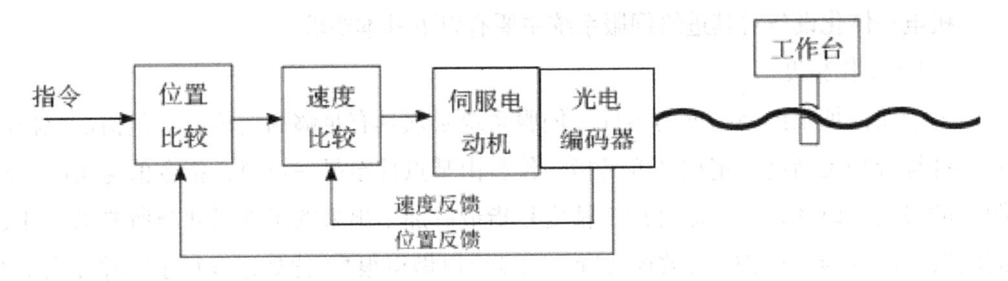

图 8–3　半闭环伺服系统结构图

（2）按使用的驱动元件分类

① 步进伺服系统

驱动元件为步进电动机。常用于开环 / 闭环位置伺服系统，控制简单，性能 / 价格比高，维修方便。缺点是低速时有振动，高速时输出转矩小，控制精度偏低。

② 直流伺服系统

驱动元件为小惯量直流伺服电动机或永磁直流伺服电动机。小惯量直流伺服电动机最大限度减低了电枢的转动惯量，所以能获得较好的快速性；永磁直流伺服电动机能在较大的负载转矩下长时间工作，电动机的转子惯量大，可与丝杠直接相连。伺服电动机能在较大的负载转矩下长时间工作，电动机的转子惯量大，可与丝杠直接相连。

③ 交流伺服系统

驱动元件为交流异步伺服电动机或交流永磁同步伺服电动机，可以实现位置、速度、转矩和加速度等的控制。

（3）按进给驱动和主轴驱动分类

① 进给伺服系统

进给伺服系统是指一般概念的伺服系统，它包括速度控制环和位置控制环。进给伺服系统完成各坐标轴的进给运动，具有定位和轮廓跟踪功能，是机电一体化设备中要求较高的伺服控制系统。

② 主轴伺服系统

严格来说，一般的主轴控制只是一个速度控制系统，主要实现主轴的旋转运动，提供切削过程中所需要的转矩和功率，并且保证任意转速的调节，完成在转速范围内的无级变速。在数控机床中，具有 C 轴控制的主轴与进给伺服系统一样，为一般概念的位置伺服控制系统。

四、对进给伺服系统的基本要求

机电一体化设备对其进给伺服系统主要有以下基本要求：

（1）工作精度

为了保证加工出高精度的零件，伺服系统必须具有足够高的精度，包括定位精度和零件综合加工精度。定位精度是指工作台由某点移至另一点时，指令值与实际移动距离的最大误码率差值。综合加工精度是指最后加工出来的工件尺寸与所要求尺寸之间的误差值。在数控机床上，数控装置的精度可以做得很高（比如选取很小的脉冲当量），完全可以满足机床的精度要求。此时，机床本身的精度，尤其是伺服传动链和伺服执行机构的精度就成了影响机床工作精度的主要因素。现代数控车床的位移精度一般为 0.001 ~ 0.01mm，在速度控制中，则要求有高的调速精度、强的抗负载扰动的能力。

（2）调速性能

调速范围是指最高进给速度和最低进给速度之比。伺服系统在承担全部工作负载的条件下，应具有宽的调速范围，以适应各种工况的需要。目前数控机床的进给速度范围是：脉冲当量为 1um 时，进给速度在 0 ~ 240m/min 时连续可调。以一般数控机床为例，要求进给控制系统在 0 ~ 24m/min 的进给速度下都能正常工作。在 1 ~ 24000mm/min 时，即 1 ∶ 24000 的调速范围内，要求速度均匀、稳定、无爬行、速度降低。在 1mm/min 以下时具有一定的瞬时速度。在零速时，即工作台停止运动时，要求电动机有电磁转矩，以维持定位精度，使定位误差不超过系统定位误差的允许范围，也就是说伺服处于锁住状态。

（3）负载能力

在足够宽的调速范围内，承担全部工作负载，这是对伺服系统的又一个要求。对数控机床来说，工作负载主要有三个方面：加工条件下工作进给必须克服的切削负载；执行件运动时需要克服的摩擦负载；加速过程中需要克服的惯性负载。需要注意的是，这些负载在整个调速范围内和工作过程中并不是恒定不变的，伺服系统必须适应外加负载的变化。

（4）响应速度

一方面，在伺服系统被频繁地启动、制动、加速、减速等过程中，为了提高生产效率、保证产品加工质量，要求加、减速时间尽量短（一般电动机由零件升到最高速，或从最高速降到零速，时间应控制在几百毫秒以内，甚至少于几十毫秒）；另一方面，当负载突变时，过渡过程恢复时间也要短且无振荡，这样才能获得光滑的加工表面。

（5）稳定性

稳定性是伺服系统能否正常工作的前提，特别是在低速进给情况下不产生爬行，并能适应外加负载的变化而不发生共振。稳定性与系统的惯性、刚性、阻尼，以及增益等都有关系。适当选择各项参数达到最佳的工作性能，是伺服系统设计的目标。

第二节　直流伺服电机

一、伺服电机的工作原理

伺服电机因其启动转矩大、运行范围广、无自转现象、快速响应等特性被广泛用于数字控制机床中，外观如图 8-4、8-5 所示。

图 8–4　伺服电机外观

图 8–5　伺服电机外观

伺服电机（servomotor）是指在伺服系统中控制机械元件运转的发动机，是使物体的位置、方位、状态等输出被控量能够跟随输入目标（或给定值）的任意变化的自动控制系统。伺服主要靠脉冲来定位，基本上可以这样理解，伺服电机接收到 1 个脉冲，就会旋转 1 个脉冲对应的角度，从而实现位移。因为，伺服电机本身具备发出脉冲的功能，所以伺服电机每旋转一个角度，都会发出对应数量的脉冲，这样，和伺服电机接收的脉冲形成了呼应，或者叫闭环。如此一来，系统就会知道发了多少脉冲给伺服电机，同时又收了多少脉冲回来，这样，就能够很精确地控制电机的转动，从而实现精确的定位，可以达到 0.001mm。直流伺服电机分为有刷电机和无刷电机。有刷电机成本低，结构简单，启动转矩大，调速范围宽，控制容易，需要维护；但维护不方便（换碳刷），容易产生电磁干扰，对环境有要求。因此它可以用于对成本敏感的普通工业和民用场合。伺服电机可使控制速度、位置精度非常准确。

伺服电机转子转速受输入信号控制，并能快速反应。在自动控制系统中，用作执行元件，且具有机电时间常数小、线性度高、始动电压等特性，可把所收到的电信号转换成电动机轴上的角位移或角速度输出。控制电路图如图 8-6 所示。

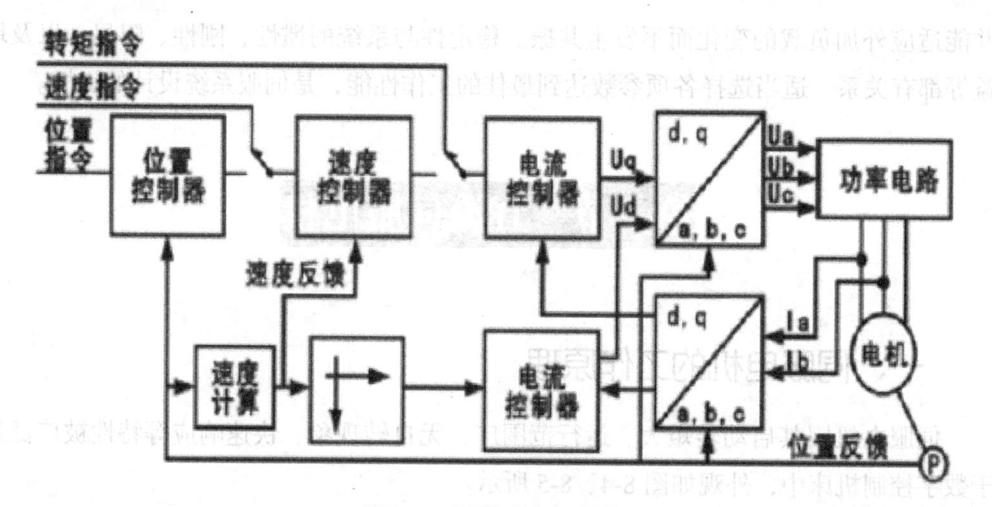

图 8-6　伺服系统电路图

伺服电机内部的转子是永磁铁，驱动器控制的 U/V/W 三相电形成电磁场，转子在此磁场的作用下转动，同时电机自带的编码器反馈信号给驱动器，驱动器根据反馈值与目标值进行比较，调整转子转动的角度。伺服电机的精度决定于编码器的精度(线数)。

伺服电机分为直流伺服电机和交流伺服电机两大类，其主要特点是，当信号电压为零时无自转现象，转速随着转矩的增加而匀速下降。下面将对直流伺服电机着重进行介绍。

直流伺服电机，指使用直流电源的伺服电动机，实质上就是一台他励式直流电动机。它包括定子、转子铁芯、电机转轴、伺服电机绕组换向器、伺服电机绕组、测速电机绕组、测速电机换向器，所述的转子铁芯由矽钢冲片叠压固定在电机转轴上构成。直流电机分为传统型和低惯量型两大类。

直流伺服电机是梯形波，而交流伺服要好一些，因为是正弦波控制，转矩脉动小。但直流伺服比较简单、便宜。此外，直流电机一般用在功率稍大的场合，其输出功率一般为 1 ~ 600W，但有时也可以用在数千瓦的系统上。

二、伺服电机的主要特性

直流伺服电机调速性能好。所谓"调速性能"，是指电动机在一定负载的条件下，根据需要，人为地改变电动机的转速。直流电动机可以在重负载条件下，实现均匀、平滑的无级调速，而且调速范围较宽、起动力矩大，可以均匀而经济地实现转速调节。因此，凡是在重负载下启动或要求均匀调节转速的机械，如大型可逆轧钢机、卷扬机、电力机车、电车等，都用直流电动机拖动。

（一）直流伺服电机的控制方式

他励式直流电动机，当励磁电压U恒定，又负载转矩一定时，升高电枢电压Ua，电机的转速随之增高；反之，电机的转速就降低；若电枢电压为0，则电机停转。当电枢电压的极性改变后，电机的旋转方向随之改变。因此，把电枢电压作为控制信号就可以实现对电动机的转速控制，这种控制方式称为电枢控制。

（二）运行特性

为了分析简便，先做如下假设：电机的磁路为不饱和，其电刷又位于集合中性线。这样，直流电动机点数回路的电压平衡方程式应为：

Ua=Ea+IaRa

其中Ra为电枢回路的总电阻。

当磁通 ϕ 恒定时，则有：

Ea=Ctϕn=Ken

电动机的电磁转矩为：

Tem=CtϕIa=KtIa

综合以上三式得：

$$n=\frac{U_a}{K_e}-\frac{R_a}{K_tK_e}T_{em}$$

由上述转速公式可以得到直流伺服电机的机械特性和调节特性。

机械特性，在输入的电枢电压Ua保持不变时，电机的转速n随电磁转矩M变化而变化的规律，称直流电机的机械特性

K值大表示电磁转矩的变化引起电机转速的变化大，这种情况称直流电机的机械特性软；反之，斜率K值小，电机的机械特性硬。在直流伺服系统中，总是希望电机的机械特性硬一些，这样，当带动的负载变化时，引起的电机转速变化小，有利于提高直流电机的速度稳定性和工件的加工精度。

功耗增大。调节特性，直流电机在一定的电磁转矩M（或负载转矩）下电机的稳态转速n随电枢的控制电压Ua变化而变化的规律，被称为直流电机的调节特性。

斜率K反映了电机转速n随控制电压Ua的变化而变化快慢的关系，其值大小与负载大小无关，仅取决于电机本身的结构和技术参数。

动态特性。从原来的稳定状态到新的稳定状态，存在一个过渡过程，这就是直流电机的动态特性。决定时间常数的主要因素有惯性J的影响、电枢回路电阻Ra的影响、机械特性硬度的影响。

随着数控技术的迅速发展，伺服系统的作用与要求越发突出，伺服电动机的应用也越来越广泛。因为工业发展迅速，直流伺服电机已经不能满足我们的需求，针对直流电动机的缺陷，如果将其里外做相应的调整处理，即把电驱绕组装在定子、转子为永磁部分，由转子轴上的编码器测出磁极位置，就构成了永磁无刷电动机。同时随着矢量控制方法的实用化，使交流伺服系统具有良好的伺服特性，其宽调速范围、高稳速精度、快速动态响应及四象限运行等良好的技术性能，使其动、静态特性已完全可与直流伺服系统相媲美。同时可实现弱磁高速控制，拓宽了系统的调速范围，适应了高性能伺服驱动的要求。交流伺服系统由于控制原理的先进性，成本低、免维护，并且控制特性正在全面超越直流伺服系统，其势必在绝大多数应用领域代替传统的直流伺服电机。

第三节　交流伺服电机

一、交流伺服电机的控制原理

交流伺服电动机定子的构造基本上与电容分相式单相异步电动机相似，其定子上装有两个位置互差 90° 的绕组，一个是励磁绕组 Rf，它始终接在交流电压 Uf 上；另一个是控制绕组 L，连接控制信号电压 Uc。所以交流伺服电动机又称两个伺服电动机。

交流伺服电动机的转子通常做成鼠笼式，但为了使伺服电动机具有较宽的调速范围、线性的机械特性，无“自转”现象和快速响应的性能。它与普通电动机相比，应具有转子电阻大和转动惯量小两个特点。目前应用较多的转子结构有两种形式：一种是采用高电阻率的导电材料做成的高电阻率导条的鼠笼转子，为了减小转子的转动惯量，转子做得细长；另一种是采用铝合金制成的空心杯形转子，杯壁很薄，仅 0.2 ~ 0.3mm，为了减小磁路的磁阻，要在空心杯形转子内放置固定的内定子。空心杯形转子的转动惯量很小，反应迅速，而且运转平稳，因此被广泛采用。

交流伺服电动机在没有控制电压时，定子内只有励磁绕组产生的脉动磁场，转子静止不动。当有控制电压时，定子内便产生一个旋转磁场，转子沿旋转磁场的方向旋转。在负载恒定的情况下，电动机的转速随控制电压的大小而变化；当控制电压的相位相反时，伺服电动机将反转。

交流伺服电动机的工作原理与分相式单相异步电动机虽然相似，但前者的转子电阻比后者大得多，所以伺服电动机与单机异步电动机相比，有三个显著特点：第一，起动转矩大。由于转子电阻大，与普通异步电动机的转矩特性相比，有明显的区别。

它可使临界转差率 S0 ＞ 1，这样不仅使转矩特性（机械特性）更接近于线性，而且具有较大的起动转矩。因此，当定子一有控制电压，转子立即转动，即具有起动快、灵敏度高的特点。其二，运行范围较广。其三，无自转现象。

正常运转的伺服电动机，只要失去控制电压，电机立即停止运转。当伺服电动机失去控制电压后，它处于单相运行状态，由于转子电阻大，定子中两个相反方向旋转的旋转磁场与转子作用所产生的两个转矩特性（T1 — S1、T2 — S2 曲线）及合成转矩特性（T — S 曲线）。

交流伺服电动机的输出功率一般是 0.1 ~ 100W。当电源频率为 50Hz，电压有 36V、110V、220V、380V；当电源频率为 400Hz，电压有 20V、26V、36V、115V 等多种。

交流伺服电动机运行平稳、噪声小。但控制特性是非线性，并且由于转子电阻大、损耗大、效率低，因此与同容量直流伺服电动机相比，体积大、重量重，所以只适用于 0.5 ~ 100W 的小功率控制系统。

与普通电机一样，交流伺服电机也由定子和转子构成。定子上有两个绕组，即励磁绕组和控制绕组，两个绕组在空间相差 90° 电角度。伺服电机内部的转子是永磁铁，驱动 gS 控制的 U / V / W 三相电形成电磁场转子在此磁场的作用下转动，同时电机自带的编码器反馈信号给驱动器，驱动器根据反馈值与目标值进行比较调整转子转动的角度。伺服电机的精度决定于编码器的精度。交流伺服电机的工作原理和单相感应电动机无本质上的差异，但交流伺服电机必须具备一个性能，就是能克服交流伺服电机的所谓“自转”现象，即无控制信号时，它不应转动，特别是当它已在转动时，如果控制信号消失，它应能立即停止转动。而普通的感应电动机转动起来以后，如控制信号消失，往往仍在继续转动。

当电机原来处于静止状态时，如控制绕组不加控制电压，此时只有励磁绕组通电产生脉动磁场。可以把脉动磁场看成两个圆形旋转磁场。这两个圆形旋转磁场以同样的大小和转速，向相反方向旋转，所建立的正、反转旋转磁场分别切割笼形绕组（或杯形壁）并感应出大小相同、相位相反的电动势和电流（或涡流），这些电流分别与各自的磁场作用产生的力矩也大小相等、方向相反，合成力矩为零，伺服电机转子转不起来。一旦控制系统有偏差信号，控制绕组就要接受与之相对应的控制电压。在一般情况下，电机内部产生的磁场是椭圆形旋转磁场。一个椭圆形旋转磁场可以看成是由两个圆形旋转磁场合起来的。这两个圆形旋转磁场幅值不等（与原椭圆旋转磁场转向相同的正转磁场大，与原转向相反的反转磁场小），但以相同的速度，向相反的方向旋转。它们切割转子绕组感应的电势和电流以及产生的电磁力矩也方向相反、大小不等（正转者大，反转者小），合成力矩不为零，所以伺服电机就朝着正转磁场的方向转动起来。随着信号的增强，磁场接近圆形，此时正转磁场及其力矩增大，反转磁场及其力矩减小，合成力矩变大，如负载力矩不变，转子的速度就增加。如果改变控制电压的相位，即移相180°，旋转磁场的转向相反，因而产生的合成力矩方向也相反，伺服电机将反转。若控制信号消失，只有励磁绕组通入电流，伺服电机产生的磁场将是脉动磁场，转子很快地停下来。

为使交流伺服电机具有控制信号消失，立即停止转动的功能，把它的转子电阻做得特别大，使它的临界转差率Sk大于1。在电机运行过程中，如果控制信号降为“零”，励磁电流仍然存在，气隙中产生一个脉动磁场，此脉动磁场可视为正向旋转磁场和反向旋转磁场的合成。一旦控制信号消失，气隙磁场转化为脉动磁场，它可视为正向旋转磁场和反向旋转磁场的合成，电机即按合成特性曲线运行。由于转子的惯性，运行点由A点移到B点，此时电动机产生了一个与转子原来转动方向相反的制动力矩。在负载力矩和制动力矩的作用下使转子迅速停止。

普通的两相和三相异步电动机正常情况下都是在对称状态下工作，不对称运行属于故障状态。而交流伺服电机则可以靠不同程度的不对称运行来达到控制的目的。这是交流伺服电机在运行上与普通异步电动机的根本区别。

就伺服驱动器的响应速度来看，转矩模式运算量最小，驱动器对控制信号的响应最快；位置模式运算量最大，驱动器对控制信号的响应最慢。

对运动中的动态性能有比较高的要求时，需要实时对电机进行调整。那么如果控制器本身的运算速度很慢（比如PLC，或低端运动控制器），就用位置方式控制；如果控制器的运算速度比较快，可以用速度方式，把位置环从驱动器移到控制器上，减少驱动器的工作量，提高效率（比如大部分中高端运动控制器）；如果有更好的上位控制器，还可以用转矩方式控制，把速度环也从驱动器上移开。一般只有高端专用控制器才能这么干，而且，这时完全不需要使用伺服电机。因此，伺服电机的控制方式有下面三类：

（一）转矩控制

转矩控制方式是通过外部模拟量的输入或直接的地址的赋值来设定电机轴对外的输出转矩的大小，具体表现为：如10V对应5Nm的话，当外部模拟量设定为5V时电机轴输出为2.5Nm，如果电机轴负载低于2.5Nm时电机正转，外部负载等于2.5Nm时电机不转，大于2.5Nm时电机反转（通常在有重力负载情况下产生）。可以通过即时的改变模拟量的设定来改变设定的力矩大小，也可以通过通信方式改变对应的地址的数值来实现。主要在应用对材质的受力有严格要求的缠绕和放卷的装置中，如绕线装置或拉光纤设备，转矩的设定要根据缠绕的半径的变化随时更改，以确保材质的受力不会随着缠绕半径的变化而改变。

（二）位置控制

位置控制模式一般是通过外部输入的脉冲的频率来确定转动速度的大小，通过脉冲的个数来确定转动的角度，也有些伺服可以通过通信方式直接对速度和位移进行赋值。由于位置模式对速度和位置都有很严格的控制，所以一般应用于定位装置，应用领域如数控机床、印刷机械等。

（三）速度模式

通过模拟量的输入或脉冲的频率都可以进行转动速度的控制，在有上位控制装置的外环 PID 控制时速度模式也可以进行定位，但必须把电机的位置信号或直接负载的位置信号给上位反馈做运算用。位置模式也支持直接负载外环检测位置信号，此时的电机轴端的编码器只检测电机转速，位置信号就由直接的最终负载端的检测装置来提供了。这样的优点是可以减少中间传动过程中的误差，增加整个系统的定位精度。

二、系统的设计

（一）系统的硬件设计

（1）总体设计

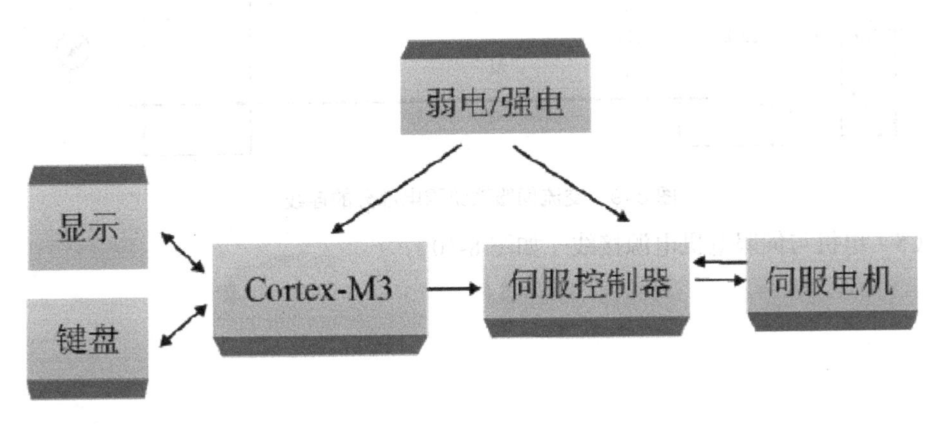

图 8–7　交流伺服系统

如图 8-7 所示，该控制系统采用 Cortex-M3 芯片作为控制核心，经 keil 编程控制伺服电机驱动器，从而对电机的转速位移进行智能化、精确化控制。本系统可以分为弱电电路和强电电路两大部分，弱电电路指 ARM 控制部分，强电模块主要是控制伺服控制器通电部分。

（2）硬件布局设计（如图 8-8 所示）

由于交流伺服系统中的模块较多，为了更好地调试，我们按如下布局进行排布：

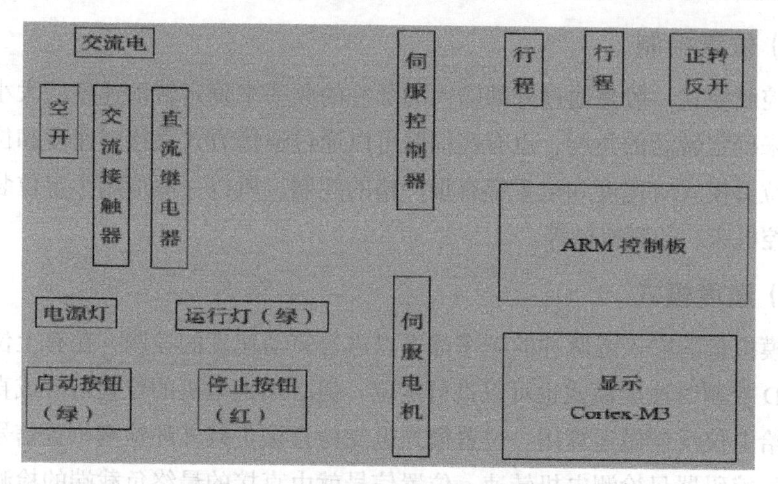

图 8–8　交流伺服系统硬件布局设计

（3）强电电路连线设计

（4）强电部分的连线（如图 8-9 所示）

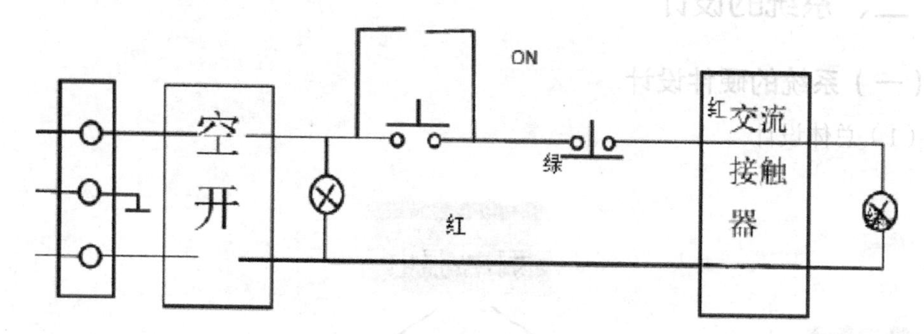

图 8–9　交流伺服系统强电部分的连线

（5）电机与伺服电机电源接线（如图 8-10）

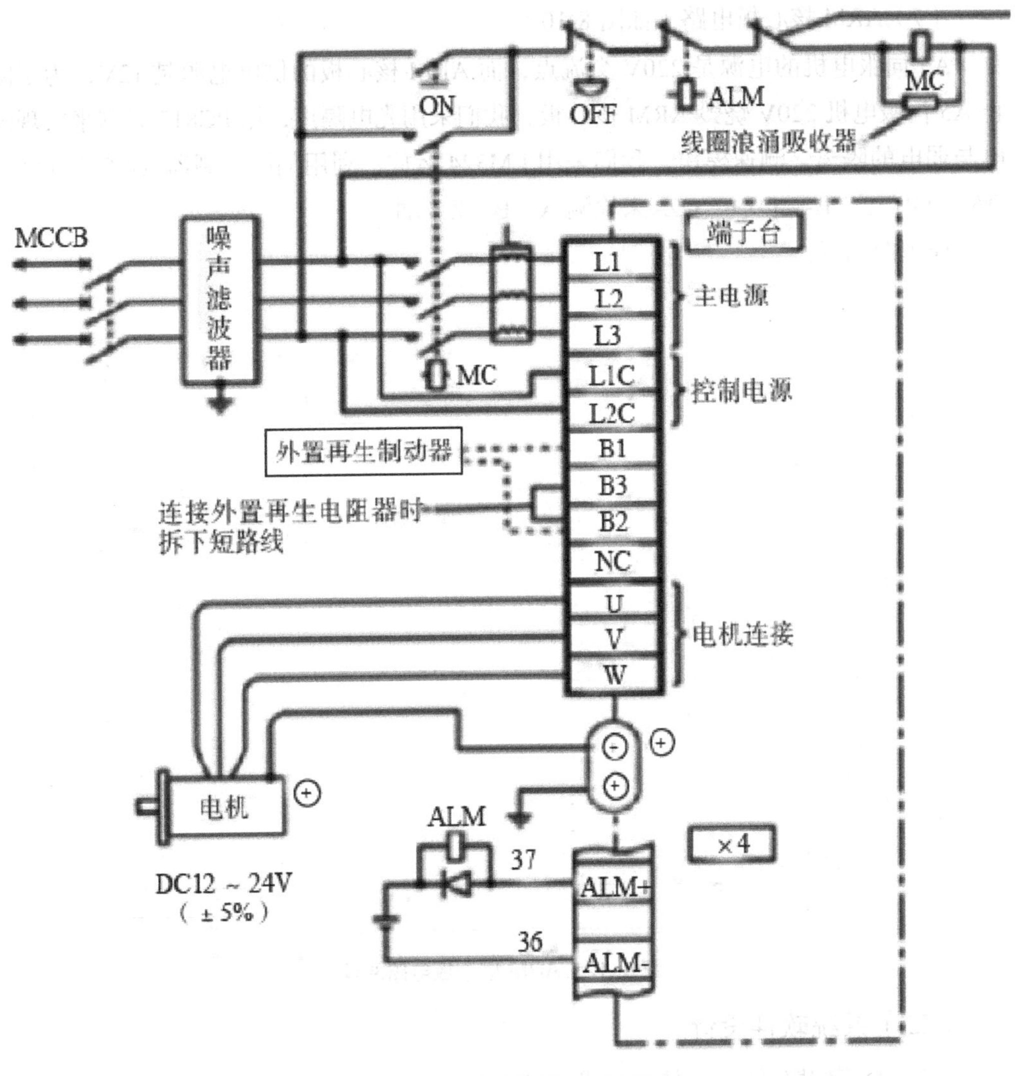

图 8-10　电机与伺服电机电源接线

（6）编码器与伺服电机的接线（如图 8-11）

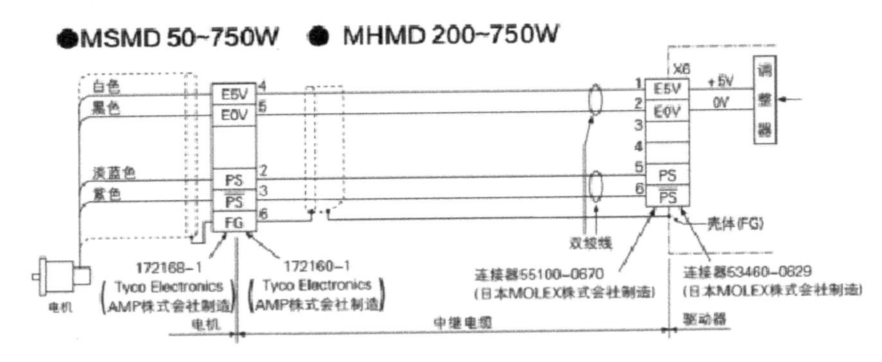

图 8-11　编码器与伺服电机的接线

（7）ARM 核心板电路（如图 8-10）

A5 伺服电机的电源是 220V 交流点，而 ARM 核心板的供电电源是 12V，为了防止 A5 伺服电机 220V 烧毁 ARM 核心板，我们采用光电隔离，用 PC817 光耦来实现强电与弱电的隔离。测速模块，我们采用 LM324 运放，利用伺服控制器 X4 口的 OA+、OA-、OB+、OB-、OZ+、OZ- 来检测 A、B、Z 脉冲。

原理图如下：

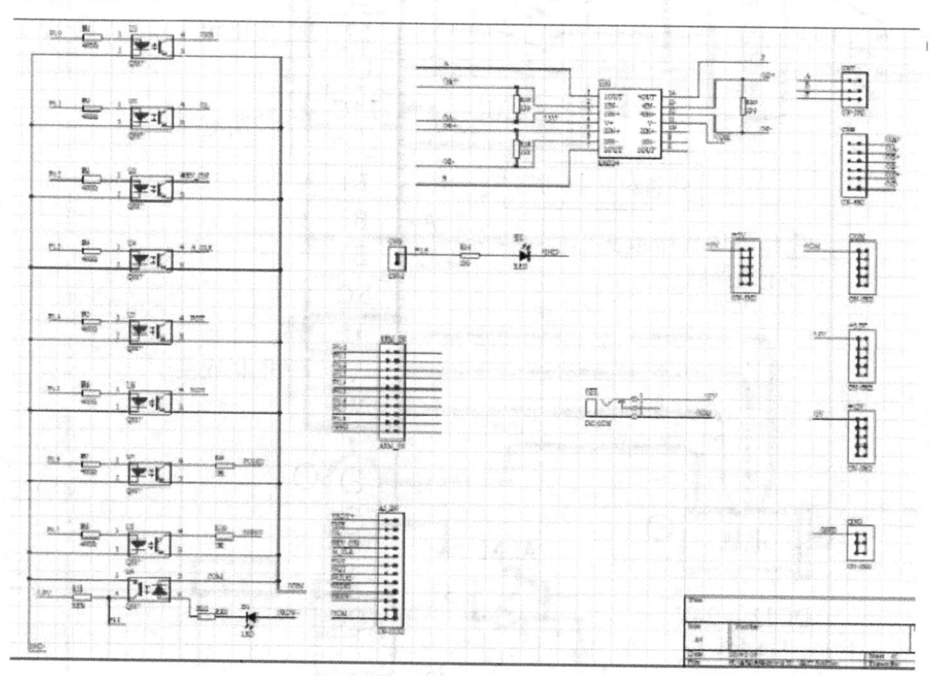

图 8–12　ARM 核心板电路原理

（二）系统软件设计

（1）交流伺服系统程序框（如图 8-10）

伺服电机靠 PWM 脉冲控制，测速靠伺服电机后的光电编码器的 A、B、Z 脉冲。

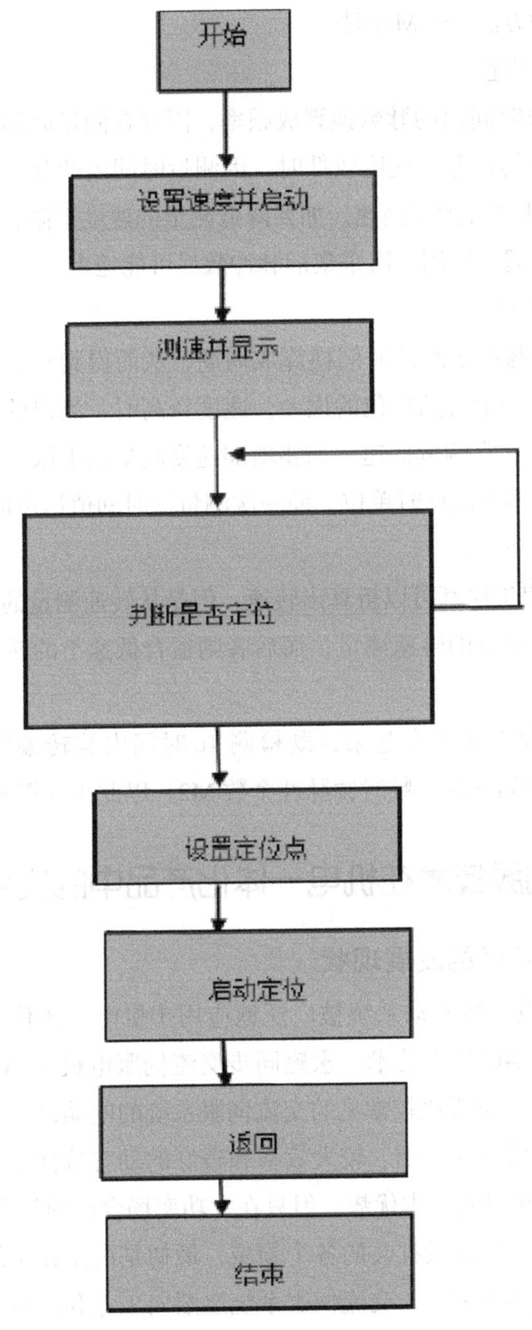

图 8-13　交流伺服系统程序框

（2）测速方式及原理

光电编码器的输出脉冲信号有三种测速方法。第一种方法是在固定的时间间隔内对脉冲进行计数，实际上测量的是脉冲的频率，这种方法称为 M 法；第二种方法是计算两个脉冲之间的时间间隔，亦即脉冲信号的周期，这种方法称为 T 法；综合以上两种方法则产生第三种方法——M/T 法。

（3）M 法数字测速

M 法是测量单位时间内的脉数换算成频率，因存在测量时间内首尾的半个脉冲问题，可能会有两个脉的误差。速度较低时，因测量时间内的脉冲数变少，误差所占的比例会变大，所以 M 法宜测量高速。如要降低测量的速度下限，可以提高编码器线数或加大测量的单位时间，使用一次采集的脉冲数尽可能地多。

（4）T 法数字测速

T 法是测量两个脉冲之间的时间换算成周期，从而得到频率。因存在半个时间单位的问题，可能会有一个时间单位的误差。速度较高时，测得的周期较小，误差所占的比例变大，所以 T 法宜测量低速。如要增加速度测量的上限，可以减小编码器的脉冲数，或使用更小更精确的计时单位，使一次测量的时间值尽可能大。

（5）M/T 法数字测速

从原理上 M 法和 T 法都可以折算出转速，但是从转速测量的精度、分辨率和实时性考虑，前者适用高速下的转速测量，而后者则适合低速下的转速测量，而综合了两者特点的则是 M/T 法。

M/T 法把 M 法和 T 法结合起来，既检测 Tc 时间内旋转编码器输出的脉冲个数 M1，又检测同一时间间隔的高频时钟脉冲个数 M2，以此来计算转速。

三、交流伺服技术在机电一体化产品中的应用分析

（一）AC 伺服技术的发展现状

目前，AC 伺服电动机驱动系统被广泛地应用于机电一体化产品的设计中。这就要求设计者充分了解 AC 伺服技术。永磁同步交流伺服电机（PMSM）和感应异步交流伺服电机（IM）是现阶段比较常见的交流伺服系统的电动机。PMSM 成了伺服系统选择的首选，其较大的调速范围、较大效率和较好的动态特性受到了一致好评，虽然异步伺服电机相对来说具有成本优势，但只在大功率场合得到重视。

交流伺服系统的应用涉及社会的各个领域，最初是应用在宇航和军事领域，后来随着科学技术水平的不断提升，交流伺服系统逐渐向工业和民用领域渗透。工业应用主要集中在高精度数控机床和其他重要的数控机械上，如纺织机械、医疗器械、专用大型技术生产设备、生产流水线等。目前，永磁无刷伺服电机蓬勃发展起来，已经逐步替代了步进电机，永磁交流直线伺服系统开始广泛应用于高精度的机电一体化产品中，如何提高效率和速度成为当前研究的热点，高速永磁交流伺服取代异步变频驱动的研究也是当前业内研究的主要方向之一。

（二）伺服系统产品及其应用

（1）对伺服控制的基本要求

在AC伺服技术的实际应用中，关键是要控制运动速度和位置，这一问题最终转化为对驱动机构运动的AC伺服电动机进行速度和位置控制。伺服系统按其功能可分为进给伺服系统和主轴伺服系统。主轴伺服系统主要负责控制主轴转动；进给伺服系统主要控制移动部件的位置和速度，通常由伺服驱动装置、伺服电机、机械传动机构及执行部件组成。

一般来说，伺服系统位置实际值是由位置传感器检测的，半闭环控制一般采用电机后自带编码器提供的脉冲信号作为反馈信号，因为此信号反馈的不是绝对位置，所以称为半闭环。而全闭环依靠电机外的光栅尺等反馈的绝对位置信号作为反馈信号，可以达到绝对反馈，称为全闭环；理论上，全闭环理论上精度比较高，实际上比较难实现，对模型要求比较高，一般都是用半闭环；但是半闭环控制方法是采用PID，模拟的精度难保证，不稳定。全闭环控制的过程描述如下：位置传感器首先检测运动机构的位置，接收信息之后进而反馈给输入端，通过接收信息与位置指令的对比，调整和控制电动机转矩，从而导致位置发生移动变化。半闭环控制的位置检测器安装在电动机轴上，是一种间接探测运动机构位置的控制方法，电动机轴的角位移是主要的检测数据。

在控制策略方面，电压频率控制方法和开环次通轨迹控制方法都是基于电极稳态数学模型的，缺点就是伺服特性不稳定。矢量控制，即通过测量和控制异步电动机定子电流矢量，根据磁场定向原理控制励磁电流和转矩电流，最终实现对异步电动机转矩的控制，是目前的核心控制方法。矢量控制方法往往与其他控制方法联合使用，比如在矢量控制的基础上，附加反馈线性化控制、自适应控制等。近些年来，无位置传感器技术逐渐成为研究热点。但是无位置传感器技术仅仅适用于速度精度要求不高的场所，如缝纫机伺服控制等，因为其调速比大约为1 ： 100。控制单元作为交流伺服系统的控制核心，主要控制着速度、转矩和电流等。数字信号处理器（DSP）具有较快的数据处理速度，其集成电路的功能也很强大，逐渐成了智能控制领域的新宠。

（2）伺服系统在行业中的应用

德国西门子有一套高精度、高动态响应的控制系统，其优点是控制循环周期短，并且可以对应0.2kW到18.5kW的所有应用领域，它就是SIMOVERT MASTER DRIVES MC-C紧凑增强型运动控制驱动器。它的性能大大超过同类产品，能够轻易地实现快速、准确的驱动控制。基于此，西门子的这种紧凑增强型运动控制驱动器可作为智能控制的一部分。MC-C驱动器采用当前先进的32位数字控制技术，保证其高精度、高动态响应；它还具有超高的过载因数，能够帮助用户应对高难度的产品应用，它的过载能力达到了 250ms 内 300%。安全应用方面当然也不会被忽略，性能优越、体积袖珍集成式的安全保护装置具有紧急停止功能，有效地保障了所有功能的安全使用。软件使用方面，驱动器应用 BICO 技术，轻巧地实现开闭环控制。驱动器能获得超高的动态响应是源自 Performance2，它能够有效地减少允许电流和转速控制器的计算时间到 100μs，而功能模块的计算时间也都在 1.6ms 左右，这就是为什么驱动器的动态响应如此之高、快、灵了。

随着我国伺服系统技术的快速发展，伺服驱动系统在性能和质量方面都有了很大提升，其进给功率可以实现最小 20W，最大 7.5W，主轴功率范围也从 3.5kW 到 22kW。伺服驱动器的硬件要求具备完善的故障软、硬件保护功能模块，包括防止短路、过压、过热等。可靠性好、体积小、方便操作使用的 DSP、FPGA、IPM 等硬件的使用就能够较好地满足上述要求。

（三）伺服系统技术发展趋势

与国外伺服驱动系统产品相比，我国伺服技术起步比较晚，发展不够成熟，产品的性能还同发达国家有一定的差距。尤其是在高性能的伺服驱动技术方面，差距尤其明显。目前，高档数控系统产业在不断发展的同时，也越来越关注高速、高精控制的实现效果。我国伺服系统在高速数字化网络接口的研发、脉冲式控制接口的自身缺陷突破等方面都亟待改进。

模拟控制系统是目前发展得比较成熟和完善的一类电动机控制技术。其既可以用于交流伺服电动机控制，也可以用于直流伺服电动机控制，目前被广泛应用于数控机床等机电一体化的装置中。随着科学技术的不断发展，机电一体化产品对伺服控制技术的要求也日益提高，模拟控制技术不够精准的缺陷成了其发展的瓶颈，数字控制技术发展是未来的必然趋势。相信在不久的将来，随着微处理器技术的进步和成本的有效控制，数字控制凭借其精准的特性一定会得到广泛的应用。

参考文献

[1] 李红波 . 浅谈机电一体化系统设计的目标和方法 [J]. 职业 , 2010, (2):121-121.

[2] 起红忠 . 机电一体化系统中传感器与检测技术的应用 [J]. 现代经济信息 , 2016(8).

[3] 常开洪 , 等 . 机电一体化技术的发展与思考 [J]. 湖南农机 , 2013，(11):26.

[4] 尹先刚 . 机电一体化系统集成与融合 [J]. 建材与装饰：上旬 , 2013(6):2.

[5] 张宁 . 机电一体化技术分析与应用 [J]. 宁夏机械 , 2009.

[6] 袁满祥 . 浅析机电一体化技术在汽车中的应用 [J]. 科技创新与应用 , 2016(20):89.

[7] 张其成 . 接口技术在机电一体化系统中的应用 [J]. 产业与科技论坛 , 2013(2):35.

[8] 赵金栋 , 李红琴 , 张英杰 . 基于机电一体化系统接口技术的研究 [J]. 科技与创新 , 2015, (16):144.

[9] 岳杉 . 机电一体化系统建模技术与仿真软件的研究与分析 [J]. 房地产导刊 , 2015, (36):201.

[10] 陈进勇 . 机电一体化技术的发展趋势与分析 [C]// 第十五届中国科协年会 .

[11] 冀向华 , 叶庆泰 . 机电一体化技术在控摇系统中的应用与研究 [J]. 机械设计与研究 , 2002, 18(3):11.

[12] 尹利谦 , 邢朝阳 . 机电一体化技术的发展与应用 [J]. 工业 , 2021(18):117-117.

[13] 李烈熊 . 机电一体化系统中传感器与检测技术应用分析 [J]. 科技展望 , 2016, (35):110.

[14] 唐中一 , 谭跃纲 . 流体传动与机电一体化技术 [J]. 机床与液压 , 1987(5):3-11.

[15] 王学梅 . 机电一体化系统中的智能控制技术 [J]. 科技与企业 , 2012(20):106.

[16] 补家武 . 机电一体化技术与系统设计 [M]. 中国地质大学出版社 ,2001.

[17] 蒋波 , 高望 , 曾磊 . 机电一体化系统中传感器与检测技术应用分析 [J]. 商品与质量 , 2019.

[18] 肖天非 . 传感器技术在机电一体化系统中的应用 [J]. 建筑工程技术与设计 , 2022(1):117-118.

[19] 陈波 . 基于智能控制在机电一体化系统中的应用研究 [J]. 建筑工程技术与设计 ,

2016, (16):2067.

[20] 计时鸣，郑欣荣，艾青林，等．机电一体化控制技术与系统 [M]. 西安电子科技大学出版社，2009.

[21] 周祖德，陈幼平．机电一体化控制技术与系统 [M]. 第 2 版．华中科技大学出版社，2003.

[22] 肖世德．机电一体化系统监测与控制 [M]. 西南交通大学出版社，2011.

[23] 周祖德，唐泳洪．机电一体化控制技术与系统 [M]. 华中理工大学出版社，1993.

[24] 周德卿．机电一体化技术与系统 [M]. 机械工业出版社，2014.